热工测试原理与技术

陈永平　刘向东　施明恒　编著

科学出版社

北京

内 容 简 介

热工测试原理和技术是能源与动力工程专业基础课程的重要组成部分，也是测量学科的重要分支。本书根据能源与动力工程专业涉及的热力学、传热学和流体力学三门课程的实验测试基本要求而编写。全书共 10 章，系统叙述各类热工测试的基本原理和技术，全面介绍热工测试常用的典型实验系统的基本结构。全书内容包括：热工测试的基础知识，温度和温度场的测量，压力的测量，流速和流量的测量，功率、热流和热焓的测量，气液两相流的测量技术，工质的热物理性质及其测定方法，流体流动实验研究，热辐射，对流换热的实验研究。

本书是能源与动力工程专业本科生实验课的教材，也可作为化工、机械类各专业专科生、本科生和研究生的教学参考书，亦可供有关教师、科技人员参考。

图书在版编目（CIP）数据

热工测试原理与技术 / 陈永平，刘向东，施明恒编著. —北京：科学出版社，2021.11

ISBN 978-7-03-070079-7

Ⅰ. ①热… Ⅱ. ①陈… ②刘… ③施… Ⅲ. ①热工测量 Ⅳ. ①TK31

中国版本图书馆CIP数据核字（2021）第210655号

责任编辑：范运年 / 责任校对：樊雅琼
责任印制：师艳茹 / 封面设计：蓝正设计

科 学 出 版 社 出版
北京东黄城根北街 16 号
邮政编码：100717
http://www.sciencep.com
艺堂印刷（天津）有限公司 印刷
科学出版社发行　各地新华书店经销

*

2021 年 11 月第 一 版　开本：720 × 1000 1/16
2021 年 11 月第一次印刷　印张：23
字数：462 000

定价：138.00 元
（如有印装质量问题，我社负责调换）

前　言

　　热工过程是能源、化工等现代工业生产的基本过程之一。针对热工过程包含的热质传递、能量转换等基础理论开展系统而深入的科学研究，不仅能提高各类涉及热工过程的设备器件的工作能效，也可揭示复杂热工过程热现象的内在规律。热工基础理论包含研究热能和机械能之间相互转换的基本规律，流体流动和传热过程的特点、机理和计算方法，热工过程中各类物体内部的温度分布和传热量的计算，以及物体表面的热辐射性质和物体之间热量的交换规律。作为能源与动力工程这一典型工科实践背景专业的重要组成，热工基础理论的研究离不开热工测试的实证支撑。实践是检验真理的唯一标准，应用实验测试技术方法来解决工程中的各种流动和传热问题，揭示各种热流现象的内在规律以及获得正确的热物理参数，是热工测试实验的基本任务。因此，热工测试原理和技术是从事热工过程相关科研和技术人员的必备基础知识和技能。

　　热工测试的主要任务是测定物质的各种热物理参数，确定过程中各物体所处的热状态以及它们之间热量传递的规律。为了实现这三项任务，必须要学会各主要物理量的正确测量方法和各种模拟热工过程的实验技术。热工实验课是为了给学生以最基本的实验测试技能的训练，让他们掌握热工测试的各类基本原理、实验方法及测量技术。通过学习使学生直接体验科学的真实性，这对于培养学生学会实验测试的方法，培养学生的独立工作能力和动手能力，培养他们实事求是和尊重科学的习惯和思维方法都是十分重要的。这方面的知识学习也将为学生分析解决能源与动力工程领域复杂工程问题奠定基础。

　　本书紧密联系能源与动力工程专业本科生所学工程热力学、流体力学和传热学课程，覆盖了这三门基础课要求掌握、熟悉和了解的基本实验测试原理和技术。内容编排上，本书遵循从理论到实践的知识逻辑，首先介绍了测量科学和实验研究涉及的相似理论、数据处理等基础理论，其次介绍了温度、压力、流速、流量等直接测量量以及导热系数、对流换热系数等间接测量量的测量原理和测量设备/系统，最后介绍了气液两相流、流体流动、对流换热、热辐射的测试技术方法及实验研究。本书编排既契合当前本科教学工程热力学到流体力学，再到传热学的讲授顺序，又符合实验测试系统从简单到复杂的基本结构。

　　随着科技进步，产生了许多热工测试的新原理、新方法与新技术。为紧跟时代潮流，扩展学生视野，激发学生学习兴趣，本书在原版（《热工实验的原理与技术》，东南大学出版社，1992 年）基础上，更替了部分已显陈旧的知识内容，并补充了热工测试的新原理、新方法及新技术。例如，删除了原版中有关"低电势和电阻的测量方法"章节。对于流动显示技术，原版中仅介绍了雷诺显示、氢气泡法、烟流法-烟风洞，但随着激光技术、图像处理技术、计算机技术和近代光学技术进步，目前发展起来一些全场光学测量技术。例如，激光诱导荧光技术、激光散斑测速技术、粒子示踪测速技术和粒子图像测速技术等，这些新技术已在本书中引入介绍。尤其是引入了近年来发展起来的粒子纹影—体化测试技术，并给出了课题组研究的液-液两相流动显示的一些典型案例。这些新兴技术各具特点，能够给出流场全场的流动形态以及定量的速度信息，这些新技术的测量瞬态全流场的能力为热工过程研究带来了新视角。

由于作者水平有限，本书不妥之处在所难免，敬请读者批评指正。

作　者

目　　录

第1章 热工测试的基础知识

1.1 测量和仪表的基本知识

1.1.1 测量概述

按照获得测量参数结果的方法不同，测量可以分为两大类。

(1)直接测量。凡最后测量结果是从测量结果单位刻度的仪表指示值上得到的(例如用玻璃温度计测温度，用压力表测压力)，或者测量就是用实验的方法，将被测量与选作单位的同类量进行比较，从而确定被测量真值的过程，都属于直接测量。这通常是通过仪表来实现的。

热工测量包含两方面内容：一是对工质热力学性质和热物理性质(传递特性)的测量；二是对热工过程中各种热工参数的测量，这种测量是用标准尺度与被测量进行比较而得到的。例如测量物体的重量和长度，称为直接测量。

直接测量的方法有以下几种：①直读法，用度量标准直接比较或由仪表直接读出；②差值法，用仪表测出二量之差即为所要求之量，如用热电偶测温差、差压计测压差等；③代替法，用已知量代替被测量，而两者对仪表的影响相同，则被测量等于已知量，如用光学高温计测温度；④零值法，被测量对仪表的影响被同类的已知量的影响抵消，总的效应为零，则被测量等于已知量，如用电位差计测量电势；此法准确度最高，但需要较长的时间和精密的仪表。

(2)间接测量。凡是不直接测量被测量，而是利用其他几个直接测量的结果与被测量之间的函数关系来计算出被测量的量值，都属于间接测量，如从力矩与转速的直接测量结果来求得功率等。

1.1.2 测量仪表的分类和特性

热工仪表的种类繁多，原理、结构也各不相同，但按用途可分为两大类：一类是范型仪表(或称标准仪表)，另一类是实用仪表。范型仪表是用来复制或保持测量单位，或用来对各种测量仪表进行校验和刻度工作的仪表，这类仪表有很高的精度。实用仪表是供实验测量使用的仪表。

仪表通常是由感受件、显示件和中间件三部分组成。感受件直接与被测对象相联系，感受被测参数的变化，并将感受到的被测参数的变化转换成某一种信号输出。例如热电偶，它是把温度的变化转换成热电势信号输出。对感受件的要求是输出信号只随被测参数的变化作单值的变化，最理想的是线性变化。显示件是仪表向观察者反映被测参数变化。根据显示件的不同，仪表可分为直读式和记录式两类。中间件是将感受件的输出信号传输给显示件。在传输过程中，信号可以被放大、转换。测量过程实质上是一系列的信号转换和传递过程，在这个过程中，有时也包含着能量的转换和放大。

判别测量仪表性能的好坏，有下列几个主要的质量指标。

1. 灵敏度

灵敏度是表征仪表对被测参数变化的敏感程度，其值等于仪表指示部分的直线位移或角位移 $\Delta\theta$ 与引起这些位移的被测量的变化值 ΔM 之间的比值 S，即

$$S = \frac{\Delta\theta}{\Delta M} \tag{1-1}$$

例如，一只温度表上指针每移动 1mm 代表 1℃，而另一只表上指针每移动 2mm 代表 1℃，则后者具有较高的灵敏度。虽然仪表的灵敏度可以通过放大系统来加大，但是通常也会使读数带来新的误差。对于线性系统来说，灵敏度是个常数。

2. 分辨率(灵敏度限)

分辨率为使仪表指针发生动作的被测量的最小变化，也就是说仪表可以感受的被测量的最小变化值。仪表的灵敏度限较大，其准确度相应较低。一般灵敏度限不应大于仪表允许绝对误差的一半。

3. 准确度

仪表的准确度是指仪表指示值接近于被测量的真实值的程度，通常用误差的大小来表示。准确度有时也称为精度。

若仪表指示值为 M，被测量的真实值为 μ，则指示值的误差表示为

$$
\begin{aligned}
&绝对误差 = M - \mu \\
&相对误差 = (M - \mu) / \mu
\end{aligned}
\tag{1-2}
$$

上述两种表示方法中，相对误差更能说明仪表指示值的准确程度。例如用温度计测量某介质的温度，温度计的读数为 150℃，而介质的真实温度为 153℃，则绝对误差为–3℃，相对误差为–2.0%。如果在测量某一固体表面温度时，绝对误差也是–3℃，但固体表面真实温度仅 50℃，显然后者的测量准确度低得多，它的相对误差达到–6.0%。因此，利用相对误差能较好地反映测量的准确度。

测量仪表在其标尺范围内各点读数绝对误差的最大值称为仪表的绝对误差。

它并不能用来判断仪表的质量，因为即使两只仪表的绝对误差一样，但两仪表的标尺范围不同，标尺范围大的那只仪表显然具有较高的准确度。所以判断仪表质量常常采用仪表的相对折合误差，即仪表的准确度来表示。

$$仪表的准确度 = \frac{仪表的绝对误差}{标尺最大值 - 标尺最小值} \times 100\% \tag{1-3}$$

例如，一只量程为 0～50Pa 的压力表，在其标尺各点处指示值的最大绝对误差为 1Pa，则仪表的准确度为 ±2%。

仪表的准确度是仪表的一个重要技术性能。为此，国家按相对误差的大小，统一划分为七个准确度等级，即 0.1 级、0.2 级、0.5 级、1.0 级、1.5 级、2.5 级、4.0 级。准确度等级是仪表在指定条件下允许的最大相对误差。例如，准确度等级为 1.0 级的仪表，其允许误差不超过 ±1%，也就是说该仪表各点处指示值的误差不超过其量程范围的 ±1%。

准确度等级相同的仪表，量程越大，其绝对误差也越大。所以在选择使用时，在满足被测量的数值范围的条件下，应选用量程小的仪表，并使测量值在满刻度的三分之二处。例如，有两个准确度级为 1.0 级的温度表，一个量程为 0～50℃，另一个为 0～100℃，用这两个温度表进行测量时，如读数都是 40℃，则仪表的测量误差分别为

$$\Delta T_1 = \pm(50 - 0) \times 1\% = \pm 0.5(℃)$$
$$\Delta T_2 = \pm(100 - 0) \times 1\% = \pm 1.0(℃)$$

仪表的准确度等级一般标在仪表的铭牌上。

4. 复现性

仪表在同一工作条件下对同一对象的同一参数重复进行测量时，仪表的读数不一定相同。各次读数之间的最大差数称为读数的变化量。变化量越小，仪表的复现性越好。

5. 动态特性

动态特性为仪表对随时间变化的被测量的响应特性。动态特性好的仪表，其输出量随时间变化的曲线与被测量随同一时间变化的曲线一致或比较接近。一般仪表的固有频率越高，时间常数越小，其动态特性越好。

为了得到可靠的测量结果，首先必须掌握仪表本身的工作性能。在实验室里检定、实验和分度确定仪表的工作性能是计量工作的三种基本工作。这三种基本工作是仪表在出厂前都应当进行的。仪表在使用过程中还必须定期到国家规定的

标准计量机构进行检验，以确保仪表在可靠状态下进行工作。

1.2　相似理论和实验模型

为了研究热工过程的一些基本规律，如温度分布、速度分布和流动阻力特性等，需要在实际的热工设备中进行实验研究。但是由于经济上和技术上的限制，对实物进行实验通常是行不通的，所以绝大部分的研究和测试是在实验室中通过模型进行的。例如航空工程中的飞机模型、热工过程中的窑炉模型、水利工程中的水坝模型等都是模型研究成功的例子。对于模型的实验研究，必须解决如何建立实验模型、如何安排实验及如何把模型的实验结果换算到实物上去等一系列的问题。

在热工理论研究的范围内，实际存在的流动和传热过程称为原型，在实验室内进行重演或预演的流动和传热过程称为模型。通常，我们希望在模型上进行实验，所得到的结果能够准确地预测实物(原型)上所发生的过程和各个物理量的变化，这样将大大节省人力、物力和时间。而且，在实验室中进行实验、控制和测试都可以比较容易地实现。下面讨论的相似理论是我们考虑实验方案、设计模型、组织实验以及整理实验数据和把实验结果推广到原型上去的理论依据。

1.2.1　相似的基本概念

相似的概念最早出现在几何学里。最简单的相似就是几何相似。所谓几何相似就是模型的边界形状与原型的边界形状相似。设 L 代表原型的特征尺度，l 代表模型的特征尺度，则几何相似要求满足

$$C_L = \frac{L}{l} = 常数 \tag{1-4}$$

即满足几何相似的两个物体其各对应边互成比例，且比例常数 C_L 都相等。

几何相似的概念可以推广到任何一种物理现象。例如两种流体运动之间的相似，称为运动相似；温度场或热流之间的相似可以称为热相似。那么，两个物理现象之间的相似要求满足什么条件呢？首先，物理现象之间的相似只适用于同类现象，不仅要现象的性质相同，而且描述该现象的微分方程也相同。只是微分方程相同而性质不同的现象只能说是类似的，而不是相似。例如导热和扩散现象就只能是类似的。其次，物理现象的相似必须满足几何相似的条件，也就是说，相似现象只有在几何相似的体系中才会发生。再次，在分析相似现象时，只有同一种物理量才能进行比较，而且仅限于空间上相对应的点和时间上相对应的瞬间。显然，能比较的量具有相同的量纲。最后，两个物理现象之间的相似，意味着表

征该现象的一切物理量在对应的空间和对应的时间彼此都相似，即第一个现象的任何一种量 φ' 和第二个现象的同类量 φ'' 在空间中相应的各点和时间上相应的瞬间满足

$$\frac{\varphi'}{\varphi''}=C_\varphi \tag{1-5}$$

式中，C_φ 称为相似常数，它的大小与坐标和时间无关。

综上所述，彼此相似的现象实际上可以看成是尺度不同的同一现象，它们可以用同样的微分方程式来描述。例如，各种流体动力学过程可以用连续性方程和 Navier-Stokes 方程来描述，流体对流换热过程可以用上述两方程以及能量守恒方程和边界条件来描述，这些方程组适用于该类现象的普遍情况。

相似准则是由若干物理量构成的无因次数群，可以反映一个物理过程的基本特征。相似准则在相似理论中具有重要意义，对于可以用微分方程来描述的各种物理现象，它们的相似准则可以用微分方程式来导出。此时只要将描述某一物理现象的基本方程组及全部单值性条件，通过方程组中各物理量的相似倍数，转换为另一相似物理现象的基本方程组及相应的单值性条件，就可以得到若干个相似准则。对于那些尚无法用微分方程式来描述的物理现象，可以通过下节讨论的量纲分析方法来导出无因次相似准则。

1.2.2　量纲分析和 π 定理

1. 量纲分析

量纲表示物理量的类别，如长度、质量、时间和力等称为物理量的量纲。同一类物理量具有不同的测量单位，如公里、米、英里是长度一类物理量的单位，它们都具有长度的量纲。在国际单位制中，以长度、质量和时间作为基本量纲，它们分别用[L]、[M]、[T]来表示。其他各物理量的量纲，可以用基本量纲的不同指数幂的乘积来表示，例如

$$速度=\frac{长度}{时间}=\frac{[L]}{[T]}=[LT^{-1}]$$

$$力=质量×加速度=[M][LT^{-2}]=[LMT^{-2}]$$

显然，不同量纲的物理量不能相加减。方程式中各项的量纲必须一致，数值则可随选用的度量单位而变动，但公式的形式不随所采用的计算单位而改变。

量纲分析法也称为因次分析法，是利用上述量纲的基本概念来寻求物理现象中各量之间函数关系的一种方法，也是获得物理现象相似准则的一种实用方法。

假定某个物理现象可以用一个变量幂的乘积来表示，即

$$y = x_1^{k_1}, x_2^{k_2}, x_3^{k_3}, \cdots, x_n^{k_n} \tag{1-6}$$

式中，x_1、x_2、$\cdots$、x_n 及 y 为影响该物理量的各种互相独立的因素，他们相应的量纲分别为

$$\begin{cases} [x_i] = [A]^{a_i}[B]^{b_i}[C]^{c_i}, & i = 1, 2, 3, \cdots, n \\ [y] = [A]^a[B]^b[C]^c \end{cases} \tag{1-7}$$

式中，A、B、C 为基本量纲。由量纲一致性可知，各变量 x_i 的指数 k_i 必须满足下列方程组：

$$\begin{cases} a_1 k_1 + a_2 k_2 + a_3 k_3 + \cdots + a_n k_n = a \\ b_1 k_1 + b_2 k_2 + b_3 k_3 + \cdots + b_n k_n = b \\ c_1 k_1 + c_2 k_2 + c_3 k_3 + \cdots + c_n k_n = c \end{cases} \tag{1-8}$$

这就是量纲一致性方程组。解这个方程组便可得到指数 k_1、k_2、$\cdots$、k_n 的值。若指数 k_i 的数目 n 多于式(1-6)中方程式的个数(即基本量纲数 m)，则有 $(n-m)$ 个指数可以用其他指数值的函数来表示。

量纲分析方法的具体步骤如下。

(1)找出影响一物理现象的所有独立的变量(物理量)，假定一个函数关系(变量幂的乘积关系)。这一步是量纲分析是否能得出正确结果的关键。

(2)将各物理量的量纲用基本量纲表示，列出量纲公式。

(3)建立量纲一致性方程组，联立求解各物理量的指数。

(4)代入假定的函数关系式，并进行适当的组合简化。

(5)通过模型实验，验证公式的形式是否正确，并求出公式中的待定常数，建立该现象的经验公式。

下面通过流体纵掠平板传热系数的典型例子来说明量纲分析方法的应用。

假定传热系数 h 与来流速度 u_∞、板长 l、流体导热系数 λ、动力黏度 μ、比热容 c_p 和密度 ρ 等物理量有关，则

$$h = f(u_\infty, l, \lambda, \mu, c_p, \rho) \tag{1-9}$$

写成乘积形式为

$$h = k u_\infty^a l^b \lambda^c \mu^d c_p^e \rho^f \tag{1-10}$$

式中，七个物理量涉及四个基本量纲[M]、[L]、[T]、[θ]。将各物理量代入式(1-10)可得

$$[MT^{-3}\theta^{-1}]=[LT^{-1}]^a[L]^b[LMT^{-3}\theta^{-1}]^c[ML^{-1}T^{-1}]^d[L^2T^{-2}\theta^{-1}]^e[ML^{-3}]^f \qquad (1-11)$$

按基本量纲分类组合后可得

$$[M][T]^{-3}[\theta]^{-1}=[L]^{a+b+c-d+2e-3f}[M]^{a+d+f}[T]^{-a-3c-d-2e}[\theta]^{-c-e} \qquad (1-12)$$

上式两边对应的基本量纲数的指数必须相等，即

$$\begin{cases} a+b+c-d+2e-3f=0 \\ c+d+f=1 \\ -a-3c-d-2e=-3 \\ -c-e=-1 \end{cases} \qquad (1-13)$$

解上述联立方程组，得

$$a=f, \quad b=f-1, \quad c=1-e, \quad d=e-f \qquad (1-14)$$

将式(1-14)代回到式(1-10)中，得

$$h=ku_\infty^f \frac{l^f}{l} \frac{\lambda}{\lambda_e^c} \frac{\mu^e}{\mu^f} c_p^e \rho^f \qquad (1-15)$$

整理后得

$$\frac{hl}{\lambda}=k\left(\frac{u_\infty l\rho}{\mu}\right)^f\left(\frac{\mu c_p}{\lambda}\right)^e \qquad (1-16)$$

或写为

$$Nu=kRe^f Pr^e \qquad (1-17)$$

式中，k 为常数；Nu、Re、Pr 分别为努塞尔数、雷诺数和普朗特数，它们都是对流换热中的最基本的相似准则。

从上面例子可以看出，通过量纲分析后得到的准则数目与原来变数之差，正好是基本量纲数。量纲分析法有时可能导致不完全正确的结果，因为各个物理现象所涉及的物理量是人们靠经验或分析推测出来的。如果推测不正确，遗漏了某些主要的物理量，就会得出错误的或片面的结果，所以量纲分析的正确与否取决于人们对该物理现象本质的理解。只有充分了解现象的物理实质，才可能列出参

与过程的全部物理量，从而通过量纲分析获得正确的结果。

2. π 定理

为了从理论上说明量纲分析法给出相似准则数目的规律性，1914 年柏金汉建立了 π 定理，利用该定理可以导出具有较多变量的复杂物理现象的相似准则。

π 定理指出，某一物理现象涉及 n 个变量，其中包含 m 个基本量纲，则此 n 个变量之间的关系，可以用 $(n–m)$ 个无量纲 π 项的关系式来表示，即

$$F(\pi_1,\pi_2,\pi_3,\cdots,\pi_{n-m}) = 0 \tag{1-18}$$

各 π 项就是上面讨论过的相似准则。

用 π 定理可获得某一物理现象特有的物理量之间的函数关系式，具体步骤如下。

(1)找出影响某物理现象的 n 个独立变量。

(2)从 n 个独立变量中选出 m 个基本变量，这些基本变量应包含 n 个变量中的全部基本量纲，通常 m 就等于基本量纲的个数。

(3)排列 $(n–m)$ 个 π 项，每个 π 项由 m 个基本变量与另一个非基本变量组成，且必须满足每个 π 是无量纲的条件。

(4)将每个 π 项的量纲展开，求出待定的指数。

(5)该物理现象可用 $(n–m)$ 个无量纲 π 项的函数关系式来表示，必要时各 π 项可相互乘除，以组成常用的准则。

(6)根据实验，决定具体的函数关系式。

下面以黏性流体在光滑圆管中流动压力降为例来说明 π 定理的应用。

实验表明，黏性流体在圆管中的压力降 Δp 与管长 L、管径 d、平均流速 u、流体的密度 ρ 和动力黏度 μ 有关，即

$$f(\Delta p,L,d,u,\rho,\mu) = 0 \tag{1-19}$$

在这六个变量中，选出 ρ、u、d 为三个基本变量，它们包括了六个变量所涉及的三个基本量纲[L]、[M]和[T]。在这种情况下，可组成 3 个无因次 π 项，即

$$\begin{cases} \pi_1 = \Delta p \rho^{a_1} u^{b_1} d^{c_1} \\ \pi_2 = \mu^{-1} \rho^{a_2} u^{b_2} d^{c_2} \\ \pi_3 = L \rho^{a_3} u^{b_3} d^{c_3} \end{cases} \tag{1-20}$$

π_1 的量纲公式为

$$[L^0M^0T^0] = [L^{-1}M^0T^{-2}][L^{-3}M]^{a_1}[LT^{-1}]^{b_1}[L]^{c_1} \tag{1-21}$$

采用类似前面的分析，可求出

$$a_1 = -1, \quad b_1 = -2, \quad c_1 = 0 \tag{1-22}$$

于是得到

$$\pi_1 = \frac{\Delta p}{\rho u^2} = Eu \quad (欧拉数) \tag{1-23}$$

采用同样的方法，可求出

$$\pi_2 = \frac{\rho u d}{\mu} = Re, \quad \pi_3 = \frac{L}{d} \tag{1-24}$$

由此，公式可变成

$$f(\pi_1, \pi_2, \pi_3) = f\left(Eu, Re, \frac{L}{d}\right) = 0 \tag{1-25}$$

或者

$$Eu = f\left(Re, \frac{L}{d}\right) \tag{1-26}$$

这就是所要求的函数关系式。通过实验数据，可以获得工程应用的经验公式。在 π 定理的应用中，各 π 项的选择并没有一定的规则，但是为了求解方便，可以考虑如下的选择方法：①待求的物理量只能出现在一个 π 项中；②尽量组成经典的已知准则数，如雷诺数 Re 等；③实验中容易调节的自变量最好只出现在一个 π 项中；④π 项的物理意义应比较明确。

1.2.3　相似理论及其应用

1. 相似基本定理

相似理论是指导模型实验的基本理论。它告诉我们应该在什么条件下进行实验，实验中应当测量哪些物理量，如何整理实验数据以及如何应用实验结果等问题。相似理论建立在三个基本定理的基础上，以下对三个定理做介绍。

1)相似第一定理

1848 年 Bertrand 根据相似现象的相似特性，提出了相似第一定理。定理指出，彼此相似的现象，它们的同名相似准则必定相等。例如，如果换热现象相似，它们必具有相同的努塞尔准则。这个定理直接回答了实验时应测量哪些量的问题，即在实验中必须量出与过程有关的各种相似准则中所包含的一切量。相似第一定理也可以看作是关于两个相似现象之间相似准则的存在定理。

2) 相似第二定理

由实验得到了数据后，如果能够把相似准则之间的函数关系确定下来，那么问题就解决了。我们就可以从一个现象推出对所有同类型的相似现象都适用的关系式。这种关系式是否一定存在呢？相似第二定理指出，任何微分方程式所描述的物理现象都可以用从该微分方程式导出的相似准则函数关系式来表示。此函数关系式是在实验条件下得到的描述该物理现象的基本方程组的一个特解。相似第二定理和前面讨论过的 π 定理是等价的。相似第二定理为我们提供了实验数据的整理方法和实验结果的应用问题。由此定理所求出的物理量可以直接推广到原型上去。

3) 相似第三定理

相似第一和第二定理只说明了相似现象的特性，但没有解决相似的必要和充分条件，以及在进行模型实验时变量之间的比例关系。相似第三定理回答了上述这些问题。它指出，凡是单值性条件相似，同名定型准则相等的那些现象必定彼此相似。这样，我们就可以把已经研究过的现象的实验结果应用到与它相似的另一个新的现象上去，而不必再对该现象进行实验。所谓单值性条件是指那些有关传热和流动过程特定的条件，它包括几何条件、物理条件、边界条件和初始条件。有了这些条件，就可以把某一现象从其他现象中区分出来。定型准则是指由单值性条件所组成的准则，它们由给定的条件确定，在实验之前是已知的。非定型准则是包含待定物理量的准则，它们在实验前是不知道的。例如在已知流动条件及流体物性的条件下，需要确定流体和壁面之间对流传热系数时，反映流动条件的雷诺准则 Re 和反映流体物性的普朗特准则 Pr，就是定型准则，而包含对流传热系数 h 的努塞尔准则是非定型准则。

热工实验中常用的相似准则的表达式和它们的物理意义，列在表 1-1 中。

表 1-1　热工实验中常用的相似准则

相似准则名称	表达式	物理意义
阿基米德准则	$Ar = gl^3 \rho \Delta \rho / \mu^2$	浮力、惯性力和黏性力之比
毕渥准则	$Bi = hl / \lambda$	固体内部热阻与表面换热热阻之比
欧拉准则	$Eu = \Delta p / \rho u^2$	压力差与惯性力之比
傅里叶准则	$Fo = a\tau / l^2$	物体尺度和物性对温度变化快慢的影响

续表

相似准则名称	表达式	物理意义
弗劳德准则	$Fr = u^2 / gl$	惯性力和重力之比
伽利略准则	$Ga = l^3 \boldsymbol{g} / v^2 = Re^2 / Fr$	重力和黏性力比值乘以惯性力与黏性力之比值
格拉晓夫准则	$Gr = \beta \boldsymbol{g} \Delta T l^3 / v^2$	反应自然对流强弱
雅各布准则	$Ja = c_p \Delta T / h_{\mathrm{fg}}$	液体显热与同体积液体汽化潜热之比
路易斯准则	$Le = a / D$	温度场和浓度场相似程度
马赫准则	$Ma = u / u_s$	流体速度接近声速的程度
努塞尔准则	$Nu = hl / \lambda$	对流换热强度和边界层导热强度之比
佩克莱准则	$Pe = ul / a = RePr$	对流换热与分子导热之比
普朗特准则	$Pr = v / a$	流体温度场与速度场相似程度
瑞利准则	$Ra = GrPr$	
雷诺准则	$Re = ul / v$	惯性力与黏性力之比
施密特准则	$Sc = v / D$	流体浓度场与速度场相似程度
舍伍德准则	$Sh = h_{\mathrm{m}} l / D$	对流传质强度和边界层扩散强度之比
斯坦顿准则	$St = Nu / RePr = h / \rho u c_p$	
韦伯准则	$We = u^2 \rho l / \sigma$	惯性力和表面张力之比

2. 相似理论的应用

应用相似理论的三个基本定理，可以解决模型实验中的一系列具体问题。归纳起来就是：①实验必须在相似的条件下进行；②实验中应当测量包含在相似准则中所有的物理量；③实验数据应当整理成相似准则的函数关系式；④实验结果可以推广到相似现象中去。

根据相似理论进行模型实验时，一般所采取的步骤如下。

1) 确定主要的相似准则

根据微分方程式或量纲分析导出的全部相似准则并不是每个都重要，需要经过分析略去次要的准则，以简化问题的处理。例如物体在空气中作低速运动时，只有雷诺准则起主要作用；而作高速度运动时，必须同时考虑雷诺准则和马赫准则。又如黏性流体强制流动时，对流动起主要作用的是雷诺准则，而反映密度变化的格拉晓夫准则常可忽略。

2) 在相似的条件下设计实验模型

一般情况下，模型与原型在保证单值性条件相似的情况下进行实验，保证的方法就是两者同名定型准则在数值上相等。在实际模型实验中，要满足所有同名相似准则都相等是不可能的，因此不可能完全重演或预演相似现象。这时只能满足其中主要的相似准则相等。这种相似称为部分相似，或称为近似模化。例如在一个水池中进行船舶模型的水面阻力实验时，需要同时满足雷诺准则和弗劳德准则相等的要求。如使用一个 1/20 的模型来研究真正的船舶的航行，那么为了满足 Fr 和 Re 与真船相等，必须有

$$\frac{u_{\mathrm{m}}}{u_{\mathrm{p}}} = \frac{\sqrt{gl_{\mathrm{m}}}}{\sqrt{gl_{\mathrm{p}}}} = \sqrt{\frac{1}{20}} \tag{1-27}$$

$$\nu_{\mathrm{m}} = \nu_{\mathrm{p}} \frac{u_{\mathrm{m}}}{u_{\mathrm{p}}} \frac{l_{\mathrm{m}}}{l_{\mathrm{p}}} = 0.011\nu_{\mathrm{p}} \tag{1-28}$$

式 (1-27) 和式 (1-28) 中，u、ν、l 分别为船舶航行的速度、黏度和特征长度，下标 m、p 分别表示模型船舶和真实船舶。船在常温水中航行时 ν_{p} 的值约为 $10^{-6}\mathrm{m^2/s}$，因此在模型中流体的黏度应为 $1.1 \times 10^{-8}\mathrm{m^2/s}$，但这样的流体还无法找到。由此可见要满足严格的相似是办不到的。在这个例子中，由于黏性的影响比重力小得多，所以可以不要求 Re 数相等，只要 Fr 数相等就行了。对于 Re 数不同所带来的影响可以用其他方法进行修正。

3) 在实验中测量包含在相似准则中的物理量

例如，在确定流体通过圆管流动的表面换热系数时，首先需要测量流体的速度和温度，流体的黏度、导热系数和比热以及管子的直径和壁温；然后确定换热系数 (努塞尔准则) 与雷诺准则、普朗特准则之间的函数关系；最后列成表格，绘制曲线或建立经验公式。

4) 实验结果的推广

由模型实验结果所得的经验公式，可以直接应用于与之相似的原型流动和传热计算。

例 1: 采用一个缩小到 1/10 的模型来研究管式换热器中的流动情况。实验换热器中管内空气流速为 10m/s，温度为 180℃。现用 20℃ 的水在模型中做实验，问模型管内水速应多大？

解: 要使模型和原型工况相似，必须使两者的雷诺准则相等，即

$$\frac{u_{\mathrm{m}}d_{\mathrm{m}}}{\nu_{\mathrm{m}}} = \frac{u_{\mathrm{p}}d_{\mathrm{p}}}{\nu_{\mathrm{p}}}$$

于是模型中的流速为

$$u_{\mathrm{m}} = u_{\mathrm{p}} \frac{d_{\mathrm{p}}}{d_{\mathrm{m}}} \frac{v_{\mathrm{m}}^{\cdot}}{v_{\mathrm{p}}}$$

180℃的空气 $v_{\mathrm{p}} = 32.5 \times 10^{-6} \mathrm{m}^2/\mathrm{s}$，20℃的水 $v_{\mathrm{m}} = 1.006 \times 10^{-6} \mathrm{m}^2/\mathrm{s}$，所以有

$$u_{\mathrm{m}} = 10 \times 10 \times \frac{1.006 \times 10^{-6}}{32.5 \times 10^{-6}} = 3.1 \mathrm{m/s}$$

即只要在模型中维持这样的流速，就可以来模拟原型中高温高速空气的流动状况。

在研究实际问题时，有时现象十分复杂，定型准则很多，在模型上很难实现相似条件。此时可以考虑采用分割相似的方法，把现象分割成几部分，分别制作各部分的相似模型。分割的方法可以是按时间分割，即把一个复杂的物理过程按时间分割成一个个子过程，然后对每一子过程中发生的现象进行模拟；也可以按空间分割，即把一个复杂过程按空间分割成几部分，每部分建立自己的相似关系然后总合起来，最终得到整个复杂过程的模拟。

1.2.4　定性温度和特征长度

在讨论流动和传热问题的相似时，特征长度和定性温度的作用十分重要。所谓特征长度是指相似准则中包含的反映物体尺度的值，如雷诺准则中的 l。决定相似准则中物性参值数的温度称为定性温度。

在利用准则关系式处理实验数据时，如何选择定性温度是一个十分重要的问题。通常各物性参数值都随温度发生变化，即使温度场相似，仍不能保证物性场的相似，因而选择适当的定性温度对于相似理论的正确应用关系很大。根据边界层的概念，换热主要决定于边界层的状态，选用边界层平均温度 $T_{\mathrm{m}} = \left(\frac{1}{2} T_{\mathrm{w}} + T_{\mathrm{f}} \right)$ 作为定性温度是恰当的。式中，T_{w} 代表壁面温度，T_{f} 代表流体温度(平均温度)。按照这个定性温度取物性值，换热系数与热流方向无关，即不论对流体是加热还是冷却，只要 T_{m} 一样，流动状态相似，换热系数也应相等。但实验证明，换热系数受热流方向的影响，因此实用上对于流体在管槽内受迫运动时，可取流体的截面平均温度作为定性温度，管槽内截面平均温度可由下式求出

$$T_{\mathrm{f}} = \frac{1}{V} \int {}_P T u \mathrm{d}F \tag{1-29}$$

式中，F 为管截面面积；u 为流速；V 为体积流量；P 为管截面。由此可见，为求出截面平均温度，需要知道温度和速度沿截面的分布。此外，对于流体外掠物体做受迫运动时，可取来流的温度作定性温度；对于自然对流，可取周围介质温度作定性温度；对于液体沸腾换热，可取对应压力下的饱和温度作定性温度。由于

物性随温度的变化，根据这样的定性温度计算的相似准则不能保证严格的相等，因此这样的相似往往只是近似的。

特征长度的选择，对于决定准则的数值也是一个主要影响因素。由于选用特征长度不同，对同一物理现象，准则数值也不一致。通常在热工实验中采用的特征长度为：对圆管取直径；对平板取沿流动方向的板长；对非圆形槽道取当量直径 d_e，d_e 的定义为

$$d_e = \frac{4F}{U} \tag{1-30}$$

式中，F 为流通截面面积；U 为截面的周长，即被润湿的周边长度。对横向掠过单管或管束的问题，取管的外径为特征长度。

对于由实验数据整理出的准则方程式，应注明它所采用的定性温度和特征长度。对于文献中推荐的准则公式，也应按公式规定的定性温度和特征长度进行计算，并且只能推广应用于实验时的定型准则数值范围内，否则会导致错误的结果。

1.3　测量误差和实验数据处理

1.3.1　测量误差的基本概念

1. 误差的数值表示方法

在测量过程中，由于受到环境、设备、测量方法和测量人员等因素的影响，测量结果必然存在误差。研究误差的目的就是为了正确处理误差，尽可能减小误差，以提高测量结果的准确性。测量结果如果不能给出不确定度的估计，则往往会使测量变得毫无意义。按误差数值表示方法的不同，可以把测量误差分成绝对误差和相对误差两类。

1) 绝对误差

绝对误差 x 的定义为

$$x = 测量值(M) - 真实值(\mu) \tag{1-31}$$

式中，真实值是指在一定条件下，某物理量所体现的真实数。这个真实数是利用理想无误差的量具或测量仪器得到的，一般真实数是无法求得的，因而只有理论上的意义。常用高一级标准仪表的测量值(示值)作为实际值以代替真值，此时测量值与实际值之差称为示值误差。

2) 相对误差

衡量某一被测值的准确程度常用相对误差 δ 来表示。它定义为绝对误差与被

测量值的实际值之比，即

$$\delta = \frac{\text{绝对误差}}{\text{实际值}} \times 100\% \tag{1-32}$$

通常以测量值代替实际值，所得到的相对误差又称示值相对误差，即

$$\delta = \frac{\text{绝对误差}}{\text{测量值}} \times 100\% \tag{1-33}$$

2. 误差的分类

误差按其性质及特点，可以分为三类。

1) 疏忽误差(过失误差)

疏忽误差是指那些在一定条件下测量结果显著地偏离其实际值时所对应的误差。这种误差通常是由于测量错误、计算错误或测量者疏忽大意的结果，是完全由于测量者人为的过失而造成的，可通过人的主观努力去克服。从性质上讲，疏忽误差可能是随机的，也可能是系统误差。在一定的测量条件下其误差绝对值特别大，明显歪曲了测量结果。这类测量数据称为反常值或坏值，应从数据中剔除。但应注意不要轻易地舍弃被怀疑的实验数据。坏值的舍弃与否可以简单地按下列办法决定。

(1)对于某一物理量的一组实验测量值，除去可疑值后，将其余数值加以平均。

(2)如果可疑值与平均值相差大于 $4D$，则弃去此测量值。D 是算术平均误差，其定义为

$$D = \frac{\sum |\text{测量值} - \text{平均值}|}{\text{测量次数}} \tag{1-34}$$

2) 系统误差

系统误差简称系差，是指在一定条件下误差的数值保持恒定或按某种已知的函数规律变化的误差。前者称恒差，后者称变差。系统误差表明一个测量结果偏离真值或实际值的程度，因此有时又称为系统偏差。

系统偏差通常是由于仪表使用不当，以及测量时外界条件变化等原因所引起的。例如仪表的零位或量程未调整好等，这种恒定的系统误差可以通过校正来消除。对于变差，可以通过计算或附加补偿线路加以校正。

3) 随机误差

随机误差简称随差，又称偶然误差。它是指在相同条件下，多次测量同一量

值时所得测量结果或大或小，误差的绝对值和符号随机地发生变化，因此这种误差具有随机变量的一切特点，在一定条件下服从统计规律。随机误差的产生取决于测量进行中一系列随机性因素的影响，它们是测量者无法控制的。通常随机误差服从正态分布律，可以通过数理统计的方法加以处理。为了使测量结果仅反映随机误差的影响，测量过程中应尽可能保持各影响量以及测量方法、仪器、人员的不变性，即保持"等精度测量"的条件。随机误差表现出测量结果的分散性，随机误差越大，测量精度越差。

1.3.2　直接测量中随机误差的估计

1. 随机误差的性质

随机误差是由测量过程中大量彼此独立的微小因素对测量影响的综合效果造成的。随机误差来自某些不可知的原因，但大量的实践证明，只要测量的次数足够多，则测量值的随机误差的概率密度分布服从正态分布(或称高斯误差分布)。可以根据这种分布规律从一系列重复测定值求出被测值的最可信值作为测量结果，并给出该结果以很高概率存在的范围。此范围称为测定值的随机不确定度。表示被测量的真值落在这个不确定度范围内的概率称为该不确定度的置信概率。随机误差概率密度的正态分布曲线如图 1-1 所示，曲线横坐标为绝对误差，即测定值与真值之差。纵坐标为随机误差的概率密度 y，其定义为

$$y = \lim_{\Delta x \to 0} \frac{\dfrac{\Delta n}{n}}{\Delta x} = \frac{1}{n} \frac{\mathrm{d}n}{\mathrm{d}x} \tag{1-35}$$

式中，n 为总的测量次数；Δn 为误差在 x 到 $x+\Delta x$ 之间出现的次数；$\mathrm{d}n$ 为误差在 x 到 $x+\mathrm{d}x$ 之间出现的次数。

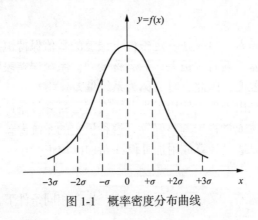

图 1-1　概率密度分布曲线

令 $P(x)=y\mathrm{d}x$，则 $P(x)$ 就表示误差在 x 与 $x+\mathrm{d}x$ 之间的概率。高斯于 1795 年找出随机误差概率密度的正态分布规律，即

$$y = \frac{1}{\sigma\sqrt{2\pi}}\mathrm{e}^{-\frac{x^2}{2\sigma^2}} \tag{1-36}$$

式中，x 为测量值的绝对误差，$x = M-\mu$；σ 为均方根误差或称为标准误差，其值为

$$\sigma = \sqrt{\frac{\sum_{i=1}^{n}(M_i-\mu)}{n}} \tag{1-37}$$

式中，M_i 为第 i 次的测量值。

由式 (1-36) 可知，σ 越小，概率密度分布曲线越尖锐，即随机误差的离散性越小或小误差出现的机会越多，这意味着测量的精度越高。反之，σ 越大，曲线变得越平坦，测量的精度越低。因此标准误差 σ 可以用来判断测量精度的高低。由图 1-1 可知，正态分布曲线是以真值 $\mu(x=0)$ 为对称轴，因此绝对值相同的正负误差出现的概率相等；绝对值小的误差出现的概率大，而绝对值大的误差出现的概率小。为了计算方便起见，常常把误差 x 出现的区间取作标准误差 σ 的若干倍，记作 $|x| < k\sigma$，称 $k\sigma$ 为不确定度，k 为置信系数。对于服从正态分布的误差，误差介于 σ 和 $-\sigma$ 之间的概率为

$$P\{|x| < \sigma\} = \int_{-\sigma}^{\sigma} y\mathrm{d}x = 0.6827$$

误差介于 $\pm 2\sigma$ 和 $\pm 3\sigma$ 之间的概率分别为 0.9545 和 0.9973。误差超出 3σ 的概率为 1-0.9973=0.0027，这是一个很小的概率。小概率事件在一次实验中被看成是不可能事件，这就是实验中常取 3σ 作为极限误差的依据。

2. 最小二乘法原理

由于实验中真值 μ 通常是不知道的，因而不能求出标准误差。通常利用最佳值来代替真值，以计算标准误差，所谓最佳值就是指最可信赖的值。下面讨论如何来求取这个最佳值。

假定在等精度条件下对被测量 M 进行了 n 次测量，得到测量值为 M_1、M_2、M_3、$\cdots$、M_n，相应的测量误差为 x_1、x_2、x_3、$\cdots$、x_n。设最佳值为 A，则与其对应的每次测量误差分别为 $x_1=M_1-A$、$x_2=M_2-A$、$\cdots$、$x_n=M_n-A$。具有误差为 x_1、x_2、x_3、$\cdots$、x_n 的概率分别为

$$P_1 = \frac{1}{\sigma\sqrt{2\pi}} \mathrm{e}^{-\frac{x_1^2}{2\sigma^2}} \mathrm{d}x_1$$

$$P_2 = \frac{1}{\sigma\sqrt{2\pi}} \mathrm{e}^{-\frac{x_2^2}{2\sigma^2}} \mathrm{d}x_2 \tag{1-38}$$

$$\cdots$$

$$P_n = \frac{1}{\sigma\sqrt{2\pi}} \mathrm{e}^{-\frac{x_n^2}{2\sigma^2}} \mathrm{d}x_n$$

各次测量是互相独立的事件。由概率论知，所有误差同时出现的概率为

$$P = P_1 P_2 \cdots P_n = \left(\frac{1}{\sigma\sqrt{2\pi}}\right)^n \exp\left[-\frac{x_1^2 + x_2^2 + \cdots + x_n^2}{2\sigma^2}\right] \mathrm{d}x_1 \mathrm{d}x_2 \cdots \mathrm{d}x_n \tag{1-39}$$

由于随机误差服从正态分布，因此小误差比大误差出现的机会多，最佳值就是概率 P 最大时的测量值。上式中欲使 P 为最大，必须满足 $x_1^2 + x_2^2 + \cdots + x_n^2$ 和为最小。令

$$Q = x_1^2 + x_2^2 + \cdots + x_n^2 = (M_1 - A)^2 + (M_2 - A)^2 + \cdots + (M_n - A)^2 \tag{1-40}$$

则各项之和为最小的条件为

$$\frac{\mathrm{d}Q}{\mathrm{d}A} = 0, \qquad \frac{\mathrm{d}^2 Q}{\mathrm{d}A^2} > 0 \tag{1-41}$$

由此解得

$$nA = \sum_{i=1}^{n} M_i$$

$$A = \frac{1}{n} \sum_{i=1}^{n} M_i = \bar{M} \tag{1-42}$$

由此得出结论，在一组等精度的测量中，测量值的算术平均值就是被测量之真值的最佳值或最可信赖值，它满足各测量值误差的平方和为最小，这就是所谓的最小二乘法原理。

3. 随机误差的表示方法

1)标准误差 σ

标准误差是各个误差平方和的平均值之平方根。它对于测量中的较大的误差和较小的误差反映比较灵敏，是表示测量误差的较好方法。按式(1-37)计算标准误差要求满足 $n\to\infty$，而实际测量次数总是有限的，同时真值 μ 常用最佳值 A 代替。因此，只能用有限测量次数 n 和最佳值 A，即算术平均值 $\bar{M}$ 来计算标准误差。式(1-37)经过一系列运算后可得

$$\sigma = \sqrt{\frac{\sum_{i=1}^{n}(M_i - A)^2}{n-1}} \tag{1-43}$$

式(1-43)称为贝塞尔公式。只有当 n 足够大时上式才是正确的。对于有限次测量，它只是一个近似公式。贝塞尔公式计算比较麻烦，且使计算速度减慢，不能满足快速测量时需要对测量精度做出迅速判断的要求。例如自动化测量中，按贝塞尔公式计算的速度远落后于自动化测量的速度。下面引入另一种比较简便的计算方法，称为最大残差法。在等精度条件下，对某一物理量进行 n 次测量，得到测量值为 M_1、M_2、$\cdots$、M_n，计算它们的残差为

$$V_i = M_i - \frac{1}{n}\sum_{i=1}^{n}M_i, \quad i=1,2,\cdots,n \tag{1-44}$$

则测量的标准误差可表示为

$$\sigma = K_n |V_i|_{max} \tag{1-45}$$

式中，K_n 为最大残差法系数，其值如表 1-2 所示；$|V_i|_{max}$ 为各残差中最大的绝对值。

表 1-2 最大残差法系数

n	2	3	4	5	6	7	8	9	10	15	20	25	30
K_n	1.77	1.02	0.83	0.74	0.68	0.64	0.61	0.59	0.57	0.51	0.48	0.46	0.44

例 2：对某物理量进行了 9 次测量，测量值列于表 1-3 中，试按贝塞尔法和最大残差法计算标准误差。

表 1-3 例题 2 的数据表

i	M_i	V_i	V_i^2
1	938.3	−1.1	1.21
2	944.0	5.2	27.04
3	933.7	−5.7	34.49
4	941.1	1.7	2.89
5	943.0	3.6	12.96
6	939.6	0.2	0.04
7	936.2	−3.2	10.24
8	937.8	−1.6	2.56
9	940.3	0.9	0.81
Σ	8454.6	0	90.24

解：九次测量的算术平均值为

$$\bar{M} = \frac{1}{n}\sum_{i=1}^{n} M_i = 939.4$$

按贝塞尔公式计算标准误差为

$$\sigma = \sqrt{\frac{\sum_{i=1}^{n}(M_i - A)^2}{n-1}} = \sqrt{\frac{\sum_{i=1}^{n}V_i^2}{n-1}} = 3.4$$

按最大残差法计算标准误差为

$$\sigma = K_n \left| V_i \right|_{\max} = 0.59 \times 5.7 = 3.4$$

采用以上两种方法得到的计算结果相同，但最大残差法计算简便得多。

2)平均误差 D

平均误差 D 是各个误差绝对值的算术平均值，即

$$D = \frac{1}{n}\sum_{i=1}^{n}\left| M_i - \mu \right| = \frac{\sum \left| V_i \right|}{\sqrt{n(n-1)}} \tag{1-46}$$

所以平均误差和标准误差之间存在着下列简单的函数关系：

$$D = \sqrt{\frac{2}{\pi}}\sigma \approx 0.7979\sigma \approx \frac{4}{5}\sigma \tag{1-47}$$

3）或然误差 ρ

在一定测量条件下，在一系列的随机误差中，可以找出这样一个误差的值，比它大的误差出现的概率和比它小的误差出现的概率相同，这个误差称为或然误差 ρ。

$$P\{|x| < \rho\} = P\{|x| > \rho\} = \frac{1}{2}$$

或然误差 ρ 与标准误差之间的关系为

$$\rho = 0.6745\sigma = \frac{2}{3}\sigma \tag{1-48}$$

4）极限误差或最大误差

在测量中，常常要知道某一给定误差在一定范围内出现的概率，以判断误差的性质或不同测量方法之间的符合程度。有必要给随机误差规定一个极限值，绝对值超过这个极限值的误差出现可能性很小，在实际测量中认为是不可能事件。这个随机误差的极限值称为极限误差，在一般工程测量中，常取极限误差 $\Delta = 3\sigma$。

5）算术平均值的标准误差

算术平均值对真值 μ 的绝对误差称为算术平均值的标准误差 s，即 $s = \bar{M} - \mu$。算术平均值的标准误差与测量值的标准误差之间的关系为

$$s = \frac{\sigma}{\sqrt{n}} = \sqrt{\frac{\sum V_i^2}{n(n-1)}} \tag{1-49}$$

由式（1-49）可见，多次测量的算术平均值的标准误差比测量值的标准误差 σ 小 $\sqrt{n}$，所以多次测量可以提高测量结果的精度。一般当 $n > 10$ 以后，进一步增加 n，s 的变化不大，所以一般测量次数取 10 次就够了。

4. 测量结果的置信概率及表示方法

有限次（n 次）测量中的算术平均值 $\bar{M}$ 是一个随机变量，它与真实值 μ 之间存在一个标准误差 s。人们希望了解 $\bar{M}$ 到底与真值 μ 之间近似程度如何？即 $\bar{M}$ 是处于什么样的精度范围内？通常这样的范围以区间的形式给出，这区间称为置信区间。设误差 s 的绝对值小于给定的小量 ε 的概率为

$$P_a = P\{|\bar{M} - \mu| < \varepsilon\} \tag{1-50}$$

或　　　　　　　$$P_a = P\{(\mu - \varepsilon) < \bar{M} < (\mu + \varepsilon)\} \tag{1-51}$$

式(1-50)和式(1-51)表示平均值 $\bar{M}$ 的随机起伏范围不超过指定区间 $(\mu-\varepsilon, \mu+\varepsilon)$ 的概率为多大。这个指定区间就是置信区间，因此它是测量结果离散程度的一个标志。

算术平均值 $\bar{M}$ 落于某一置信区间的概率 P_a 称为置信概率或置信度。令 $a=1-P_a$，a 称为置信水平。显然，置信区间越宽，置信概率就越大。确定置信概率要根据具体要求和可能进行。一般情况下，置信概率可取 68%、90%、95%、99%、99.5%、99.73%等。对于 n 次等精度测量，当它服从正态分布时，可将测量结果表示为

$$M = \bar{M} \pm k_i s(\text{置信概率}) \tag{1-52}$$

式中，$\bar{M}$ 为 n 次测量的算术平均值；s 为算术平均值的标准误差，由式(1-46)计算；k_i 为系数，其值可以根据置信概率及测量次数，由 k_i 系数表(t 分布表)查得，如表 1-4 所示。测量值 M 的置信区间是 $[M-k_i s,\ M+k_i s]$。

表 1-4　系数 k_i 表

测量次数	置信概率			测量次数	置信概率		
	90%	95%	99%		90%	95%	99%
2	6.314	12.706	63.657	18	1.740	2.110	2.898
3	2.920	4.303	9.925	20	1.729	2.093	2.864
4	2.353	3.182	5.841	22	1.721	2.080	2.831
5	2.132	2.770	4.604	24	1.714	2.069	2.807
6	2.015	2.571	4.032	26	1.708	2.060	2.787
7	1.943	2.447	3.707	28	1.703	2.052	2.771
8	1.895	2.365	3.499	30	1.699	2.045	2.756
9	1.860	2.306	3.355	40	1.684	2.021	2.704
10	1.833	2.262	3.250	60	1.671	2.000	2.660
12	1.796	2.201	3.106	120	1.658	1.980	2.617
14	1.711	2.160	3.012	∞	1.645	1.960	2.576
16	1.753	2.131	2.947				

例 3：用标准孔板测量流量，在测量条件和流量都没有变化的条件下，多次重复测得差压值如下：99.3、98.7、100.5、101.2、983、99.7、99.5、102.1、100.5Pa，求差压测量结果。

解：测定值的算术平均值 $\bar{M}$ 为

$$\bar{M} = \frac{\sum\limits_{i=1}^{9} M_i}{9} = 99.98\text{Pa}$$

用残差表示的标准误差

$$\sigma = \sqrt{\dfrac{\sum\limits_{i=1}^{n}(M_i - \bar{M})^2}{n-1}} = 1.21$$

按测量次数 $n=9$，置信概率 95%，从表 1-3 上查得 $k_i =2.306$，则差压测量结果 Δp 为

$$\Delta p = \bar{M} \pm k_i s = 99.98 \pm 2.306\dfrac{1.21}{\sqrt{9}} = (99.98 \pm 0.93)\text{Pa}$$

[95%]置信区间为[99.05,100.91]。

1.3.3　间接测量中的误差分析

1. 间接测量误差

在科学实验中，有些物理量是能直接测量的，如温度、压力等，但有些物理量是不能够直接测量的，或直接测量很不方便，如黏度、速度、流量等。对于那些不能直接测量的物理量，一般通过直接测量一些物理量，再根据一定的函数关系计算出未知的物理量，这种测量称为间接测量。间接测量不可避免地会存在一定的误差，它不仅和直接测量值的误差有关，而且还和函数关系式的形式有关。那么它与直接测量到的物理量之间的误差有什么关系？直接测量的误差又怎样传递给间接测量呢？本节将讨论这些问题。

间接测量误差的分析，要求解决以下三个问题。

(1)根据直接测量值的精度来估计间接测量值的精度。这是在已知函数关系和给定各个直接测量误差的情况下，计算间接测量误差的问题。

(2)如果对间接测量的精度有一定的要求，那么各个直接测量值应该具有怎样的测量精度，才能满足间接测量的精度要求？这是在已知函数关系和给定间接测量值误差的情况下，计算各个直接测量值所能允许的最大误差。

(3)寻求测量的最有利条件，也就是使函数误差达到最小值的最有利条件。这一类问题实际上是为了确定最有利的实验条件。

2. 间接测量中误差传递的一般法则

设有一函数

$$Y = f(M_1, M_2, \cdots, M_n) \tag{1-53}$$

式中，Y 为各直接测量值 M_1、M_2、$\cdots$、M_n 所决定的间接测量值。令 ΔM_1、ΔM_2、$\cdots$、ΔM_n 分别代表测量 M_1、M_2、$\cdots$、M_n 时的误差，ΔY 代表由 ΔM_1、ΔM_2、$\cdots$、ΔM_n 所引起的间接测量值 Y 的误差值，则由式(1-34)可得

$$Y + \Delta Y = f(M_1 + \Delta M_1, M_2 + \Delta M_2, \cdots, M_n + \Delta M_n) \tag{1-54}$$

将上式右端按泰勒级数展开，得

$$f(M_1 + \Delta M_1, \cdots, M_n + \Delta M_n) = f(M_1, M_2, \cdots, M_n) + \\ \Delta M_1 \frac{\partial f}{\partial M_1} + \Delta M_2 \frac{\partial f}{\partial M_2} + \cdots + \Delta M_n \frac{\partial f}{\partial M_n} + R_n \tag{1-55}$$

舍去非线性的余项 R_n 以后，可得下列近似公式：

$$Y + \Delta Y \approx f(M_1, M_2, \cdots, M_n) + \Delta M_1 \frac{\partial f}{\partial M_1} + \Delta M_2 \frac{\partial f}{\partial M_2} + \cdots + \Delta M_n \frac{\partial f}{\partial M_n} \tag{1-56}$$

即

$$\Delta Y \approx \Delta M_1 \frac{\partial f}{\partial M_1} + \Delta M_2 \frac{\partial f}{\partial M_2} + \cdots + \Delta M_n \frac{\partial f}{\partial M_n} \tag{1-57}$$

式中，偏导数 $\dfrac{\partial f}{\partial M_1}$、$\dfrac{\partial f}{\partial M_2}$ 分别称为直接测量误差的各个传递系数，表征该直接测量误差对间接测量误差的影响程度。

令 δ 为间接测量物理量的相对误差，则有

$$\delta = \frac{\Delta Y}{Y} = \frac{\partial f}{\partial M_1} \frac{\Delta M_1}{Y} + \frac{\partial f}{\partial M_2} \frac{\Delta M_2}{Y} + \cdots + \frac{\partial f}{\partial M_n} \frac{\Delta M_n}{Y} \tag{1-58}$$

式(1-57)和式(1-58)称为间接测量中误差的传递公式。

例 4：设 $Y = \dfrac{a^m b^n}{c^p d^q}$，求间接测量值 Y 的相对误差。

解：
$$\delta = \frac{\Delta Y}{Y} = m\left(\frac{\Delta a}{a}\right) + n\left(\frac{\Delta b}{b}\right) - p\left(\frac{\Delta c}{c}\right) - q\left(\frac{\Delta d}{d}\right)$$

由于 Δc、Δb 等均可正可负，故求最大相对误差时，取各误差的绝对值，即

$$\delta = m\left|\frac{\Delta a}{a}\right| + n\left|\frac{\Delta b}{b}\right| + p\left|\frac{\Delta c}{c}\right| + q\left|\frac{\Delta d}{d}\right|$$

类似的推导，可以得到间接测量的各类误差的表达式为

$$最大绝对误差 \Delta Y_{max} = \sum_{i=1}^{n} \left| \frac{\partial f}{\partial M_i} \Delta M_i \right|$$

$$绝对误差 \Delta Y = \sqrt{\sum_{i=1}^{n} \left(\frac{\partial f}{\partial M_i} \Delta M_i \right)^2}$$

$$相对误差 \frac{\Delta Y}{Y} = \sqrt{\sum_{i=1}^{n} \left(\frac{\partial f}{\partial M_i} \frac{\Delta M_i}{Y} \right)^2} \quad\quad (1\text{-}59)$$

$$最大相对误差 \left(\frac{\Delta Y}{Y} \right)_{max} = \sum_{i=1}^{n} \left| \frac{\partial f}{\partial M_i} \frac{\Delta M_i}{Y} \right|$$

$$标准误差 \sigma = \sqrt{\sum_{i=1}^{n} \left(\frac{\partial f}{\partial M_i} \sigma_i \right)^2}$$

例5：求空气密度测量的相对误差。已知用气压计测得大气压力为 $P=(1.0132 \times 10^5 \pm 13)$ Pa。用温度计测得的大气温度为 $T=(298.0 \pm 0.5)$ K。

解：空气密度按下式计算：

$$\rho = 0.4737 \frac{p}{T} \ (kg/m^3)$$

密度测量的绝对误差为

$$\Delta \rho = \sqrt{ \left(\frac{\partial \rho}{\partial P} \Delta p \right)^2 + \left(\frac{\partial \rho}{\partial T} \Delta T \right)^2 } = \sqrt{ \frac{\rho^2}{p^2} (\Delta p)^2 + \frac{\rho^2}{T^2} (\Delta T)^2 } = 0.0021 (kg/m^3)$$

相对误差为

$$\frac{\Delta \rho}{\rho} = \sqrt{ \left(\frac{\Delta p}{p} \right)^2 + \left(\frac{\Delta T}{T} \right)^2 } = \sqrt{ \left(\frac{13}{1.0132 \times 10^5} \right)^2 + \left(\frac{0.5}{298} \right)^2 } = 0.17\%$$

例6：确定大平壁导热系数的最大相对误差。

解：大平壁导热系数可由下式计算：

$$\lambda = \frac{Q\delta}{(T_{s_1} + T_{s_2})F}$$

式中，Q 为通过平壁的总传热量；δ 为平壁厚度；T_{s_1}、T_{s_2} 为平壁两侧表面温度；

F 为平壁的表面积。

导热系数的最大相对误差由下式计算：

$$\left|\frac{\Delta\lambda}{\lambda}\right| = \left|\frac{\Delta Q}{Q}\right| + \left|\frac{\Delta\delta}{\delta}\right| + \frac{\left|\Delta T_{s_1}\right| + \left|\Delta T_{s_2}\right|}{(T_{s_1} - T_{s_2})} + \frac{\Delta F}{F}$$

3. 误差分配方法

在一项具体测量之前，往往需要按测量精度和其他要求选择测量方案。确定该方案中的误差来源并分配每项误差的允许大小，这就是所谓的误差分配问题。当测量过程中只有随机误差时，总误差由误差传递公式(1-59)给出。当直接测量的物理量在两个以上时，这个问题在数学上的解是不定的，通常我们采用所谓等效法计算。该法假定各个直接测量的物理量对于间接测量量所引起的误差均相等，所以有

$$\sigma = \sqrt{\sum_{i=1}^{n}\left(\frac{\partial f}{\partial M_i}\right)^2 \sigma_i^2} = \sqrt{n\left(\frac{\partial f}{\partial M_i}\right)^2 \sigma_i^2} = \sqrt{n}\,\frac{\partial f}{\partial M_i}\sigma_i \qquad (1\text{-}60)$$

式中，n 为直接测量量的个数。由此可得到分配给各个直接测量值的标准差为

$$\sigma_i = \frac{\sigma}{\sqrt{n}\,\dfrac{\partial f}{\partial M_i}} \qquad (1\text{-}61)$$

因此，若预先给定了间接测量所允许的最大误差，则每一个直接测量值的最大允许误差可由式(1-57)计算出。

在有些测量问题中，某些直接测量量的误差与其他误差相比，可以忽略不计。此时误差的分配工作就可以大为简化。或者可以先从总误差中扣除已经确定的某几项直接测量的误差，然后再对余下的各项误差进行分配。

例 7：利用公式 $P = 0.86 I^2 R$ 通过测量电流和电压计算电加热功率。已知测量出的电流 $I = 20.0\text{A}$，$R = 10.0\Omega$，要求 $\sigma_P \leqslant 58\text{W}$，试确定 σ_I 和 σ_R。

解：由式(1-43)可直接计算出 σ_I 和 σ_R。

$$\sigma_I = \frac{\sigma}{\sqrt{n}\,\dfrac{\partial P}{\partial I}} = \frac{58}{\sqrt{2}\times 2IR} = \frac{58}{\sqrt{2}\times 2\times 20\times 10} = 0.1\text{A}$$

$$\sigma_R = \frac{\sigma}{\sqrt{n}\,\dfrac{\partial P}{\partial R}} = \frac{58}{\sqrt{2}I^2} = \frac{58}{\sqrt{2}\times 20^2} = 0.1\Omega$$

再用式(1-41)进行校验：

$$\sigma_P = \sqrt{\left(\frac{\partial P}{\partial I}\right)^2 \sigma_I^2 + \left(\frac{\partial P}{\partial R}\right)^2 \sigma_R} = \sqrt{(2IR\sigma_I)^2 + (I^2\sigma_R)^2} \approx 56.2(\text{W})} \quad 满足要求。$$

实际测量中往往有的被测量的误差要求容易达到，则可以把测量精度提得高一些；有的被测量则限于条件，误差达不到一定的要求，则可以把测量精度放低一点。但不论如何调整，各直接测量误差所引起的间接测量的总误差不能超过预定的指标。在各项测量允许的误差值确定以后，就以所按误差的大小去选用合适的测量仪表。

1.3.4　实验数据的处理

1. 有效数字的概念

在实验数据测量和处理中，应该用几位数字来表示测量值和计算值是十分重要的。由于测量仪表和计算工具精度的限制，测量值和计算值的精度都是有限的，那种认为小数点后位数愈多愈准确的说法是不对的。因而，通常规定数据的正确写法应是只保留最末一位不准确的估计数字，而其余的数字都是准确可靠的。根据这一规则记录下来的数字称为有效数字。例如温度计的读数为 83.5℃，这是由三位数字组成的测量值。这个数据中，前面两位是完全准确的，第三位 5 通常是靠估计得出的不精确数字。这三个数对测量结果都是有效和不可少的，所以称这个数有三位有效数字。此时如果把这个温度写成 83.56℃ 或 83.564℃ 都是没有意义的。

有效数字的位数是由最左面第一个非零数字开始计算直至最后一位。例如 0.0253m 和 253mm，其有效数字都是三位。记录测量数据时，一般只保留有效数字。表示误差时，常只取 1～2 位有效数字。数字 0 应特别注意，它可以是有效数字，也可以不是有效数字。例如毫伏计的读数 10.05mV 中的 0 都是有效数字，而长度 0.00326m 中的前三位 0 都不是有效数字，因为它们只与所取的单位有关。当测量误差已知时，测量结果的有效数字应取得与该误差的位数一致。例如某压力测量结果为 125.72Pa，测量误差为 ±0.1Pa，则测量结果应写成 125.7Pa。

2. 有效数字的计算法则

在数据处理中，常常需要运算一些精确度不相等的数值，此时需要对各个数据进行一定处理，以简化计算过程。为了使实验结果的数据处理有统一的标准，对有效数字的计算法则规定如下。

(1)记录测量值时，只保留一位可疑数字，即读数只估计到分度值的十分之一。可疑数字表示该位上有 ±1 个单位的读数误差。如温度的读数为 4.2℃，则表示其误差为±0.1℃。

(2)有效数字位数确定后，多余的有效数字一律舍去并进行凑整。凑整的规律通常简称为四舍五入。当舍去部分的第一位数字刚好等于 5 时，则末位凑成偶数。这是为了使凑整引起的舍入误差成为随机误差而不成为系统误差。

例如将下列五个数修约到四位有效数字，应有

$$3.14159 \rightarrow 3.142$$
$$1.41423 \rightarrow 1.414$$
$$1.73250 \rightarrow 1.733$$
$$5.62350 \rightarrow 5.624$$
$$6.37041 \rightarrow 6.370$$

(3)在加减运算中，各数保留的小数点后的位数，应与所给各数中小数点后位数最少的相同。例如 13.65+0.041+6.335 应变为 13.65+0.04+6.34= 20.03。

(4)在乘除法中，各因子保留的位数，以有效数字位数最少的为标准。所得积或商的精确度，不应大于精确度最小的那个因子。例如 $0.0121 \times 25.64 \times 1.05782$ 应变为 $0.0121 \times 25.6 \times 1.06 = 0.3285$。

(5)乘方及开方运算，运算结果比原数据多保留一位有效数字。例如 $25^2 = 625$，$\sqrt{4.8} = 2.19$。

(6)对数运算时，所取对数的有效数字应与真数的有效数字位数相等。例如 ln2.345=0.3701。

(7)计算平均值时，若为四个数据或四个以上数据相平均时，则平均值的有效数字可增加一位。

3. 等精度测量结果的数据处理

根据随机误差处理方法及判别系统误差是否存在的准则，可对等精度测量结果进行加工处理，其步骤如下。

(1)将测量结果按先后次序列成表格。

(2)求取算术平均值：

$$\overline{M} = \frac{1}{n} \sum_{i=1}^{n} M_i \tag{1-62}$$

(3)在表上列出残差 V_i 及其平方 V_i^2，并应有 $\sum V_i = 0$。

(4)按式(1-27)计算标准误差。

(5)利用疏忽误差判别规则，剔除坏值。然后从第二步开始重新计算。

(6)检查系统是否有不可忽略的系统误差。如有，应查明产生的原因，并在消

除后重新进行测量。

(7)求算术平均值的标准误差，$s=\sigma/\sqrt{n}$。

(8)写出测量结果的最后表达式，置信概率值写在括号内。如不注明，置信概率取 95%。测量结果的表达式为

$$M = \overline{M} + k_i s \text{（置信概率）}$$

例 8：某一压力量经过 10 次重复测量，其结果如表 1-5 所示，试对此测量结果进行处理。

表 1-5　例题的计算表

n	M_i/Pa	V_i	V_i^2
1	20.46	−0.030	0.00090
2	20.52	0.030	0.00090
3	20.47	−0.020	0.00040
4	20.52	0.030	0.00090
5	20.48	−0.010	0.00010
6	20.50	0.010	0.00010
7	20.50	0.010	0.00010
8	20.49	0	0
9	20.47	−0.020	0.00040
10	20.49	0	0
Σ	204.90	0	0.00380

解：根据上述步骤，对测量结果处理如下。

(1)将测量结果列入表格 1-5 中。

(2)求算术平均值：

$$\overline{M} = \frac{1}{n}\sum_{i=1}^{10} M_i = 20.490$$

(3)将残差 V_i 和 V_i^2 算出并列入表中。

(4)计算标准误差 σ：

$$\sigma = \sqrt{\frac{1}{n-1}\sum_{i=1}^{10} V_i^2} = 0.0205$$

(5)判别有无疏忽误差。计算算术平均误差：

$$D = \frac{\sum |V_i|}{n} = 0.016, \quad 4D = 0.064$$

在本例中所有测量值与平均值之偏差都小于 $4D$，故测量结果中没有疏忽误差，所有测量都是有效的。

(6) 系统误差的检别。一般可以用直接观察残差的方法，该例中未发现残差向一个方向变化，且残差符号不为($----++++$)或($++++----$)，变化无规则，可认为无系统误差存在。

(7) 求算术平均值的标准误差：

$$s = \frac{\sigma}{\sqrt{n}} \approx 0.006$$

(8) 写出最终测量结果。置信概率为 95%，由表 1-4 得到 k_i=2.262，则压力测量的最终结果可写成

$$M = \overline{M} \pm k_i s = (20.490 \pm 0.014)\text{Pa} \quad (95\%)$$

4. 实验曲线的绘制和曲线的拟合

通常将实验结果绘制成实验曲线，并通过对该曲线进行定量分析或对曲线的形状、特征及变化趋势的研究，加深对实验对象的了解，进一步整理出符合现象变化规律的经验公式或半理论半经验公式。因此，实验曲线在实验结果的处理中具有重要的作用。

1) 实验曲线的绘制

由于实验数据存在测量误差，连接各实验点形成的曲线不可能很光滑。因此如何在有一定离散度的点群中绘制出一条能够较好地反映真实情况的曲线，是一个很关键的问题。

绘制实验曲线的图纸，常用的是方格直角坐标纸，也可用对数坐标纸、半对数坐标纸和极坐标纸。纸的大小与物理量单位的选择要合适，分度太粗(指测量单位选择太大)会夸大原数据的精度；分度太细，曲线难以绘制。选择坐标纸时，要尽量设法绘成直线。

直角坐标中，线性分度是应用最广的。一般对于双变量的情况，选择一个误差可以忽略的变量当作自变量 x，以横坐标表示。另一个为因变量 y，以纵坐标表示。坐标原点不一定为 0，可视具体情况而定，数据点可用小圆点，空心圆、三角、十字和正方形等作为标记，其几何中心应与实验值相重合、标记的大小一般在 1mm 左右。

坐标的分度最好能使实验曲线坐标读数和实验数据具有同样的有效数字位数。纵坐标与横坐标的分度不一定一致，曲线的坡度点可能介于 30°～60°。绘制曲线时应注意以下几点。

(1)实验曲线必须通过尽可能多的实验点，留在曲线外的实验点应尽量靠近曲线，并且曲线两侧的实验点数量应能大致相等，如图 1-2 所示。

(2)曲线应光滑匀整，最好用曲线板绘制。当实验数据中有极值出现时，应特别注意在图形中能正确反映出极值。在极值处应尽量增加测量点。

(3)图上应适当地标出实验点所对应的实验条件，不同的条件可用不同形状的点来表示。

2)实验曲线拟合

实验曲线拟合，就是从一组离散的实验数据中，运用有关误差理论的知识，求得一条最佳曲线，使之与离散的实验数据之间误差最小，这就称之为曲线拟合。曲线拟合有分组平均法、残差图法及最小二乘法。分组平均法与残差法比较简单、实用，是常用的工程方法；最小二乘法计算比较繁冗，但借助计算机程序的执行能方便地求出曲线的最佳拟合方程，下面分别进行讨论。

(1)分组平均法拟合。这种方法是把横坐标分成若干组，每组包含 2～4 个数据点，然后求出各组数据点的几何重心坐标，再把各几何重心联结成光滑曲线。由于进行了数据平均，随机误差的影响减小，各几何重心点的离散性显著减小，从而使作图较为方便和准确。

图 1-3 所示的是每组取三个数据点进行平均的拟合过程。把各三角形重心相连，就可以得到一条比较光滑的拟合曲线。

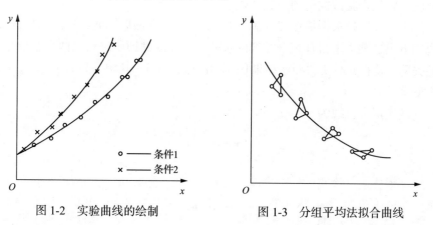

图 1-2　实验曲线的绘制　　　　　　　图 1-3　分组平均法拟合曲线

(2)残差图法拟合直线。随机误差的存在造成实验数据分布的离散性，使绘制直线增加了困难。残差图法的基本内容是使求出的直线(最佳直线)与实验数据之间的残差代数和等于零并满足残差的平方和最小。

残差图法拟合过程如下。

步骤 1. 在表中列出 x_i、y_i 的值，并将各实验点标在坐标纸上。

步骤 2. 作一条尽可能最佳的直线，并求出(可从图上量出)此直线的方程为

$$y = ax + b \tag{1-63}$$

步骤 3. 求各 x_i 的残差：

$$v_i = y_i - (ax_i + b) \tag{1-64}$$

步骤 4. 作残差图，v_i-x_i 一一对应地标在图上。

步骤 5. 在残差图上作一条尽可能反映残差平均效应的直线，并求出其方程为

$$v = a'x + b' \tag{1-65}$$

步骤 6. 对式(1-63)表示的原直线方程进行修正，修正后的直线方程为

$$y_1 = y + v = (a + a')x + (b + b') = a_1 x + b_1 \tag{1-66}$$

显然，a_1 和 b_1 比 a 和 b 更靠近实际值。通常只需修正一次就可以满足要求。

(3)最小二乘法——回归方程。如果把各实验点标在坐标图上，就可以得到一张散点图。从点的分布规律可以看出变量之间存有一定的关系。实验数据中因变量随自变量变化的相依关系，常称为经验公式或实验对象的数学模型。我们的目的是求出实验点散点图上的最佳的一条光滑曲线，并得到该曲线的函数关系式。这样就可以从实验数据得到经验公式。

最小二乘法是求得最佳拟合曲线的一种方法。下面以一元线性回归分析为例，来说明最小二乘法求最佳拟合曲线的步骤。一元线性回归是讨论两个变量之间的线性关系。设有 n 对实验测量结果 (x_i, y_i) $(i=1,2,\cdots,n)$，其中 y 为随机变量，x 为非随机变量。

令最佳拟合直线为

$$y = ax + b \tag{1-67}$$

则对于每一对实验测量结果有

$$y_i = ax_i + b \tag{1-68}$$

式中，a、b 为待定系数，通常也称为回归系数。

最小二乘法原理指出，当式(1-67)所代表的直线为最佳拟合直线时，各因变

量的残差平方和最小，即满足各组测量值(x_i, y_i)在y方向上对回归直线的偏差$y\text{-}y_i$的平方和为最小。

上述拟合直线方程相对于测量的残差平方和为

$$Q = \sum_{i=1}^{n} V_i^2 = \sum_{i=1}^{n} [y_i - (ax_i + b)]^2 \tag{1-69}$$

满足Q最小的条件为

$$\frac{\partial Q}{\partial a} = 0, \quad \frac{\partial Q}{\partial b} = 0 \tag{1-70}$$

将式(1-69)代入式(1-70)，得到

$$\frac{\partial Q}{\partial a} = -2\sum_{i=1}^{n}(x_i y_i - ax_i^2 - bx_i) = 0$$
$$\frac{\partial Q}{\partial b} = -2\sum_{i=1}^{n}(y_i - ax_i - b) = 0 \tag{1-71}$$

将式(1-71)进行化简得到

$$a\sum x_i + nb = \sum y_i \tag{1-72}$$

$$a\sum x_i^2 + b\sum x_i = \sum x_i y_i \tag{1-73}$$

联立求解式(1-72)和式(1-73)，得

$$a = \frac{\sum x_i \sum y_i - n\sum x_i y_i}{(\sum x_i)^2 - n\sum x_i^2} \tag{1-74}$$

$$b = \frac{\sum x_i y_i \sum x_i - \sum y_i \sum x_i^2}{(\sum x_i)^2 - n\sum x_i^2} \tag{1-75}$$

将a、b的值代入式(1-67)，就可以获得所要求的最佳拟合曲线。

例 9：用最小二乘法确定表 1-6 中一组实验值的拟合曲线。

解：设所求拟合方程为$y=ax+b$，为求常数a和b，式(1-74)、式(1-75)中需要计算项目都列出在表 1-6 中。

表 1-6　例 9 中的计算表

i	1	2	3	4	5	6	7	Σ
x_i	10	20	30	40	50	60	70	280
x_i^2	100	400	900	1600	2500	3600	4900	14000
y_i	159.4	221.0	280.8	341.8	402.1	462.6	523.3	2391
$y_i x_i$	1594	4420	8424	13672	20105	27756	36631	112602

将表 1-6 中的有关数据代入式(1-74)、式(1-75)，得

$$a = \frac{280 \times 2391 - 7 \times 112602}{(280)^2 - 7 \times 14000} = 6.057$$

$$b = \frac{112602 \times 280 - 2391 \times 14000}{(280)^2 - 7 \times 14000} = 99.26$$

于是所求的最佳拟合方程为

$$y = 6.057x + 99.26$$

两变量间的线性回归分析仅仅是最简单的情况，在很多场合，两变量之间呈复杂的非线性关系。最小二乘法也适用于拟合一元非线性回归曲线，求出非线性回归方程。不论拟合的曲线是何种形式，在拟合过程中主要是要定出自变量(非随机变量)的系数值。

非线性回归方程的一般形式为

$$y = a_0 + a_1 x + a_2 x^2 + \cdots + a_n x^n \tag{1-76}$$

现在的问题是当已知 n 组实验观测值 (x_i, y_i) $(i = 1, 2, \cdots, n)$ 时，如何来求得 $(n+1)$ 个系数 a_0、a_1、$\cdots$、a_n，该问题归结为解 $(n+1)$ 个线性联立方程。

在拟合非线性回归方程之前，首先要尽量考虑能否进行变换，使方程线性化，从而简化求解过程；其次若一定需要进行多项式回归时，则需要确定多项式的最高幂 n 的值。下面对这两个问题分别进行讨论。

(1)线性化变换。虽然从实验点的散点图上看 y 和 x 的关系十分复杂，但往往可以通过变量置换而使之线性化。这样前面介绍的一元线性回归分析所得到的公式都可以使用。

例如，若 y 和 x 之间的关系为

$$y = ax^b \tag{1-77}$$

对上式两边取对数可得

$$\ln y = \ln a + b \ln x \tag{1-78}$$

令

$$Y = \ln y$$

$$A = \ln a$$

$$X = \ln x$$

则式(1-77)可以写成

$$Y = A + bX \tag{1-79}$$

上式是一个线性方程,利用一元线性回归方法可以求出系数 A 和 b,然后再求出 a 的值为

$$a = e^A$$

其他类似的可以变换的非线性关系式如表 1-7 所示。

表 1-7　可以变换的非线性关系式

非线性方程	线性化方程	线性化变量	
		Y	X
$y = a + b\ln x$	$Y = a + bX$	y	$\ln x$
$y = ax^b$	$Y = \ln y = \ln a + b\ln x$	$\ln y$	$\ln x$
$y = 1 - e^{-ax}$	$Y = \ln \dfrac{1}{1-y} = ax$	$\ln \dfrac{1}{1-y}$	x
$y = a + b\sqrt{x}$	$Y = a + bX$	y	$\sqrt{x}$
$y = a + \dfrac{b}{x}$	$Y = a + bX$	y	$\dfrac{1}{x}$
$y = e^{(a+bx)}$	$Y = \ln y = a + bx$	$\ln y$	x
$e^y = ax^b$	$Y = y = \ln a + b\ln x$	y	$\ln x$

(2)最高次幂选定。多项式回归的一个重要问题是如何选定最高次幂 n。如取多项式次数 n 太小,往往不能反映出曲线的真实趋向,计算得到的 y 值在某些区段上会与实验值 y_i 有较大的偏离。如果 n 选得过大,则会过分凑近那些离散度较大的点,也不能反映曲线的真实趋向。如用计算机处理数据,可以从 $n=1$ 开始,对每一个 n 值按下式计算其 S 值

$$S^2 = \frac{\sum\limits_{i=1}^{n}(y_i - y)^2}{N - n - 1} \tag{1-80}$$

式中，S^2 为子样方差；y_i 为实验值；y 为计算值；N 为测量次数，一般要求 $N > (n+1)$。

如果存在一个 m 值$(m < n)$，从 $m-1$ 到 n 时，S^2 会显著减小，然后从 n 到 $(n+1)$ 时，S^2 的值不再减小，这个 n 值就是所要求的值。

在确定了多项式的最高次幂以后，就可以用最小二乘法确定式(1-52)中的诸系数 a_0、a_1、$\cdots$、a_n。其步骤类似于一元线性回归分析，根据 N 组实验值和回归方程之间残差平方和为最小的条件，可以得到$(n+1)$个线性方程，从而求出$(n+1)$个回归系数，这样便可得到所需要的拟合曲线。这种计算十分复杂，往往只能借助计算机进行。

用最小二乘法还可以将实验结果整理成多自变量的经验关系式，其过程与一元回归分析相类似，称为多元线性回归分析。此时自变量的数目相当于一元多项式回归时的幂次数。

5. 一元线性回归分析的检验

在用最小二乘法计算回归系数 a 和 b 时，并没有假定变量 x、y 之间有线性相关关系，那么由公式(1-67)所确定的回归方程是否与实验数据点 (x_i, y_i) 有着良好的拟合程度呢？亦即回归直线能否比较满意地反映出实验点之间存在的客观规律？从最小二乘法本身来说，任何一堆杂乱的数据点都可以回归成一条直线，显然这条直线并没有什么实用意义。所以必须对回归方程的拟合程度进行检验。

描述两个变量之间线性相关密切程度的指标是一个被称为相关系数的量值，它的定义为

$$R = \frac{\sum(x_i - \bar{x})(y_i - \bar{y})}{\sqrt{\sum(x_i - \bar{x})^2 \sum(y_i - \bar{y})^2}} \tag{1-81}$$

式中，x_i、y_i 为实验观测值；$\bar{x}$、$\bar{y}$ 为算术平均值。R 的值在-1 和$+1$ 之间变化。当 R 的绝对值越接近于 1 时，回归直线和实验点之间的线性拟合程度就越好。当 $R = \pm 1$ 时，所有实验点都正好落在回归直线上。例 9 中，可以算出相关系数为 0.99。

相关系数的大小，表征了回归直线与实验点之间的拟合程度。那么 R 的绝对值要大到什么程度时才能认为回归直线能近似地表示出 x、y 之间的正确关系？这就是常称为相关系数的显著性检验，把可用回归直线来表示 x、y 之间关系时所对应的 R 值称为相关系数显著值。一般来说，由于测量误差的影响，使相关系数达到显著的值与测量次数 n 及回归直线拟合可靠程度(置信度)P_a有关。表 1-8 给出

了对于不同的测量次数 n，在两种显著水平 $\alpha(\alpha=1-P_a)$ 的条件下，使相关系数 R 达到显著时的最小相关系数值。

例如，当测量次数为 $n=10$ 时，若相关系数 R 的值大于或等于 0.632 时，我们就可以说回归直线在 0.05 的水平上显著，即用回归直线来表示实验点，其可靠程度为 95%；如果 R 大于 0.765，则可以说回归直线在 0.01 的水平上显著，即回归直线表示实验点的可靠程度达 99%。

对于一元非线性回归方程（n 阶多项式），工程上常用来检验该回归方程拟合程度的方法称为 F 检验法。所谓 F 检验法，就是构造一个统计量 F，其值为

$$F = \frac{\sum\limits_{i=1}^{N}(y-\overline{y})^2 / f_1}{\sum\limits_{i=1}^{N}(y_i-y)^2 / f_2} \tag{1-82}$$

式中，$f_1=n$；$f_2=N-n-1$；N 为测量组数。

表 1-8　相关系数显著性检验表

n−2	R		n−2	R	
	α=0.05	α=0.01		α=0.05	α=0.01
1	0.997	1.000	21	0.413	0.526
2	0.950	0.990	22	0.404	0.515
3	0.878	0.959	23	0.396	0.505
4	0.811	0.917	24	0.388	0.496
5	0.754	0.874	25	0.381	0.487
6	0.707	0.834	26	0.374	0.478
7	0.666	0.798	27	0.367	0.470
8	0.632	0.765	28	0.361	0.463
9	0.602	0.735	29	0.355	0.456
10	0.576	0.708	30	0.349	0.449
11	0.553	0.684	35	0.325	0.418
12	0.532	0.661	40	0.304	0.393
13	0.514	0.641	45	0.288	0.372
14	0.497	0.623	50	0.273	0.354
15	0.482	0.606	60	0.250	0.325
16	0.468	0.590	70	0.232	0.302
17	0.456	0.575	80	0.217	0.283
18	0.444	0.561	90	0.205	0.267
19	0.433	0.549	100	0.195	0.254
20	0.423	0.537	200	0.138	0.181

要使 n 阶非线性回归方程所确定的拟合曲线与测量点之间有足够的拟合程度，就要使残差平方和 $\sum(y_i-y)^2$ 小到一定程度。换句话说，就要使 F 大到一定程度。因此，我们就可以用判别 F 值的大小来判别回归曲线的拟合程度。如果 F 值的大小不能满足预定的要求，可以提高多项式的阶数。所以 F 检验也可以用来根据预定的拟合精度来确定所需要的多项式阶数，即最高次幂。

前人已为我们编制了在一定的显著水平下，不同的 f_1 和 f_2 对应的统计量 F 应达到的最小值的表格，称为 F 分布表。表 1-9～表 1-11 给出了三种显著水平 $\alpha=0.1$、0.05、0.01 时的 F 分布表。例如，下列回归方程

$$y = a_0 + a_1x + a_2x^2 + a_3x^3 \tag{1-83}$$

是由 9 组测量值 (x_i, y_i) 回归得到。由式(1-82)可得

$$f_1 = n = 3 \tag{1-84}$$

$$f_2 = N - n - 1 = 9 - 3 - 1 = 5 \tag{1-85}$$

如果要求在显著水平 $\alpha=0.05$ 的水平上显著，则要求统计量 F 满足不等式

$$F(\alpha, f_1, f_2) > F(0.05, 3, 5) \tag{1-86}$$

由表 1-9 查得 $F(0.05, 3, 5) = 5.41$，所以如果由上述回归方程计算出的 F 满足 $F > 5.41$，则该回归方程在显著水平 $\alpha=0.05$ 上显著。

表 1-9　F 分布表(I)（$\alpha=0.10$）

f_2	f_1									
	1	2	3	4	5	6	8	12	24	∞
1	39.86	49.50	53.59	55.83	57.24	58.20	59.44	60.70	62.00	63.33
2	8.53	9.00	9.16	9.24	9.29	9.33	9.37	9.41	9.45	9.49
3	5.54	5.46	5.39	5.34	5.31	5.28	5.25	5.22	5.18	5.13
4	4.54	4.32	4.19	4.11	4.05	4.01	3.95	3.90	3.83	3.76
5	4.06	3.78	3.62	3.52	3.45	3.40	3.34	3.27	3.19	3.10
6	3.78	3.46	3.29	3.18	3.11	3.05	2.98	2.90	2.82	2.72
7	3.59	3.26	3.07	2.96	2.88	2.83	2.75	2.67	2.58	2.47
8	3.46	3.11	2.92	2.81	2.73	2.67	2.59	2.50	2.40	2.29
9	3.36	3.01	2.81	2.69	2.61	2.55	2.47	2.38	2.28	2.16
10	3.28	2.92	2.73	2.81	2.52	2.46	2.38	2.28	2.18	2.06
11	3.23	2.86	2.66	2.54	2.45	2.39	2.30	2.21	2.10	1.97
12	3.18	2.81	2.61	2.48	2.39	2.33	2.24	2.15	2.04	1.90
13	3.14	2.76	2.56	2.43	2.35	2.28	2.20	2.19	1.98	1.85

续表

f_2	f_1									
	1	2	3	4	5	6	8	12	24	∞
14	3.10	2.73	2.52	2.39	2.31	2.24	2.15	2.05	1.94	1.80
15	3.07	2.70	2.49	2.36	2.27	2.21	2.12	2.02	1.90	1.76
16	3.05	2.67	2.46	2.33	2.24	2.18	2.09	1.99	1.87	1.72
17	3.03	2.64	2.44	2.31	2.22	2.15	2.06	1.96	1.84	1.69
18	3.01	2.62	2.42	2.29	2.20	2.13	2.04	1.93	1.81	1.66
19	2.99	2.61	2.40	2.27	2.18	2.11	2.02	1.91	1.79	1.63
20	2.97	2.59	2.38	2.25	2.16	2.09	2.00	1.89	1.77	1.61
21	2.96	2.57	2.36	2.23	2.14	2.08	1.98	1.88	1.75	1.59
22	2.95	2.56	2.35	2.22	2.13	2.06	1.97	1.86	1.73	1.57
23	2.94	2.55	2.34	2.21	2.11	2.05	1.95	1.84	1.72	1.55
24	2.93	2.54	2.33	2.19	2.10	2.04	1.94	1.83	1.70	1.53
25	2.92	2.53	2.32	2.18	2.09	2.02	1.93	1.82	1.69	1.52
26	2.91	2.52	2.31	2.17	2.08	2.01	1.92	1.81	1.68	1.50
27	2.90	2.51	3.30	2.17	2.07	2.00	1.91	1.80	1.67	1.49
28	2.89	2.50	2.29	2.16	2.06	2.00	1.90	1.79	1.66	1.48
29	2.89	2.50	2.28	2.15	2.06	1.99	1.89	1.78	1.65	1.47
30	2.88	2.49	2.28	2.14	2.05	1.98	1.88	1.77	1.64	1.46
40	2.84	2.44	2.23	2.09	2.00	1.93	1.83	1.71	1.57	1.38
60	2.79	2.39	2.18	2.04	1.95	1.87	1.77	1.66	1.51	1.29
120	2.75	2.35	2.13	1.99	1.90	1.82	1.72	1.60	1.45	1.19
∞	2.71	2.30	2.08	1.94	1.85	1.77	1.67	1.55	1.38	1.00

表 1-10　F 分布表（II）（$\alpha=0.05$）

f_2	f_1									
	1	2	3	4	5	6	8	12	24	∞
1	161.4	199.5	215.7	224.6	230.2	234.0	238.9	243.9	249.0	254.3
2	18.51	19.00	19.16	19.25	19.30	19.33	19.37	19.41	19.45	19.50
3	10.13	9.55	9.28	9.12	9.01	8.94	8.84	8.74	8.64	8.53
4	7.71	6.94	6.59	6.39	6.28	6.16	6.04	5.91	5.77	5.63
5	6.61	5.79	5.41	5.19	5.05	4.95	4.82	4.68	4.53	4.36
6	5.99	5.14	4.76	4.53	4.39	4.28	4.15	4.00	3.84	3.67
7	5.59	4.74	4.35	4.12	3.97	3.87	3.73	3.57	3.41	3.23
8	5.32	4.46	4.07	3.84	3.69	3.58	3.44	3.28	3.12	2.93
9	5.12	4.26	3.86	3.63	3.48	3.37	3.23	3.07	2.90	2.71
10	4.96	4.10	3.71	3.48	3.33	3.22	3.07	2.91	2.74	2.54

续表

f_2	f_1									
	1	2	3	4	5	6	8	12	24	∞
11	4.84	3.98	3.59	3.36	3.20	3.09	2.95	2.79	2.61	2.40
12	4.75	3.88	3.49	3.26	3.11	3.00	2.85	2.69	2.50	2.30
13	4.67	3.80	3.41	3.18	3.02	2.92	2.77	2.60	2.42	2.21
14	4.60	3.74	3.34	3.11	2.96	2.85	2.70	2.53	2.35	2.13
15	4.54	3.68	3.29	3.06	2.90	2.79	2.64	2.48	2.29	2.07
16	4.49	3.63	3.24	3.01	2.85	2.74	2.59	2.42	2.24	2.01
17	4.45	3.59	3.20	2.96	2.81	2.70	2.55	2.38	2.19	1.96
18	4.41	3.55	3.16	2.93	2.77	2.66	2.51	2.34	2.15	1.92
19	4.38	3.52	3.13	2.90	2.74	2.63	2.48	2.31	2.11	1.88
20	4.35	3.49	3.10	2.87	2.71	2.60	2.45	2.28	2.08	1.84
21	4.32	3.47	3.07	2.84	2.68	2.57	2.42	2.25	2.05	1.83
22	4.30	3.44	3.05	2.82	2.66	2.55	2.40	2.23	2.03	1.78
23	4.28	3.42	3.03	2.80	2.64	2.53	2.38	2.20	2.00	1.76
24	4.26	3.40	3.01	2.78	2.62	2.51	2.36	2.18	1.98	1.73
25	4.24	3.38	2.99	2.76	2.60	2.49	2.34	2.16	1.96	1.71
26	4.22	3.37	2.98	2.74	2.59	2.47	2.32	2.15	1.95	1.69
27	4.21	3.35	2.96	2.73	2.57	2.46	2.30	2.13	1.93	1.67
28	4.20	3.34	2.95	2.71	2.56	2.44	2.29	2.12	1.91	1.65
29	4.18	3.33	2.93	2.70	2.54	2.43	2.28	2.10	1.90	1.64
30	4.17	3.32	2.92	2.69	2.53	2.42	19.37	2.09	1.89	1.62
40	4.08	3.23	2.84	2.61	2.45	2.34	2.18	2.00	1.79	1.51
60	4.00	3.15	2.76	2.52	2.37	2.25	2.10	1.92	1.70	1.39
120	3.92	3.07	2.68	2.45	2.29	2.17	2.02	1.83	1.61	1.25
∞	3.84	2.99	2.60	2.37	2.21	2.10	1.94	1.75	1.52	1.00

表 1-11　F 分布表（III）（$\alpha=0.01$）

f_2	f_1									
	1	2	3	4	5	6	8	12	24	∞
1	4052	4999	5403	5625	5764	5859	5982	6106	6234	6366
2	98.50	99.00	99.17	99.25	99.30	99.33	99.37	99.42	99.46	99.50
3	34.12	30.82	29.46	28.71	28.24	27.91	27.49	27.05	26.60	26.12
4	21.20	18.00	16.69	15.98	15.52	15.21	14.80	14.37	13.93	13.46
5	16.26	13.27	12.06	11.39	10.97	10.67	10.29	9.87	9.47	9.02
6	13.74	10.92	9.78	9.15	8.75	8.47	8.10	7.72	7.31	6.88
7	12.25	9.55	8.45	7.85	7.46	7.19	6.84	6.47	6.07	5.65

续表

f_2	f_1									
	1	2	3	4	5	6	8	12	24	∞
8	11.26	8.65	7.59	7.01	6.63	6.37	6.03	5.67	5.28	4.86
9	10.56	8.02	6.99	6.42	6.06	5.80	5.47	5.11	4.73	4.31
10	10.04	7.56	6.55	5.99	5.64	5.39	5.06	4.71	4.33	3.91
11	9.65	7.20	6.22	5.67	5.32	5.07	4.74	4.40	4.02	3.60
12	9.33	6.93	5.95	5.41	5.06	4.82	4.50	4.16	3.78	3.36
13	9.07	6.70	5.74	5.20	4.86	4.62	4.30	3.96	3.59	3.16
14	8.86	6.51	5.56	5.03	4.69	4.46	4.14	3.80	3.43	3.00
15	8.68	6.36	5.42	4.89	4.56	4.32	4.00	3.67	3.29	2.87
16	8.53	6.23	5.29	4.77	4.44	4.20	3.89	3.55	3.18	2.75
17	8.40	6.11	5.18	4.67	4.34	4.10	3.79	3.45	3.08	2.65
18	8.28	6.01	5.09	4.58	4.25	4.01	3.71	3.37	3.00	2.57
19	8.18	5.93	5.01	4.50	4.17	3.94	3.63	3.30	2.92	2.49
20	8.10	5.85	4.94	4.43	4.10	3.87	3.56	3.23	2.86	2.42
21	8.02	5.78	4.87	4.37	4.04	3.81	3.51	3.17	2.80	2.36
22	7.94	5.72	4.82	4.31	3.99	3.76	3.45	3.12	2.75	2.31
23	7.88	5.66	4.76	4.26	3.94	3.71	3.41	3.07	2.70	2.26
24	7.82	5.61	4.72	4.22	3.90	3.67	3.36	3.03	2.66	2.21
25	7.77	5.57	4.68	4.18	3.86	3.63	3.32	2.99	2.62	2.17
26	7.72	5.53	4.64	4.14	3.82	3.59	3.29	2.96	2.58	2.13
27	7.68	5.49	4.60	4.11	3.78	3.56	3.26	2.93	2.55	2.10
28	7.64	5.45	4.57	4.07	3.75	3.53	3.23	2.90	2.52	2.06
29	7.60	5.42	4.54	4.04	3.73	3.50	3.20	2.87	2.49	2.03
30	7.56	5.39	4.51	4.02	3.70	3.47	3.17	2.84	2.47	2.01
40	7.31	5.18	4.31	3.83	3.51	3.29	2.99	2.66	2.29	1.80
60	7.08	4.98	4.13	3.65	3.34	3.12	2.82	2.50	2.12	1.60
120	6.85	4.79	3.95	3.48	3.17	2.96	2.66	2.34	1.95	1.38
∞	6.64	4.60	3.78	3.32	3.02	2.80	2.51	2.18	1.79	1.00

对于多元线性回归分析，同样可以用类似上述多项式回归分析的 F 检验方法来判别它的拟合程度，只是在 F 量计算时，用自变量数目 n 代替前述回归方程中的最高次幂 n。

6. 经验公式的选取

工程实用中，用经验公式表示测量结果有很多优点，如形式紧凑，便于微积分和插值运算，适合于计算机程序的编制和运算。确定经验公式有三方面的工作：

①确定公式的函数类型；②确定函数中各系数或指数；③对得到的经验公式的精度做出估计。

　　理想的经验公式要求形式简单，所包含的任意常数不多，并能准确地代表一组实验数据。对于给定的一组实验数据，通常先将数据点画在合适的坐标图上，根据所得的实验曲线的形状猜测经验公式应有的形式，然后再用数据验证。如果符合的精度不够满意，则对所假定的函数形式作一定的修改，直至满意为止。这方面需要有一定的技巧和经验，可以结合具体问题进行实践。微型计算机的使用，为选择合适的经验公式提供了有效的工具。

第2章 温度和温度场的测量

2.1 温度和温标

温度的测量是热工实验中首要的也是最基本的测量。温度是表征处于热平衡的系统的一个参量，一切互为热平衡的系统都具有相同的温度。当两个物体之间有温度差时，热量可以从高温物体传向低温物体。为了测定物体或系统的温度，我们可以选择一个适当的系统作为测温仪表，只要使测温仪表与待测系统紧密接触并经过一段时间达到热平衡以后，则测温仪表显示的温度就是待测系统的温度，这种测温系统通常称为温度计。

选作温度计用的物质称为测温物质。它通常具有一个随温度变化又便于量测的物理参数(测温属性)。我们就利用这个物理参数作为该物质温度的标志。例如，气体温度计中气体的体积或压强，电阻温度计的电阻，热电偶温度计的温差电动势等都是这类物理参数。各类温度计的测温属性随温度的变化可以有各种形式的函数关系，最为理想的是测温属性与温度之间具有线性关系[1]。

温度的数值表示法，或者说表示温度高低的标尺为温标。例如，摄氏温标规定，在标准大气压力下，冰水混合物的温度(冰点)为 0℃，水沸腾的温度(沸点)为 100℃。在 0℃ 和 100℃ 之间按测温物质体积随温度作线性变化来刻度。显然，由于测温属性随温度的变化并不是完全线性的，因此用不同测温物质或同一物质的不同测温属性所建立的摄氏温标也是相互不一致的。为了得到可以作为统一标准的温标，人们利用实际气体在压强趋向零时的极限——理想气体的性质，建立了理想气体温标。但是由于理想气体温标仍然需要用气体温度计来实现，而实际气体又并不是理想气体，所以人们希望建立一种与测温物质和测温属性无关的温标，作为温度测量的基准。建立在热力学第二定律基础上的热力学温标，就是这样的一种温标。它是由开尔文在 1846 年根据卡诺定理引入的，所以也称开尔文温标。由于它与测温物质无关，所以又称绝对温标。由该温标所确定的温度称为热力学温度或绝对温度，常以 T 表示，单位为开尔文(简称开，符号为 K)。绝对温度单位的定义为水三相点热力学温度的 $\dfrac{1}{273.16}$。

热力学温标规定水的三相点温度为 273.16K，它是热力学温标中的一个基本固定温度。

为了统一摄氏温标和热力学温标，1960 年第十一届国际计量大会对摄氏温标做了新的定义，规定它由热力学温标导出。摄氏温度定义为

$$t = T - 273.15 \tag{2-1}$$

它的单位为摄氏度，符号为℃。

国际实用温标是用来复现热力学温标的。自 1927 年建立国际温标以来，为了使它更好地符合热力学温标，曾先后作了多次修改。最新的 1990 国际温标（ITS90）于 1990 年元旦开始实施。

1990 年国际温标用十七个高纯物质的固定点作为该温标的定义基准点，如表 2-1 所示。

表 2-1　十七种高纯物质温标固定点

高纯物质	温标固定点	高纯物质	温标固定点
氦沸点	3～5K	镓融解点	29.7646℃
平衡氢三相点	13.8033K	铟凝固点	156.5985℃
平衡氢低压沸点	约 17K（333.0N/m²）	锡凝固点	231.928℃
平衡氢沸点	20.3K	锌凝固点	419.527℃
氖三相点	24.5561K	铝凝固点	660.323℃
氧三相点	54.3584K	银凝固点	961.78℃
氩三相点	83.8058K	金凝固点	1064.18℃
汞三相点	234.3156K	铜凝固点	1084.62℃
水三相点	273.16K		

在不同的温度范围内，选择稳定性较高的温度计作为复现热力学温标的标准仪器。

国际温标规定，0.65～273.15K 及 0～960℃ 范围内，采用铂电阻温度计；960℃ 以上采用光学高温计。对各固定点之间的温度，规定了标准的插值公式，用这些公式来建立标准仪器示值与国际温标温度之间的关系，以进行连续测温。

国际实用温标的基准仪器都由国家规定的机构保存，并通过省市计量机构传递下去。对于各类测温仪表的校验，应按下列规定进行，即由基准仪器来校验一等标准仪表；由一等标准仪表来校验二、三等标准仪表；由二等标准仪表来校验实验室仪表；由二、三等标准仪表和实验室仪表来校验工业仪表。

2.2　温度的测量和测温仪表

为了保证温度测量的准确可靠，需要进行精细的实验准备工作。首先，必须根据实验的要求和条件，选择适当的测温方法和测温仪表，并进行必要的校正和分度。各种测温方法都是基于物质的某些物理化学性质与温度之间的对应关系。例如，物体的几何尺寸、颜色、密度、折射率、电阻率、热电势、辐射率等，这些物理化学参数都与温度有关[2]。当温度改变时，以上这些参数中的一个或几个随之发生变化，测出这些参数的变化就可以间接地知道被测物体的温度。

常用的测温仪表及它们的作用原理列于表 2-2 中。下面分别讨论热工实验中常用的温度测量方法和测温仪表，辐射温度计将在辐射一章中专门讨论。

表 2-2　测温仪表的分类

测温仪表	测温属性	测温范围/℃	作用原理
膨胀式温度计	体积或长度	−50～100	利用液体或固体热胀冷缩的性质
压力表式温度计	压力	−269～1000	利用封闭在固定容积中的液体、气体或蒸汽受热时压力变化的性质
电阻温度计	电阻	−200～500	利用导体、半导体受热后电阻率变化的性质
热电偶温度计	热电势	−269～2800	利用导体两端温度不同时产生热电势的性质
辐射式温度计	热辐射	700～3000	利用物体热辐射性质
光学测温仪	折射率	0～1200	利用流体受热后密度变化而使通过它的光线折射率发生变化的性质
声学测温仪	声速	−269～2000	利用声波在介质中的传播速度随温度变化的性质
噪声温度计	热噪声	−273～1500	利用分子热运动的性质

2.2.1　膨胀式温度计

利用测温物质的体积(或长度)随温度发生变化的性质而制成的温度测量仪表称为膨胀式温度计。工程上根据测温物质的不同，膨胀式温度计可分为两类：利用液体测温物质和玻璃管壁因受热时具有不同的体积膨胀系数而制成的玻璃管温度计；利用不同固体受热时线膨胀系数不同而制成的杆式温度计和双金属温度计。

1. 玻璃管温度计

水银玻璃管温度计是热工过程中使用最为广泛的一种液体膨胀式温度计。它具有结构简单、使用方便、准确度高和价格便宜等优点，缺点是玻璃管易损坏、读数较难且易产生误差、测量结果不能远距离传送和自动记录且有较大的热惯性。

图 2-1 所示的水银玻璃管温度计，由一个测温泡和与它相连接的毛细管组成，在毛细管的旁边刻有刻度。测温液体应充满测温泡和毛细管的一部分。当温度变化时，由于水银和玻璃膨胀系数相差很大，水银的体积变化较大，毛细管中水银柱的高度就会发生变化，其高度的变化与测温泡所感受的温度相对应，在刻度上就可以读出温度值。液体温度计中通常采用的测温液体是水银和酒精，也有用甲苯、二甲苯、戊烷、石油醚等有机液体。水银用得最普遍，这是因为水银不黏附玻璃，纯水银制取比较容易，而且在标准大气压下水银在温度为–38.68～356.7℃范围内仍保持为液体，所以测温范围广。若毛细管内充以加压氮气，并采用石英管，其测温上限可达 600℃。此外，水银性质稳定，膨胀系数接近常数，所以在200℃以内水银温度计的刻度是均匀的，但其膨胀系数较小，故灵敏度较低。水银玻璃管温度计按其结构可分成三种基本类型，即棒式、内标式和外标式。工程上棒式温度计使用较多，可按照测量的不同要求，插入被测物体中。

热工测量用的水银温度计按其测量精度可分成三种，即工业用的，实验室用的和标准温度计。标准水银温度计用以进行精密的测量和校正其他温度计，其分度值为 0.05～0.1℃甚至达 0.01℃，做成棒式或内标式样。热工实验室用的玻璃管温度计与标准相仿，准确度也较高。工业用温度计还常加上一个保护管套，一般可做成直的、弯成 90°和 135°的几种。

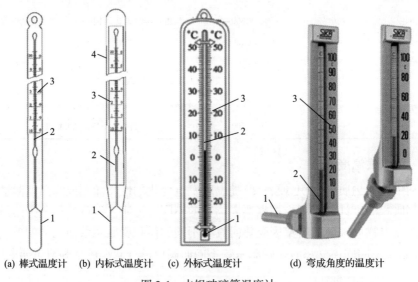

(a) 棒式温度计　(b) 内标式温度计　(c) 外标式温度计　(d) 弯成角度的温度计

图 2-1　水银玻璃管温度计

1. 温泡；2. 毛细管；3. 温度标尺；4. 套管

在玻璃管中充以其他液体时，可将玻璃管温度计的量程扩展到–200℃，通常采用的工作液体和它们的测温范围如图 2-2 所示。

在热工实验中，还常常用到一种特殊的玻璃管温度计，称为电接触式水银温度计。它可以作为温度信号发生器和自动温度调节仪表，如图 2-3 所示。它的原理是在所规定的温度下，通过水银柱将电路接通，从而使温度控制电路接通，其内可移动的结点常通过外部磁铁来调节它的高度。

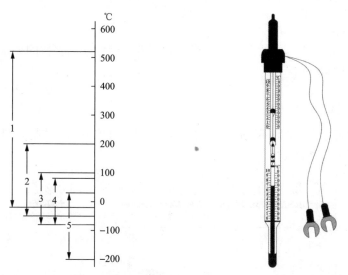

图 2-2 充液式玻璃管温度计测量范围
1. 水银；2. 杂酚油；3. 甲苯；4. 酒精；5. 戊烷

图 2-3 电接触式水银温度计

玻璃管式温度计的安装点应选择在适于读数、不易损坏的地方。温度计的标尺应垂直，如果必须倾斜安装时，则与水平线的夹角不应小于 45°。当温度计安装在管道中时，应使测温包位于管道的中心线上，温度计的插入方向应为逆介质流动方向。

使用玻璃管式温度计测温时，其误差来源主要有 3 种。

1) 零点位移

由于玻璃的热惯性较大，当加热后再度冷却时，温度计的测温泡不能立刻恢复到起始容积，从而使零点产生位移。此时如再用该温度计测量，就会引起附加的测量误差。

2) 插入误差

玻璃管温度计标定时，是将它的全部液柱浸没于被测介质中，但在温度计使用时通常只有部分液柱被插入到介质中，这就使温度计的指示值与介质的真实温度发生偏离。例如用玻璃管温度计测量蒸汽管道中蒸汽温度时，如插入深度仅到达指示温度刻度的 1/3，假如被测蒸汽温度与环境的温差为 300℃，则读数的误差可接近 10℃。在这种情况下，必须对插入误差进行修正。修正值的计算公式为

$$\Delta T = n\beta(T - T_1) \tag{2-2}$$

式中，n 为露出液柱部分所占的刻度分数；β 为温度计工作液体相对膨胀系数 $℃^{-1}$；$\beta_{水银}=0.000161℃^{-1}$；$\beta_{酒精}=0.001031℃^{-1}$；$T$ 为温度计的指示值，单位为 $℃$；T_1 为环境温度，单位为 $℃$。

3）读数误差

进行读数时，观察者的视线应与标尺垂直并与液柱端面保持同一水平面，否则将引起附加的读数误差。

2. 双金属温度计

利用两种线膨胀系数不同的金属组合在一起，可构成另一类膨胀式温度计，工作原理如图 2-4 所示。

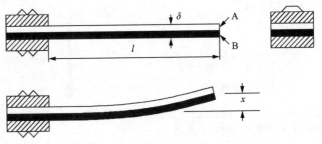

图 2-4　双金属温度计的工作原理

当温度变化时，由于两种金属的伸长率不同而使双金属的另一端产生位移，所产生的位移为

$$x = G\frac{l^2}{\delta}\Delta T \tag{2-3}$$

式中，x 为双金属片始端的位移，mm；l 为双金属片长度，mm；δ 为双金属片厚度，mm；G 为弯曲率，G 通常为 $(5\sim14)\times10^{-6}℃^{-1}$；$\Delta T$ 为双金属片的温度变化。利用位移和温度之间的关系来确定被测温度的数值。

双金属片是由两片线膨胀系数差异大的弹性金属薄片所制成。一端固定，另一端与指示设备相连接。这类温度计经常用于环境温度的自动测量和控制，测温范围为 $-80\sim600℃$。双金属温度计测温误差较大，通常不用作精密温度测量用。

2.2.2　压力表式温度计

压力表式温度计是根据在封闭容器中液体、气体或蒸汽受热后压力变化的原理而进行测温的一种温度计。由于压力的变化用压力表测出，所以称为压力表式温度计。根据压力的变化，再推算出被测温度。常用的压力表式温度计有气体温度计和蒸汽压温度计两类。压力表式温度计在低温测量中应用比较广泛。

1. 气体温度计

气体温度计是目前适用范围最宽(3~1400K)、应用最广的标准温度计，其测温原理可以从气体的状态方程来说明。理想气体的状态方程为

$$pV = mRT \tag{2-4}$$

由此可见，对于质量为 m 的气体，当体积 V 不变时，其压力 p 与热力学温度 T 成正比。所以利用测温泡及与其相连的测量压力变化的装置，就可以做成定容气体温度计。

用一根毛细管把容积为 V_b 的测温泡和容积为 V_m 的弹簧管压力表连接起来，充进适量的气体后密封，就构成了图 2-5 所示的低温工程中常用的简易定容式气体温度计。

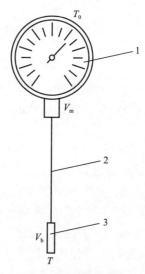

图 2-5　气体温度计
1. 压力表；2. 毛细管；3. 测温泡

假定测温气体满足理想气体状态方程，且毛细管容积可以忽略不计。于是，式(2-4)可以写成

$$\frac{pV_b}{RT} + \frac{pV_m}{RT_0} = m \tag{2-5}$$

式中，T_0 为环境温度，K；T 为被测温度，K。

将上式化简后有

$$T = \frac{p}{a - bp} \tag{2-6}$$

式中，$a = \dfrac{mR}{V_b}$；$b = \dfrac{V_m}{V_b T_0}$。

只要在任意两个已知温度下，测出相应的压力值(其中之一常选为室温 T_0 下的充气压力 p_0)，然后作出 $\dfrac{1}{T} \sim \dfrac{1}{P}$ 的直线，则该直线的斜率和截距就是式(2-6)中待求的 a 和 b。确定了该温度计的仪表常数 a 和 b 以后，就可以由式(2-6)很方便地算出在任一显示压力 p 下所对应的测温泡温度 T。

分析上述测温原理可知，气体温度计的实际测量误差有下列几种。

(1)系统误差。这是由气体的非理想性和忽略毛细管容积所引起的。

(2)测量环境所引起的误差。这是由测量时压力表所处的环境温度 T_0 的变化及测温泡体积随被测温度变化而变化所引起的。

(3)毛细管导热误差。这项误差通常由于毛细管很细、管壁很薄和管长较长而可以忽略不计。

(4)读数误差和压力测量误差。

对于精密测量，除选用精密压力表以外，还必须对上述气体的非理想性、毛细管体积、室温变化以及测温泡体积变化进行修正。

2. 蒸汽压温度计

化学纯物质的饱和蒸汽压 p_v 和饱和温度 T 之间具有确定的对应关系，这就是蒸汽压温度计所依据的基本原理。蒸汽压温度计的结构与气体温度计相似。金属测温泡中盛放着低沸点的液体，而在其余空间内是这种液体的饱和蒸汽(空气已被事先抽走)。蒸汽压温度计在低温测量方面应用很广。通常把常用的低温液体的压力与温度关系列成对照表，由此可以方便地由压力 p_v 测量值得到准确度较高的温度 T 值。p_v-T 关系可近似地用下列指数关系式表示

$$p_v \approx p_0 \mathrm{e}^{-\frac{B}{T}} \tag{2-7}$$

式中，p_0 为大气压力；B 为常数。

蒸汽压温度计在正常沸点附近有很高的灵敏度 $\mathrm{d}p_v/\mathrm{d}T$。例如，对于氧、氮、氢和氨，该灵敏度值分别为 $0.11 \times 10^5 \mathrm{Pa/K}$、$0.12 \times 10^5 \mathrm{Pa/K}$、$0.31 \times 10^5 \mathrm{Pa/K}$ 和 $0.98 \times 10^5 \mathrm{Pa/K}$。和气体温度计相比，蒸汽压温度计具有测温泡小且不必进行烦琐修正的优点。因此，尽管它使用温区较窄，但仍经常用来测温或校准其他温度计。

必须注意的是，用蒸汽压温度计测温时，一定要保证系统中的气体处于饱和状态，即汽液两相共存达到平衡状态，否则会得到错误的结果。显然，蒸汽压温度计的测温上限是该气体的临界温度 T_c，对于氧、氮、氢和氦，T_c 分别为 154.6K、126.2K、33K 和 5.20K。

使用蒸汽压温度计要保证测温泡的温度比测量系统中其他任何部分都低。倘若连接管中某处的温度低于测温泡的温度，蒸汽就会在该处凝结，此时测得的蒸汽压所对应的温度就是凝结处的温度而不是测温泡处的温度。

蒸汽压温度计价格便宜，也不会因毛细管周围介质的温度变化及毛细管容积而产生误差，因此不必过于限制毛细管的长度，有时它能达到 60m。

测量高于 0℃的温度时，所用的测温介质有氯甲烷、氯乙烷、二氧化硫、二乙醚、水和甲苯。

2.2.3　电阻温度计

电阻温度计是利用金属和半导体的电阻随温度的变化来测量温度，工业上广泛应用电阻温度计来测量–200～500℃的温度。在特殊情况下，电阻温度计可以测量低温 0.1K(铑铁电阻温度计)和 1K(碳电阻温度计)范围内的温度。标准铂电阻温度计是国际实用温标所规定的 13.81K～630.74℃范围内的测温标准仪器。电阻温度计也可以测到高温 1000℃，它的特点是准确度高，在低温下(500℃以下)测量时，它的输出信号比热电偶要大得多，灵敏度高。电阻温度计输出的是电信号，因此便于远距离传送和实现多点切换测量。

电阻温度计由热电阻、显示仪表和连接导线所组成。热电阻由电阻体、绝缘管和保护套等主要部件所组成，它是测温的敏感元件，可由导体或半导体制成。实验证明，大多数金属导体当温度升高 1℃时，其电阻值要增大 0.4%～0.6%，而半导体的电阻值则要减小 3%～6%。但是纯金属的电阻在温度很低时会趋近一个常数，所以在低温下测温时灵敏度要降低。与之相反，半导体电阻温度计在低温下可以有很高的灵敏度，但是其性能对掺杂(质)很敏感，所以各温度计之间的一致性往往较差。

1. 金属电阻温度计

金属的电阻随温度的变化特性，常用电阻温度系数 α 来描述，它的定义为

$$\alpha = \frac{R_T - R_{T_0}}{R_{T_0}(T - T_0)} \tag{2-8}$$

式中，R_T 为温度为 T℃时的电阻值；R_{T_0} 为温度为 T_0℃时的电阻值。金属导体的 α 值通常在 0.38%～0.68%内变化。

虽然大多数金属的电阻值会随温度变化而发生变化，但并不是所有金属都能作为测量温度的热电阻。作为热电阻的金属必须满足以下几点要求。

(1)电阻的温度系数要大。

(2)在测温范围内要求金属的物理与化学性质稳定。

(3)电阻率要大，以减小电阻体的尺寸。

(4)电阻与温度之间的变化关系要接近线性，以便正确地进行分度和读数。

(5)复现性好，复制性强，容易取得纯净物质。

(6)价格便宜。

常用作电阻体材料的有铂、铜、铁、镍，目前我国主要生产铂电阻和铜电阻两种。铂电阻的特点是准确度高，稳定性好，性能可靠。因为在氧化性气氛中，甚至在高温下，铂的物理化学性能都非常稳定。但是，铂电阻在还原性气氛中，特别是在高温下很容易被还原性气体污染，使铂丝变脆，并改变其电阻-温度特性。因此，必须用保护套管把电阻体与有害气体隔离开来。

铂的纯度常以 R_{100}/R_0 来表示，R_{100} 表示 100℃时铂电阻的阻值，R_0 表示 0℃时铂电阻的阻值。一般工程上常用的铂电阻，其 R_{100}/R_0=1.391。标准铂电阻的该比值为 1.3925。我国统一设计的分度号为 Pt50(R_0=50Ω)和 Pt100(R_0=100Ω)。实验室用的铂电阻 R_0 值约为 10Ω 或 30Ω，测量电流一般为 1～2mA。

工业铂电阻的测温范围为–200～850℃，在这个测温范围内，电阻与温度的函数关系常常分成几段来描述：

当温度范围为–200℃≤T≤0℃时

$$R_T = R_0[1 + AT + BT^2 + CT^3(T-100)] \tag{2-9}$$

当温度范围为 0℃≤T≤850℃时

$$R_T = R_0[1 + AT + BT^2] \tag{2-10}$$

式中，R_T 为温度为 T℃时的电阻值；R_0 为温度为 0℃时的电阻值。当 R_{100}/R_0=1.3850 时，A=3.90802×10^{-3}℃$^{-1}$，B=–5.802×10^{-7}℃$^{-2}$，C=–4.27350×10^{-12}℃$^{-4}$。铂电阻的允许误差为：对 A 级为 0.15+0.002|T|；对 B 级为 0.3+0.005|T|。

通常在制作铂电阻时，为使铂丝在温度计管壳中处于应力尽可能小的状态，把 Φ0.03～0.07mm 的高纯铂丝双绕在云母、石英或陶瓷支架上制成，如图 2-6 所示。引出线常用金、银或铂等材料做成。国产的小型铂电阻温度计，有铂管芯外涂陶瓷釉的，尺寸有 Φ3.2mm×25mm 和 Φ5.3mm×25mm 等；也有玻璃芯玻璃外壳的，尺寸有 Φ3.5mm×18mm 等，阻值从几十到几百 Ω。为了满足工程应用中耐震的要求，还研制了钢壳填充石英粉和陶瓷骨架涂釉的铂电阻温度计。

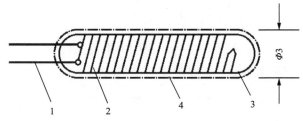

图 2-6 玻璃骨架热电阻元件
1. 内引线；2. 铂丝；3. 玻璃骨架；4. 玻壳

铜电阻温度计在工业上应用也很普遍，因为铜电阻的电阻值与温度的关系接近线性，电阻温度系数比较大，而且材料容易提纯，价格也较便宜。铜电阻温度计常用于那些测量精度不高且温度较低的场合。测温范围为-50～150℃。测量100℃以上温度时，铜电阻易氧化。由于它的电阻率较小，所以需要细而长的铜线，造成铜电阻体积较大。通常用直径约为 0.1mm 的绝缘铜线，采用无感双绕法在圆柱形塑料支架上绕成。

其他的电阻温度计材料有铟、锰、碳等。铟电阻是一种高准确度低温热电阻。铟的熔点为 156℃，在 4.2～15K 范围内其测温灵敏度比铂电阻高 10 倍。但是由于铟质地柔软难以拉成均匀的细丝和加工成稳定的元件，故各支温度计之间的一致性很差，测量很不稳定，目前使用不多。碳电阻在低温范围内具有负的电阻温度系数，与半导体材料类似，有时也归入半导体温度计类型。它很适合作液氦温域(0.1～4.55K)内的温度测量之用，这是因为在低温下碳电阻灵敏度高，热容量小，对磁场不敏感，价格便宜，制作方便。它的缺点也是热稳定性较差，且导热性差。测量中电流要尽量小，同时测温和校准时碳电阻通过的电流要相同，改变温度后要等待一段时间使碳电阻达到热平衡后再读数。例如 1W 碳电阻在 3K 时达到热平衡要 5 秒钟以上。有时也可以把碳切成小圆片，用导电环氧树脂或蒸镀金做电极，制成小型温度计。此外，还可以直接把胶体石墨喷涂在待测部件的表面上，制成热容量很小的碳膜电阻温度计。

2. 半导体电阻温度计

半导体与金属相比，电阻值高 1～4 个数量级，电阻温度系数也要高出一个数量级，而且半导体在一定的温度范围内具有负的电阻温度系数，即电阻随着温度的降低而增大。因此，用半导体材料做成的温度计，可以弥补金属电阻温度计在低温下电阻值和灵敏度降低的缺陷。半导体温度计有时称为半导体热敏电阻，它作为感温元件用来进行温度测量和控制，在工业上和实验室中应用日益广泛。

对于大多数半导体温度计来说，它的电阻与温度的关系可近似地用下面的经验公式来表示。

$$R_T = Ae^{-B/T} \tag{2-11}$$

式中，T 为被测温度，K；R_T 为温度为 T 时的电阻值；A、B 为常数，与温度无关。图 2-7 给出了半导体锗的电阻-温度典型变化曲线。

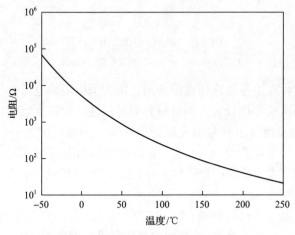

图 2-7　半导体锗的电阻-温度曲线

半导体热敏电阻通常是用铁、镍、锰、钼、钛、镁、铜等一些金属的氧化物做原料制成的。低温测量用锗、硅、砷化镓等掺杂后做成的半导体温度计。半导体热敏电阻的结构如图 2-8 所示，实用上它们可以做成不同的形状。

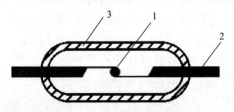

图 2-8　半导体热敏电阻
1. 电阻体；2. 引出线；3. 保护管

半导体温度计常用来测量–100～300℃的温度，与金属热电阻相比，它的优点如下。

(1)电阻温度系数 α 大。一般有 $\alpha \approx -3\% \sim -6\%$，因此灵敏度高。

(2)电阻率 ρ 大，体积可以做得很小。由于其本身电阻值大，连接导线的电阻可以忽略不计。

(3)结构简单，体积小，可以测量局部温度。

(4)热惯性小。

它的主要缺点是同一型号的热敏电阻-温度特性分散性大，因此互换性较差且特性曲线非线性严重，使得实际使用很不方便。此外，电阻与温度的关系不稳定，会随时间而变化(热老化)，因此测温误差较大。随着半导体工业的发展，半导体温度计的特性将会得到进一步的改善，其发展前景是可期待的。

3. 电阻温度计的测量误差

使用电阻温度计测量温度时，其测量误差的主要来源如下。

1)电阻自热效应引起的误差

用电阻温度计测量温度时，由于一定有电流流过热电阻本身，所以在电阻上会产生焦耳热效应，这就是电阻自热效应。显然，自热效应会引起电阻温度的升高，导致测量误差。自热效应与测量热电阻的仪器及电流大小有关，还与它的结构和环境冷却条件有关。为了减少自热效应的误差，对热电阻都规定了额定电流，一般为 2~10mA。在额定电流条件下，自热效应所引起的误差已包含在热电阻准确度级所允许误差之中。例如对于准确度级为 1.0 级的热电阻，在-50~100℃的温度范围内，测温误差的允许值为±1.0℃。

2)引线误差

由于测量热电阻时必须要用导线相连，所以附加的引线会引起下列两类误差：由导线电阻和接触电阻所引起的误差和由附加热电势所引起的误差。为此，内引线通常选用纯度高、电阻小不产生热电势的材料，而且要求在高温时不蒸发、不氧化和不变质，常用的内引线材料为金、银和镍。同时在测量线路中还要考虑对连接导线电阻的补偿措施。

3)安装误差

安装误差主要是由插入深度所引起的。因为插入深度不够时，由于向外的导热，热电阻指示温度会偏低(当测量低温时会偏高)。因此，要求热电阻的插入深度在减去感温元件长度后，应为保护管直径的 15~20 倍(金属保护管)或 10~15 倍(非金属保护管)。

2.2.4　热电偶温度计

1. 热电偶测温原理及连接方法

热电偶温度计价格便宜，制作容易，结构简单，测温范围广(-200~1300℃)，准确度高，而且可以把温度信号转变成电信号进行远距离传送，因而热电偶在工业生产和科学实验中获得了广泛应用。

实验表明，当两种金属 A 和 B 组成的闭合回路中，两个接触点维持在不同的温度 T_1 和 T_2 时，则该闭合回路中就会有温差电动势 $E=E_{ab}(T_1, T_2)$ 存在，如图 2-9 所示。这个现象是 1821 年由塞贝克发现的，故热电现象又称塞贝克效应。这个回路就称为温差电偶或热电偶，金属 A 和 B 称为热电极。

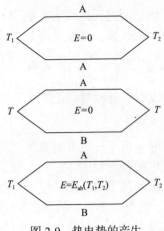

图 2-9 热电势的产生

当组成热电偶的材料 A 和 B 给定时，温差电动势 E 由温度 T_1 和 T_2 决定。如果让 T_1 固定在已知温度 T_0，原则上就可以由 T_2 决定 E 的大小；反之，可以由 E 的大小来确定 T_2。然而，为了测量热电势，还必须在回路中接入测量仪器和连接导线等。

热电偶具有如下的基本性质。

(1) 只有温度梯度，不可能在由成分和组织结构均匀的同种材料所组成的闭合回路中形成温差电势。

(2) 如果整个电路的所有接头都处在相同的温度下，则任何几种不同的材料组成的合回路的热电势都为零。由此可以推论，可以把第三种均匀材料加到电路中，只要它的两端处在同样的温度下，就不会影响回路的总热电势，如图 2-10 所示。还可以进一步推论，如果任何两种金属 A 和 B 相对于参考金属 C 的热电势已知，则 A 和 B 组合的温差电动势也可由上述两热电势叠加得到，即

$$E_{ab}(T_1,T_2) = E_{ac}(T_1,T_2) + E_{cb}(T_1,T_2) \tag{2-12}$$

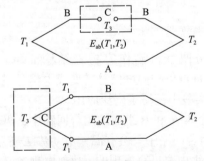

图 2-10 热电势不受第三种均匀材料加入的影响

虚线方框表示温区

两热电势的叠加如图 2-11 所示。

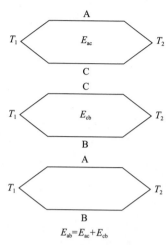

$$E_{ab}=E_{ac}+E_{cb}$$

图 2-11　热电势的叠加

(3)两种均匀金属 A 和 B 组成的回路，热电势具有如下的可加性。

$$E_{ab}(T_1,T_2) + E_{ab}(T_2,T_3) = E_{ab}(T_1,T_3) \tag{2-13}$$

热电势对温度间隔的可相加性表示在图 2-12 中。

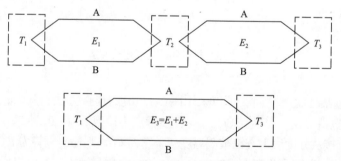

图 2-12　热电势对温度间隔的相加性

通常把热电偶中温度已知的一端称为参考端或冷端，温度未知的一端称为测量端或热端。在测温时，为了使热电偶的冷端温度保持恒定，可以把热电偶做得很长，使冷端远离热端，连同测量仪器一起放置到恒温或温度波动较小的地方。测温时的连接方法有以下几种。

(1)测量两处的温差 $\Delta T = T_2 - T_1$。例如，在测量导热系数时需要测量两个等温面之间的温差，则可以采用图 2-13(a)的连接方法，其中 T_1、T_2 是被测两点处的温度，3 是引线。此时输出热电势为 $E(T_1,T_2)$。测量两处温度差的热电偶常常称为差动热电偶。

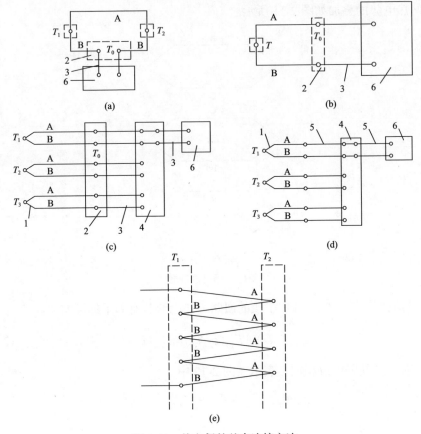

图 2-13　热电偶的基本连接方法

1. 测量端；2. 参考点；3. 引线；4. 选择开关；5. 补偿导线；6. 电位差计

(2) 测量某处温度 T 时，可以采用图 2-13(b) 的连接方法。其中，T_0 是参考温度，此时热电偶输出电势为 $E(T, T_0)$。若参考点为冷点，$T_0 = 0$，则输出为 $E(T, 0)$。由 $E(T, 0)$ 直接从分度表上查出被测温度 T。若 $T_0 \neq 0$，则输出电势为 $E(T, T_0)$，此时不能由 $E(T, T_0)$ 直接从分度表上查出温度，应按下式计算出 $E(T, 0)$ 以后再去查表：

$$E(T, 0) = E(T, T_0) + E(T_0, 0) \tag{2-14}$$

(3) 如果用一台仪器测量数对热电偶的热电势时，可以利用一个多点无接触热电势选择开关，按图 2-13(c) 的接线方法连接。

(4) 如果被测温度点距测量仪器较远，可以接入热电性质与热电偶类似但成本较低的补偿导线，采用图 2-13(d) 的接法，不必另设参考点，而取选择开关处作为参考点。

在上述四种连接电路中，热偶线和引线相接的两个接头必须维持同样的温度，测量仪器也不应有明显的温度梯度存在。

(5)如果测量中需要输出较大的热电势,则可以把几对同样的热电偶依次串联起来,形成多测点热电偶,或称为热电堆,如图 2-13(e)所示。输出的热电势是单支热电偶的 N 倍,N 是热电偶的对数。由于在同样的温差下,输出的热电势变大,所以可以减少热电偶丝不均匀性的影响。热电堆在热流的测量中经常采用。

2. 热电偶的材料和分类

用作热电偶的材料,不仅要有足够大的热电势和灵敏度(dE/dT),而且要求物理化学性能稳定、质地均匀、有良好的复现性且易于加工和价格便宜。

如果沿热电偶导线长度方向其化学成分不均匀,或者由于加工过程中机械应力造成局部晶格结构异常,则沿导线的温度梯度就会在回路中产生附加的寄生热电势。所以用作热电偶的线材需要通过均匀性实验进行挑选。

为了相互之间进行比较,通常把热电偶线对高纯铂的热电势称为单极电势。材料的单极电势可以从物性表中查出。

热电偶根据其使用情况可以分成标准化热电偶与非标准化热电偶两大类。标准化热电偶是指制造工艺比较成熟、应用广泛、能够成批生产、性能优良而稳定并已列入工业标准化文件中的那些热电偶。同一型号的标准化热电偶具有统一的热电极材料、化学成分、热电性能和允许误差,即具有统一的分度表。因此,同一型号的标准化热电偶具有互换性,使用十分方便。

目前常用的标准化热电偶有以下几种。

1) 铂铑 10-铂热电偶

这种热电偶可在高温下使用,它的复制性好,测量准确度高,是国际实用温标中 640.74～1064.43℃范围内的标准仪表。它宜在氧化性及中性气氛中长期使用,在真空中可短期使用,不能在还原性气氛中及含有金属或非金属蒸汽的气氛中使用。高温下由于污染和铑的挥发,会引起热电势下降。铂铑 10-铂的热电势较小,价格很贵。

2) 铂铑 30-铂铑 6 热电偶

这种热电偶使用条件与铂铑 10-铂热电偶相同,但它可以测量更高的温度,且抗污力强,热电性能稳定。它的不足之处是热电势比铂铑10-铂更小。

3) 镍铬-镍硅(或镍铬-镍铝)热电偶

这是在热工实验中使用得最广泛的一种热电偶。它可以在 1000℃以下的温度范围内长期使用。如果工作温度在 500℃以下,则它可以在各类气氛中使用。它不宜在温度超过 500℃的还原性气氛中工作,也不能在含硫的气氛中工作。在真空中也只能作短期使用以免铬的挥发导致热电势分度值的改变。镍铬-镍铝热电偶与镍铬-镍硅热电偶的热电性能几乎完全一致,但镍硅合金比镍铝合金的抗氧化能力更强，所以目前已基本上取代了镍铝合金。镍铬-镍硅热电偶的热电势比铂铑$_{10}$-铂热电偶的热电势大 4～5 倍，而且温度与热电势之间的函数关系较接近于直线关系，价格也便宜得多，所以在热工实验和工程应用中使用比较普遍。

4) 镍铬-考铜热电偶

镍铬-考铜热电偶只能在 800℃以下使用，因为考铜在高温下很易氧化。它可以用于−200℃的低温测量。这类热电偶热电势大，价格便宜，其要求的工作条件与镍铬-镍硅类同。

5) 铜-康铜热电偶

这种热电偶的最高使用温度为 300℃，能抵抗湿气的侵蚀，可用在真空、氧化、还原等气氛中。在低温测量中也是一种常用的准确度较高的热电偶。

标准热电偶的主要技术数据列于表 2-3 中。

表 2-3　标准热电偶技术数据

热电偶名称	分度号	热电偶材料			电阻系数20℃时/(Ω·mm²/m)	100℃时热电势/mV	使用温度/℃		允许误差/℃			
		极性	识别	化学成分			长期	短期	温度	允差	温度	允差
铂铑$_{10}$-铂	LB-3	正	较硬	Pt90%Rh10%	0.24	0.643	1300	1600	≤600	±2.4	>600	±0.4%T
		负	柔软	Pt100%	0.16							
铂铑$_{30}$-铂铑$_6$	LL-2	正	较硬	Pt70%Rh30%	0.245	0.034	1600	1800	≤600	±3.0	>600	±0.5%T
		负	稍软	Pt94%Rh6%	0.215							
镍铬-镍硅	EU-2	正	不亲磁	Cr9%～10%Si0.4%Ni90%	0.68	4.10	1000	1200	≤400	±4.0	>400	±0.75%T
		负	稍亲磁	Si2.5%～3%Cr≤0.6%Ni97%	0.25～0.33							
镍铬-考铜	EA-2	正	色较暗	Cr9%～10%Si0.4%Ni90%	0.68	6.95	600	800	≤400	±4.0	>400	±1%T
		负	银白色	Cu56%～57%Ni43%～44%	0.47							
铜-康铜	CK	正	红色	Cu100%	0.017	4.26	200	300	−200～−40	±2%T	−40～400	±0.75%T
		负	银白色	Cu55%Ni45%	0.49							

非标准化热电偶适用于一些特定的温度测量场合，如超高温、超低温、高真空和有核辐射等被测对象中。非标准化热电偶还没有统一的分度，使用时都应当进行标定。

目前已使用的非标准化热电偶有下列几种。

1）钨铼系列热电偶

这类热电偶可测量高达 2760℃的高温，短时间测量可达 3000℃，适宜工作在干燥的氢气、中性气氛和真空中，不宜在潮湿、还原性和氧化性气氛中工作。现在已投入使用的有钨-钨铼、钨铼-钨铼两类。

2）铱铑铱热电偶

这是一种高温热电偶，用于测量高于 2000℃的温度，主要适用于中性气氛和真空中。

3）镍铬-金铁热电偶

这是一种较为理想的低温热电偶，在低温下仍能得到很大的热电势，例如在温度为 4K 时也有大于 10μV/℃的热电势。它可以在 2～273K 的低温范围内使用，目前使用得较多的是金铁 7（Au+0.07$_{at}$%Fe）。镍铬-金铁热电偶优点是热电势稳定，复现性好，且易于加工拉丝；缺点是由于使用黄金，价格较贵。

4）铂钼$_5$-铂钼$_{0.1}$热电偶

这种热电偶因具有小的中子俘获截面，适合于测量气冷原子反应堆中的氦气温度。它在惰性气氛（氦）中长期使用的最高温度为 1400℃。

5）非金属热电偶

目前已定型生产的非金属热电偶有以下几种产品：石墨热电偶，二硅化钨-二硅化钼热电偶，石墨-二硼化锆热电偶，石墨-碳化钛热电偶和石墨-碳化铌热电偶等。它们的测量准确度为±1%～1.5%，在氧化性气氛中可用于 1700℃左右的高温测量。二硅化钨-二硅化钼热电偶在含碳气氛、中性气氛和还原性气氛中可以用到 2500℃。这些热电偶开辟了在含碳气氛中温度测量尤其是高温测量的途径，使得人们能够不用贵金属也能在氧化性气氛中测量高温。但由于复制性较差，机械强度不高，目前它们尚未获得广泛的使用。

近来，由于数字技术的发展，以计算机和微处理机为核心的数据采集和测试系统应用越来越广泛，这就要求将各种标准化型式的热电偶分度关系用数学公式来描述。在新的国家标准中，给出了各种热电偶的温度和热电势之间的多项式函数关系，这对于使用计算机处理温度测试数据是必要的。热工实验中常用到的热电偶 E-T 函数关系式如下。

1) 铂铑₁₀-铂热电偶

测量温度范围为 630.74～1064.43℃时，E-T 多项式为

$$E=\sum_{i=0}^{2} b_i T \ (\mu V) \tag{2-15}$$

式中，$b_0=-2.982448\times10^2$；$b_1=8.237553$；$b_2=1.645391\times10^{-3}$；$T$ 的单位为℃。

测量温度范围为 1064.43～1665℃时，E-T 多项式为

$$E=\sum_{i=0}^{3} c_i T^* \ (\mu V) \tag{2-16}$$

式中，$c_0=1.3943439\times10^4$；$c_1=3.6398687\times10^3$；$c_2=-5.0281206$；$c_3=-4.2450546\times10$；$T^*=(T-1365)/300$。

2) 镍铬-镍硅热电偶

测量温度范围为 0～1372℃时，E-T 多项式为

$$E=\sum_{i=0}^{8} b_i T + 125\exp\left[-\frac{1}{2}\left(\frac{T-127}{65}\right)^2\right] \ (\mu V) \tag{2-17}$$

式中，$b_0=-1.8533063273\times10$；$b_1=3.8918344612\times10$；$b_2=1.6645154356\times10^{-2}$；$b_3=-7.8702374448\times10^{-5}$；$b_4=2.2835785557\times10^{-7}$；$b_5=-3.5700231258\times10^{-10}$；$b_6=2.9932909136\times10^{-13}$；$b_7=-1.2849848798\times10^{-16}$；$b_8=2.2239974336\times10^{-20}$。

3) 铜-康铜热电偶

测量温度范围为 0～400℃时，E-T 多项式为

$$E=\sum_{i=0}^{8} b_i T \ (\mu V) \tag{2-18}$$

式中，$b_0=0$；$b_1=3.8740773840\times10$；$b_2=3.3190198092\times10^{-2}$；$b_3=2.0714183645\times10^{-4}$；$b_4=-2.1945834823\times10^{-6}$；$b_5=1.103900500\times10^{-8}$；$b_6=-3.0927581898\times10^{-11}$；$b_7=4.5653337165\times10^{-14}$；$b_8=-2.7616878040\times10^{-17}$。

4) 镍铬-康铜热电偶

测量温度范围为 0～1000℃时，E-T 多项式为

$$E=\sum_{i=0}^{9}b_iT \ (\mu V) \tag{2-19}$$

式中，$b_0=0$；$b_1=5.8695857799\times10$；$b_2=4.3110945462\times10^{-2}$；$b_3=5.7220358202\times10^{-5}$；$b_4=-5.4020668085\times10^{-7}$；$b_5=1.5425922111\times10^{-9}$；$b_6=-2.4850089136\times10^{-12}$；$b_7=2.3389721459\times10^{-15}$；$b_8=-1.1946296815\times10^{-18}$；$b_9=2.5561127497\times10^{-22}$。

3. 热电偶的制作和参考点的选择

热电偶制作质量的优劣，直接影响温度测量的准确性。通常，优质的热电偶工作端结点应当满足以下条件。

(1)热电偶结点头部呈小球形。球的直径略大于二倍热电偶丝的直径。

(2)头部光亮，无氧化黑斑，金相结构致密无砂孔。

(3)热电偶头部应有足够的机械强度。

(4)热电偶线不发生扭曲、打结，两线之间除头部结点以外应相互绝缘。

目前热电偶结点的焊接方法有下列三种。

1)熔焊(电弧焊)

将两根待焊接的热电偶丝的端部清洁后并在一起，在硼砂溶液中浸一下，接到直流电源(也可用交流电，但效果较差)正极，电源负极接一根炭棒(干电池芯子)。选用适当的电压(与热电偶丝的材料和粗细有关，约十几伏)，使炭棒很快接触热电偶丝的端部，瞬间产生的电弧可使二根热电偶丝形成光亮的球形结点。利用惰性气体保护焊接，则效果更好。

2)电容冲击焊

利用一定容量的电解电容，在适当的电压下(几十伏)，使电容放电可以成功地焊接热电偶，尤其是可以很方便地将热电偶直接焊在设备的金属壁面或深孔壁上。该方法装置简单，操作方便，因而使用广泛。

焊接时，电偶丝的预处理与熔焊相同，将热电偶丝并在一起接在正极上，因为正极的发热量较大；将金属箔(铝箔或锡箔)接在负极上。当热电偶丝与金属箔相碰时，由于电容放电，两极之间形成电弧将热电偶丝熔接成结点。金属箔在电弧作用下迅速熔化，形成小孔而自动切断电弧。也可以用炭棒作负极。对于不同种类的热电偶以及不同直径的热电偶丝，电解电容以及充电电压都需要进行调整，否则无法得到质量好的热电偶结点。

3)锡焊

用锡焊的方法也可以形成热电偶结点。可以利用普通的电烙铁，但是为了保证测温时锡焊部分温度均匀，焊点应尽可能小。此外，只能用松香等中性助焊剂，以免引起腐蚀或引进寄生电势。

热电偶丝切勿打折、扭曲，尤其是在工作端附近，否则不但会引进寄生电势，而且会影响使用寿命。

除了用两根热电偶丝制成热电偶结点以外，热工实验中还常常用到一种称为薄膜热电偶的结构。它是由两种金属薄膜连接在一起而形成的一种特殊热电偶。这种热电偶很薄，热容量很小，可以用于局部温度测量。它的动态响应快，可测量瞬变的表面温度。片状结构的薄膜热电偶是采用真空蒸镀法将两种热电极的材料蒸镀到绝缘基板上，上面再蒸镀一层二氧化硅薄膜做绝缘保护层。如果将热电极材料直接蒸镀到被测表面上，其时间常数可达微秒级，可用来测量变化极快的温度。

热电偶参考点的选择，影响到输出热电势的大小。只有在参考点温度固定的情况下，热电势才能正确反映出工作端的温度大小。各种热电偶的分度值是在参考点为 0℃(冰点)的情况下得到的，在热工实验中，往往采用冰点作参考点。采用蒸馏水制成的冰水混合物，可以相当准确地维持冰点温度为 0℃。常用的冰点槽如图 2-14 所示。热电偶冷端可先放在盛有变压器油或水银的试管中再插入冰槽，以保证传热情况良好。冰槽中应保证冰和水同时存在，最好进行搅拌。

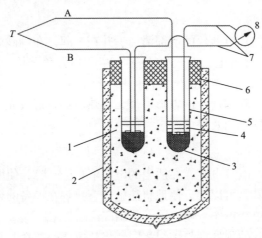

图 2-14　冰点槽

1. 冰水混合物；2. 保温瓶；3. 水银；4. 蒸馏水；5. 试管；6. 盖；7. 铜导线；8. 显示仪表

市场上还有一种电子冷却式基准结点，它是利用热电元件通电制冷的原理冷却一个密闭的水槽，使基准结点的温度维持在冰点。这种电子冰点的准确度一般为 0±0.1℃以内。

如果冷端不是 0℃而是 T℃，例如采用室温作参考点时，这时应将读出的热电势转换到相应冷端为 0℃时的热电势，转换公式为式(2-14)。由转换后的热电势值从分度表上求出被测温度。

由冰点不稳定或参考点温度波动所造成的测温误差，是热电偶测量中的主要误差来源之一。但这类误差常常有一定的规律，通过检验比较容易发现。

工业上使用的温度自动测量仪表往往都带有参考点温度补偿电路。它的工作原理是使用一个电桥，将热电偶的冷端补偿到 0℃。因此，测温时不需要使用冰槽。但是使用时应注意所用的热电偶型号与仪表要求的热电偶相一致。

新焊制的热电偶，需要通过校验来确定它的热电特性，这项工作常称为热电偶的分度。热电偶的分度一般要求有一个温度可调的恒温槽。对于铜-康铜和镍铬-镍硅热电偶，如果使用温度低于 300℃，则可以用标准温槽进行分度。分度时将热电偶与二等标准水银温度计同时插在恒温槽中进行比较，热电偶参考点采用冰点槽。对于使用温度高于 300℃的热电偶，可用管式电炉和冰点槽，再利用与标准热电偶比较的方法来进行分度。管式电炉应保证有 100mm 长的恒温区。

热电偶使用过程中，热端受到氧化、腐蚀作用和高温下热电偶材料发生再结晶，都会引起热电性能的变化，导致测温误差[3]。因此，热电偶必须定期进行校验，以确定其误差的大小。

2.2.5　光纤温度计

以光导纤维制成的温度传感器，一般可分成两类：一类是功能型，即由光导纤维本身形成感温元件，且光导纤维具有测温功能；另一类是非功能型的，即感温功能仍需要其他敏感元件来完成，光导纤维只起传输光能的作用。

光纤是一种非常高效的导光材料，纤芯的直径只有 5～75μm，由玻璃拉制而成，是导光的主体。光纤芯外面有包层，厚度约为 100～150μm，它的作用是使光线在纤芯与包层的界面上发生全反射，把光限制在纤芯内传播。要做到这一点，必须保证纤芯的折射率大于包层的折射率。为了提高光纤的机械强度，在包层的外边再包覆一层塑料保护层。

光纤除导光以外，还具有不受磁场干扰、挠性好可弯曲、重量轻、耐腐蚀并可远距离传送信号等特点[4]。因此，光纤温度计可以测量常规温度计难以测量的对象，如设备内部的温度，有强磁场干扰场合的温度、钢水的温度以及狭小空间内的温度等，测温范围为 50～2800℃。使用硫化铅或硒化铅作探测器时，可测量低到室温的温度。

1. 光纤温度传感器测温原理

1) 导光式传感器

光纤的通光波长一般为 0.8～1.2μm，即只能传输近红外的辐射，所以光纤传感器的测温下限不能太低。导光式传感器的工作原理是被测温物体加热光纤，使其热点产生热辐射。辐射能通过光纤以后，通过透镜组件聚焦在光纤束端面处，然后被辐射接收元件接收。根据接收到的辐射能大小反映被测物体的温度变化。

导光式光纤传感器的辐射量取决于光纤的温度、发射率和光谱范围。当光纤有一定长度时，光纤的所有部分都会产生热辐射，但光纤各部分的温度可能相差很大，所辐射的光谱成分也不同。由于热辐射随物体温度的增加而显著增加，所以在光纤接收端接收到的光谱成分将主要决定于光纤上的最高温度，即光纤中的"热点"，而与光纤长度基本无关。当使用标准的石英光纤时，其最大直径为 1mm，空气包层的折射率 $n_0=1$，石英光纤芯的折射率 $n_1=1.48$，典型的光纤长度为 $l=10\text{cm}$，热点和探测接收器间的距离为 3mm，则在波长间隔为 $\lambda_1 \sim \lambda_2$ 范围内，传入光纤端部的全辐射功率 P 为

$$P = 3.08 \times 10^{-5} \int_{\lambda_2}^{\lambda_1} \frac{C_1}{\lambda^5} \left(\mathrm{e}^{\frac{C_2}{\lambda T}} - 1 \right)^{-1} \mathrm{d}\lambda \tag{2-20}$$

式中，C_1 为常数，其值为 $3.743 \times 10^{-16} \text{W·m}^2$；$C_2$ 为常数，其值为 $1.4387 \times 10^{-2} \text{m·K}$；$T$ 为热点温度，K；λ 为波长，m。

接收功率 P 的接收器应该具有较长的截止波长，例如采用硅或锗探测器，它们的截止波长分别为 $1\mu\text{m}$ 和 $18\mu\text{m}$。测量较低温度时，可采用硫化铅探测器，它的截止波长为 $2.9\mu\text{m}$。

当需要测量出光纤中热点的位置时，可选用损耗常数高的光纤，并测量光纤两个端部的光信号。如设光纤全长为 l，热点至一端的距离为 l_1，至另一端的距离为 l_2。两端用相同的探测器测得信号分别为 S_1 和 S_2，则两个信号的比值为

$$\frac{S_1}{S_2} = \mathrm{e}^{-a(l_1 - l_2)} \tag{2-21}$$

式中，a 为光纤的吸收系数。由上式可得到热点的确切位置为

$$l_1 = \frac{1}{2}l - \frac{1}{2a} \ln \left(\frac{S_1}{S_2} \right) \tag{2-22}$$

这种传感器可用来监视发电机、变压器等电气设备的热点。

2)晶片吸收型传感器

晶片吸收型传感器的工作原理如图 2-15 所示。晶片感受到被测表面的温度后其温度也随之变化，晶片温度的变化又直接引起它对光辐射吸收率的变化。因此，

可以将标准光源通过光纤投射到晶片上，然后测量被晶片吸收后的光能量，就能够推算出被测物体的温度。

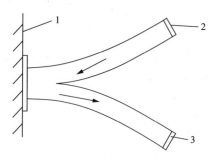

图 2-15 晶片吸收型传感器

1. 被测温物体；2. 标准光源；3. 光接收器

其他还有荧光型光纤温度传感器、液体光纤温度传感器等。

2. 光纤温度计的使用

光纤温度计可以用于接触测温，也可用于非接触测温。当需要测量某固体点的温度时，可以将其埋于被测物体的测量点处。例如，当需要测定变压器、发电机等内部温度时，可将其埋于变压器内部。进行不接触测温时，它可以用于测量凹槽、小缝等狭小空间的温度，例如焊缝；也可以测量处于强磁场中物体的温度，如高频加热零件的温度。由于光纤直径小，可弯曲，可以靠近工件将被测物体的辐射能接收，而这是普通辐射温度计无法做到的。

光纤温度计由于其灵活、方便，随着光纤加工技术的改善和发展，以及光能接收器的进一步完善，光纤温度计在热工实验和测量中必将得到更广泛的应用。

2.2.6 声波温度计

声波温度计是一种新型的非接触式测温仪表，具有量程宽、响应速度快和维护成本低等优点，适用于真空、强腐蚀、高温环境中气体或液体的温度场测量[5]。它是基于温度场重构算法来测量物体的温度分布。声波温度计可分为主动式声波温度计和被动式声波温度计。主动式声波温度计的测温原理是通过主动向被测物体发出声信号，利用声波信号发射器和接收器间的信号传递时间来重构计算被测物体的温度场。被动式声波温度计的测温原理则是基于测量系统中特定声信号到达传感器的时间差来测定被测物体的温度分布。

声学测温本质上是一种间接测量方法，如图 2-16 所示，其基本原理是基于介质中声速与温度之间的函数关系。在实际测量过程中，相较于气体温度，气体组分差异对声速的影响可忽略。因此，声速可认为是气体温度的单值函数。声波传

递速度 c 和介质温度 T 之间的关系可描述为[6]

$$c = \sqrt{\frac{\gamma RT}{M}} = z\sqrt{T} \tag{2-23}$$

式中，c 为声波在介质中传播速度；γ 是气体定压比热与定容比热之比值；R 为摩尔气体常数；M 为气体摩尔质量；T 为气体热力学温度。

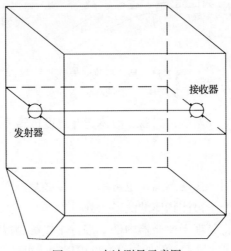

图 2-16　声波测量示意图

假设声波经过时间 Δt 传播的距离为 d，则在这段距离上的平均速度

$$c_t = \frac{d}{\Delta t} = z\sqrt{T} \tag{2-24}$$

则待测介质温度为

$$T(℃) = \left(\frac{d}{z\Delta t}\right)^2 - 273.15 \tag{2-25}$$

目前声学测温技术还存在信号衰减、环境干扰等问题。声波信号在传播过程中会有一定程度的衰减，声波的频率高则衰减速度快，有些情况下可能会出现衰减过快导致接收器收不到信号的情况。因此，在实际测温过程中，将超声波探测器接入功率放大器以减小声波信号衰减对测温精度的影响[7]。否则，背景噪声过大可能导致麦克风发出的声波信号被现场中的背景噪声所淹没。因此，声学测温技术的推广应用需针对工业现场中背景噪声的类型及强度进行研究，以矫正测量结果。

2.2.7　噪声温度计

温度是物体内分子热运动剧烈程度的外在反映，是描述物体热力学性能的参数，噪声法测温中测得的电压信号能反映温度信息。噪声法测温中的噪声指探测电阻中的热噪声，导体内载流子温度高于绝对零度时均处于无规则运动状态，热噪声是载流子热运动的外在表现。温度升高，载流子的随机热运动加剧，导致热噪声的强度增加。载流子的无规则碰撞使得导体内部产生微弱电流信号，由于电流方向随机，那么导体内的等效电流为 0。但是，导体内电荷的随机涨落会在两点间形成一个交流电势差，这种检测到的交流电势差即为 Johnson 噪声电压信号。温噪声法测温主要有以下优点：噪声功率只与探测电阻阻值有关，探测电阻不受外界恶劣条件影响，且该温度计不需分度处理。

噪声温度计的工作原理是基于探测电阻 R 的热噪声电压信号来测定所处环境的温度。Nyquist 通过推导获得了热力学温度与热噪声电压之间的函数关系。研究表明，当 $hf / k_{\mathrm{B}}T \leqslant 1$ 时，热噪声电压的平方值 $\overline{V}^2$ 为

$$\overline{V}^2 = 4k_{\mathrm{B}}RT\Delta f \tag{2-26}$$

式中，h 为普朗克常数；f 为噪声频率；k_{B} 为玻尔兹曼常数，$1.3806488 \times 10^{-23}\mathrm{J/K}$；$T$ 为探测电阻所处环境的热力学温度值；R 为探测电阻阻值；Δf 为噪声信号带宽。

采用实验方法可测定探测电阻的阻值。需指出的是，探测电阻的 Johnson 噪声电压约为几十到几百 nV，此电压在数值上与测量系统自身热噪声信号处于同一量级；此外，它也易被来自外界的电磁辐射干扰污染。因此，需要采用严格的屏蔽措施消除干扰，或采用相关法提取热噪声信号。相关法的工作原理如图 2-17 所

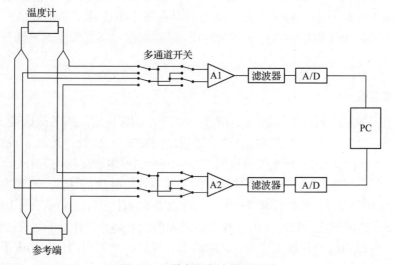

图 2-17　噪声温度计测量原理

示[8]。由图可知，被测电阻的噪声电压信号分成两路输入至两个相同的放大器，经过信号放大后，电压信号再经过滤波和 AD 转换处理，继而在计算机内进行相应时刻信号数据的相乘处理，之后将一段时间内采集的数据做平均。经过处理后，电阻的自相关信号会保留下来，而来自干扰源和放大器的噪声信号会被大幅压缩，从而达到提取被测电阻噪声电压信号的目的。

2.3　温度场的光学测量

利用光线通过流体介质的折射和散射现象来测量流体温度场的方法，已经在热工实验中获得了广泛的应用。与其他接触式测温技术相比，光学测量不需要置于温度场中的测温探头，因此对被测温度场不产生任何干扰，这是光学测温技术的一个最主要优点。另外，由于光线可以认为是无惯性的，故可以用来测量温度变化的暂态过程。此外，在光学测量时，可以通过拍摄照片，获得某一瞬间的温度场。因此，光学测温技术在那些需要了解温度场的传热和燃烧实验中得到广泛应用。本节主要介绍根据流体折射率变化特性来进行测量的几种常用光学测温方法。

流体的温度变化会引起它的密度变化，而密度的变化又会引起光线在流体中透过时折射率的改变，因而测定流体的折射率就可以推算出流体中的温度场。

光线透过密度不均匀的流体时，将会发生两种光学现象：一是光线偏离原来的行进方向；二是产生相位移。利用这两种现象就可以来确定流体中各点的折射率。根据上述光学原理，形成了热工实验中常用的三种光学测量系统：纹影仪、阴影仪和干涉仪。前面两种主要用来研究存在有较大温度梯度的温度场，如燃烧室中的温度场；后一种主要用来研究只存在较小温度梯度的温度场，如放置于空气中的热物体周围的自然对流边界层。下面对这三种光学测温系统分别进行讨论。

2.3.1　纹影仪

纹影仪的基本光学系统如图 2-18 所示。两个相距一定距离的凸透镜 L_1 和 L_2 放置在同一个光轴上，测试段放在两个透镜之间略靠近 L_1 处，光源 S 放在 L_1 的焦点处。从 L_1 射出的平行光线通过测试段，若测试段内密度场均匀时(无干扰)，则平行光线不发生角偏转；若测试段内密度场不均匀时(有干扰)，则光线将发生角偏转，如图上通过 A 点的虚线所示。在透镜 L_2 的右侧焦点上放置一平面直的刀口。由于通过测试段任何部分的光线来自光源的所有部分，并且都通过透镜 L_2 的右焦点，所以刀口刚好放在该焦点处时，部分光线将被刀刃挡住，相应于视屏上的照度将均匀减小。当测试段中有干扰存在时，即密度场不均匀时，通过测试段的光线发生偏转。若该偏转光线经过透镜 L_2 后是在距刀口上部 Δa 处通过并到达视屏，则由于上移这个距离 Δa 后使相应点像在视屏上的照度增加(即被刀口拦住的部分减少)。反之，若光线是向刀口下方偏转，则相应点像在视屏上的照度将减弱(即被刀口挡住的部分增加)，如图 2-19 所示。由此根据视屏上光强明暗的变化，就可以显示出测试段中被测介质的密度变化，从而推算出介质中各点的温度，这就是纹影仪的测量原理。

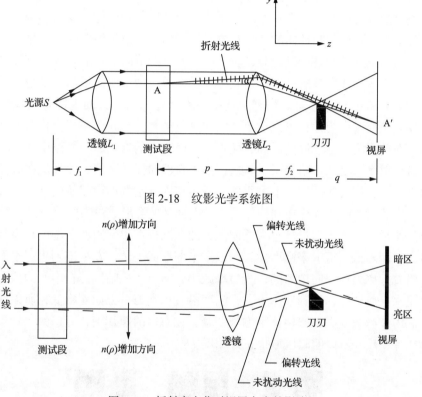

图 2-18　纹影光学系统图

图 2-19　折射率变化对视屏亮度的影响

如果刀口放置的方向相反，则视屏上的暗象和亮象的位置刚好倒换。亮象代表测试区域的光线折射率(通常是代表密度)，在离开刀口的方向上是增加的，暗象则代表向相反方向增加。

由光线的折射率分析可知，光线在密度不均匀的气态介质中发生偏转而引起的测点照度相对变化(即对比度)R_c 为

$$R_c = \pm K\left(\frac{n_0 - 1}{\rho_0}\right)\frac{p}{RK^2}\frac{\partial T}{\partial y}L \tag{2-27}$$

式中，K 为光学系统常数；n_0、ρ_0 为标准条件下气体的折射率和密度；p 为被测介质的压力；T 为对应测点介质的温度；L 为测试段光学长度，并假定 $\dfrac{\partial T}{\partial y}$ 在该长度上为常数。

　　由此通过测量所得影像照相图片上影像的照度相对变化，就可以对介质的温度场做出定量的计算。但是这种计算十分费时，所以纹影仪一般仅作为温度场的定性研究之用[9]。图 2-20 给出了受热圆柱体在空气中冷却时的纹影图。受热圆柱体的外径为 $\Phi32\text{mm}$，长度 200mm。图中三个黑圆是圆柱体本身的影像，圆柱下面的几根黑线是进出圆柱体的加热和测量导线的像。由于纹影仪只能显示和刀口垂直方向的温度梯度（密度梯度），所以刀口方位的不同给出的亮区和暗区的分布也不一样。变亮和变暗的区域都是有温度梯度的区域，所以可以很清楚地看出圆柱周围存在着的热边界层。根据上述折射率在远离刀口方向上增加时纹影图变亮，反之则变暗的规律，可以对上述图像进行解释。首先，由于圆柱对外部空气加热，在壁面附近空气温度最高，随着离壁面距离的增加，空气温度逐步降低，形成具有温度梯度的热附面层。其次，由于自然对流的影响，热气流在圆柱体上方向上运动，使得在圆柱体上方很长一段距离内，空气温度仍然较高，形成具有温度梯度的对流区。这样在圆柱体周围及上部必然会形成清晰的纹影图。图 2-20 左边的照片上，由于刀口是垂直方向放置的，圆柱右半部附面层温度是沿着远离刀口方向而降低，折射率则增大，所以右半部形成亮区、左半部则由于附面层温度是沿着远离刀口方向增加的，折射率减小，所以形成暗区。在中间的照片上，刀口是水平放置的，在圆柱体上方，温度沿着远离刀口方向而降低，所以在温度梯度区内纹影图变亮，圆柱体下方则变暗。在右边的照片上，刀口的位置正好与左边照片相反，所以明暗区域也正好相反。

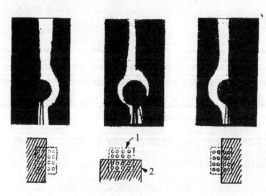

图 2-20　受热圆柱体周围自然对流场的纹影图
1. 光线；2. 刀口

2.3.2　阴影仪

阴影仪的基本光学系统如图 2-21 所示。一束平行光线入射到非均匀介质的测试段，当光线离开测试段时，光束产生偏转。偏转角的大小与测试区内密度不均匀性有关，如图所示。因此，在视屏上看到的影像大小与测试段给定区域的像区大小之间发生了变化。原来 Δy 这个区域内的光通量将落在 Δy_s 这个区域内，故两者的光强与它们的面积大小成反比，即

$$I_s = \frac{\Delta y}{\Delta y_s} I_0 \tag{2-28}$$

式中，I_s、I_0 分别为区域 Δy_s 和 Δy 中的光强。

近似地取 $\Delta y_s \approx \Delta y + Z_s \Delta \alpha$，则视屏上图像的对比度 R_c 为

$$R_c = \frac{\Delta I}{I_0} = \frac{I_s - I_0}{I_0} = \left(\frac{\Delta y}{\Delta y_s} - 1 \right) \approx -Z_s \frac{\Delta \alpha}{\Delta y_s} = -Z_s \frac{\mathrm{d}\alpha}{\mathrm{d}y} \tag{2-29}$$

利用偏转角和折射率之间的关系，最后得到

$$R_c = -Z_s \int \frac{\partial^2 T}{\partial y^2} \frac{\mathrm{d}n}{\mathrm{d}T} \mathrm{d}Z \tag{2-30}$$

式中，n 为介质折射率；T 为介质的温度。

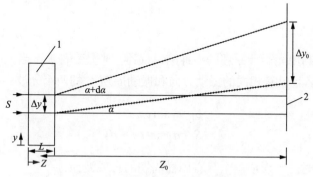

图 2-21　阴影仪的光学系统图

S. 平行光线；1. 测试段；2. 视屏

根据测得的像区各点的对比度，就可以求得被测试区内的温度场，这就是阴影仪的测量原理。简单地说，阴影仪是通过测量光束的线位移而不是偏转角来反映被测介质的密度场变化的，这是它与纹影仪测量原理的主要差别。阴影仪也可

以用来测量近壁面处的温度梯度，从而可以获得表面热流密度的测量值。

标准的阴影仪主要用于温度场的定性研究，而很少用来做定量分析，这是因为使用公式(2-30)非常困难。在使用该式时，首先需要精确地确定图像的对比度，其次对方程进行两次积分，才能获得所要求的温度分布。如果知道温度梯度或边界上的热流密度，则只需要进行一次积分。

图 2-22 是受热圆柱体在空气中冷却时的自然对流阴影图。如果圆柱周围的换热工况相同，则受热圆柱的阴影图是几个光亮带的同心圆环。但是由于实际上受热圆柱受重力场影响，各点换热情况不同，所以实际阴影图变成不同心的心形光环。图 2-22 左边一张照片是圆柱体及其上部气流的阴影图，右边的照片是圆柱体区域阴影的放大图。围绕圆柱体的心形光环表示出围绕圆环体表面局部热流密度的变化。由图可知，圆柱体底部热流密度有最大值，即与空气换热系数有最大值。围绕圆柱体向上，换热系数逐步减小，在顶点达到最小值。

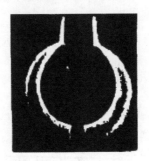

图 2-22　受热圆柱体自然对流阴影图

2.3.3　干涉仪

干涉仪是利用光干涉原理的一种测量仪器。光是一种波，当振幅分别为 a_1 和 a_2、相位差为 δ 且具有相同的振动方向和振动周期 ω 的两个光波：

$$\begin{cases} S_1 = a_1 \sin \omega t \\ S_2 = a_2 \sin(\omega t + \delta) \end{cases} \tag{2-31}$$

彼此相互叠加时，则形成一个具有同样周期的合成波

$$S = A \sin(\omega t + \gamma) \tag{2-32}$$

式中

$$A^2 = a_1^2 + a_2^2 + 2a_1 a_2 \cos \delta$$

$$\tan r = \frac{a_2 \sin \delta}{a_1 + a_2 \cos \delta}$$

合成光波的强度 $I(=A^2)$ 与两个原始光波的强度 $I_1(=a_1^2)$ 和 $I_2(=a_2^2)$ 间的关系为

$$I = I_1 + I_2 + 2\sqrt{I_1 I_2} \cos \delta \tag{2-33}$$

上式就是双光束干涉仪理论的基本公式。由公式可知，当 $\delta=0, \pm2\pi, \pm4\pi, \cdots$ 时，I 具有最大值 I_{max}；而当 $\delta=\pi, \pm3\pi, \pm5\pi, \cdots$ 时，I 具有最小值 I_{min}，且有

$$I_{max} = (a_1 + a_2)^2 \tag{2-34}$$

$$I_{min} = (a_1 - a_2)^2 \tag{2-35}$$

当两束光波的强度相等时，即 $I_1=I_2=I_0$ 时，则

$$I_{max} = 4I_0 \tag{2-36}$$

$$I_{min} = 0 \tag{2-37}$$

$$I = 4I_0 \cos^2 \frac{\delta}{2} \tag{2-38}$$

设两束光线所通过的光程分别为 L_1 和 L_2，则两者之差称为两束光线的光程差 Δ，则有

$$\delta = 2\pi \frac{\Delta}{\lambda} \tag{2-39}$$

式中，λ 为光线的波长。

式(2-38)可以改写成

$$I = 4I_0 \cos^2 \frac{\pi\Delta}{\lambda} \tag{2-40}$$

当 $\Delta=0, \pm\lambda, \pm2\lambda, \cdots$ 时，合成的光强度具有最大值；当 $\Delta=\frac{\lambda}{2}, \frac{3\lambda}{2}, \frac{5\lambda}{2}, \cdots$ 时，合成光强为零。这样当一束光线通过测试段时，若测试段内介质的密度不均匀，则折射率也随之发生变化。因此，使之与另一束不通过测试段但光强度相等的参考光线之间的光程差 Δ 发生连续的变化，这样两束光的合成光强度会交替地通过这些极值点，即在 I_{max} 和零之间连续变化，从而在光屏上产生黑白相间的光干涉条纹。干涉条纹的变化方向将取决于测试段内折射率的变化。

图 2-23 给出了马赫-蔡特(M-Z)光干涉仪的光学系统图。M-Z 光干涉仪在传热、燃烧和空气动力学研究中广为采用，其参考光束离开测试光束有较大的距离。参考光束能经过均匀的场，测试光束只通过扰动区域一次，成像比较鲜明，光程也可清楚地确定。

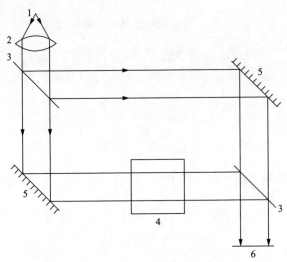

图 2-23　M-Z 光干涉仪的光学系统

1. 单色光源；2. 透镜；3. 分光镜；4. 测试段；5. 反射镜；6. 视屏

在干涉图形上每一条黑白条纹代表着等光程差曲线，而等光程差曲线实际上就是等密度线。对于气相介质，如果是定压过程，则等密度曲线就是等温线。如果入射光波长 λ=546.1μm，测试段光学路程 L=30cm，则每一条纹在 20℃和 1 大气压的空气中代表的温差为大约 2℃；而对于同样条件下的水，每一条纹代表温差约为 0.02℃。

轴对称场的干涉图可以用下式计算：

$$n(r) - n_{参考值} = -\frac{\lambda_0}{\pi} \int_r^{r_0} \frac{\dfrac{\mathrm{d}\varepsilon(y)}{\mathrm{d}y}}{\sqrt{y^2 - r^2}} \mathrm{d}y \tag{2-41}$$

式中，$n(r)$ 为径向位置 r 处的折射率；$\varepsilon(y)$ 为条纹位移测量值；λ_0 为光波波长；y 为垂直光束方向的坐标。只要由上式确定了折射率 $n(r)$，就可以求出密度和温度分布。其他干涉图的具体计算方法，可参阅有关光干涉仪的专著。

图 2-24 是受热圆柱体周围的光干涉图形。这些干涉条纹显示了圆柱周围的等温线，因而也给出了热附面层中的温度分布。

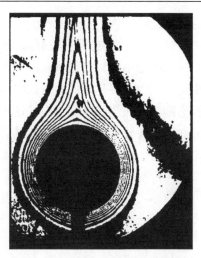

图 2-24 受热圆柱周围的光干涉图像

光干涉仪与前面讨论过的两种光学方法相比,既可以更加精确地求得温度场的定量结果,又可以获得比较直观的图像,以弄清某些热交换过程的本质,因而在热工实验中具有重要的应用价值。其缺点是仪器加工精度要求极高,调试和测定十分费时,造价很高,普通的实验室难以配备。

2.4 测温技术

在热工实验中最常测量的是流动介质的温度和固体的温度,特别是固体表面的温度。测温时需要将测温元件和被测对象直接接触的测温方法,称为接触式测温方法,如利用热电偶和热电阻测量温度。测温时不需要将测温元件和被测对象相接触的测温方法,称为非接触式测温方法。本节主要讨论接触式测温的有关方法和技术,非接触式测温将在热辐射一章中讨论。

2.4.1 固体内部温度测量

固体内部温度测量是热工实验中最常遇到的温度测量。通常为了了解设备和零件的工作温度,以保证它们的长时间安全运行,就需要对设备和零件实施内部温度的测量。固体内部温度的测量方法,通常是将各种温度传感元件,如热电偶、热电阻直接埋入被测物体的内部实现直接接触式测温。偶尔也有采用非接触方法测量固体内部温度的情况,例如为了测量高温金属体内部温度,可以在金属体上开一定深度的孔,再利用辐射温度计测量孔底温度以反映出物体内部的温度。但是这类非接触式测温方法准确度较低,因为它受到孔中气体对流及孔表面材料氧化所引起的发射率变化的影响，所以热工实验中较少采用。

利用接触式测温方法测量导热性能良好的金属体内部温度时，可以在被测金属上开一个孔。孔的大小应尽可能小，只要能将温度传感器(热电偶等)插入并保持(除头部外)和金属体相绝缘。为了使热电偶与被测固体接触良好，可以采用冲击焊接的方法，将热电偶头部与孔底焊在一起。但是这种焊接常常比较困难，需要很熟练的技巧。另外的办法是在孔中注入一些导热性能优良的液体，如水银、导热油等或者固体颗粒，如铝粉、银粉或氧化铝粉，以使热电偶与被测物体之间保持良好的热接触。

除了开小孔以外，另一类称之为嵌入式固体内部温度测量技术在热工实验中使用得很广泛。图 2-25 给出了两种嵌入式测温的典型例子。

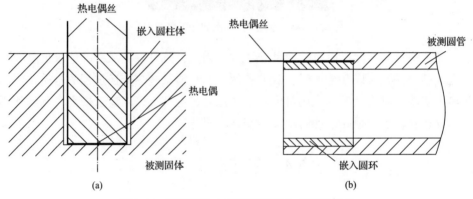

图 2-25　测量固体内部温度的嵌入式测量技术

图 2-25(a)所示的嵌入式测温方法是在被测物体上开一个较大的孔，然后加工一个与被测物体材质相同的小圆柱，圆柱的直径与被测物体上的孔能较紧密地配合。然后，在圆柱体外表面上开两个小沟槽，将热电偶丝(如用热电阻，则可以将热电阻埋入圆柱端部开的小孔中)经良好绝缘后埋入沟槽中，然后用导热性能好的填充物，如银粉、铝粉用水玻璃调匀后将沟槽填平。热电偶两极分别从侧表面沟槽中引出，然后将装有热电偶的小圆柱插入被测物体内压紧。在这种情况下，两者接触良好，热电偶测量端的温度与被测物体的温度基本相同。

图 2-25(b)是用于测量管壁内部温度时所采用的方法。将被测圆管内壁车去一定厚度(车削长度按测量要求而定)，然后加工一个与测圆管同样材质的圆环；使其外径与圆管车削部分内径能正好配合，内径与圆管内径相同。在加工圆环的外表面加工一个小槽，将热电偶绝缘后埋入，再用导热性能好的填料将槽填平，将圆环压入管中。这样热电偶就能正确显示出圆管壁内某一半径处的温度。

对于导热性能差的固体，安装方式对测温的准确度影响很大，通常会引起很大的误差。为了减小测温误差,通常需要将热电偶沿着固体内部等温线敷设,同时填充物的材质要接近被测物体的材质。

在某些情况下,需要测量固体内部的温度梯度,例如研究传热量或热应力的情况。此时可以将两对热电偶接成差动热电偶,沿着温差方向埋设在物体内部进行测量。如果两结点之间的距离为 L,测出的温差为 ΔT,则可以得到在该方向上长度 L 内的平均温度梯度为 $\Delta T/L$。

2.4.2　表面温度的测量

表面温度的测量是热工实验中最经常遇到的另一类温度测量。由于表面温度传感器安装以后,常常会改变表面的热状态,所以正确测量表面温度比固体内部温度更加困难[10]。目前基本上都是采用热电偶进行测量,因为热电偶测点很小,基本上能反映出测点的温度,且安装方便,测温范围广,是测量表面温度较为理想的一种测温手段。利用热电偶测量表面温度有两种方法,分别讨论如下。

1. 直接法测量表面温度

直接法是将热电偶等感温元件直接安装在被测表面上,由热电偶的输出电势直接求出被测表面的温度。显然,热电偶安装到表面上的方法,决定了测温结果的准确度与误差。

热电偶安装方式应当遵守下列几个最基本的原则。

(1)热电偶热结点应当与真正的被测表面有良好的热接触。对于球形结点,应使球体的中心平面刚好位于被测表面上。

(2)不应破坏被测表面的几何形状及严重干扰表面附近的温度场和介质流动场。

(3)不应使被测物体对周围介质的换热条件发生较大的改变。

(4)热电偶安装及拆卸方便,引线的引出装置简单。

常用的热电偶在表面上的安装方式有以下两类。

(1)热电偶直接焊接到或紧贴在被测表面上,如图 2-26 所示。图 2-26(a)是点接触,热电偶的结点直接与被测表面相接触。图 2-26(b)是先将热电偶结点与导热性好的一片金属片焊在一起,热电偶丝中导热性好的一根导线放在另一根的下面,然后将金属片焊在被测表面上。图 2-26(c)称为平行焊接。它是将两根热偶丝分别与被测表面焊接,通过被测表面形成回路。此时只要两接触点的温度相同,就不会影响测量结果。图 2-26(d)是将热电偶与被测表面焊接,然后热电丝沿等温线敷设一段距离后再引出。实践证明,采用图 2-26(d)这种敷设方法所引起的测量误差最小。

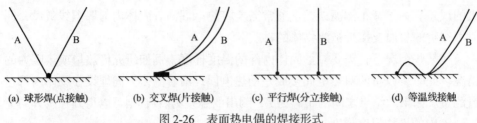

(a) 球形焊(点接触)　　(b) 交叉焊(片接触)　　(c) 平行焊(分立接触)　　(d) 等温线接触

图 2-26　表面热电偶的焊接形式

　　热电偶在表面上的这些安装方式都比较简单，拆装方便，具有一定的精度且能测量表面的局部温度。它的缺点是改变了表面的热工状况，破坏了表面对周围介质的换热条件，且热电偶的强度较差。对于那些表面状况对换热有重大影响的场合(例如沸腾表面)，常常不允许采取这种安装方式。

　　(2)将热电偶沿等温线埋设在被测表面内，如图 2-27 所示。这种安装方法的关键是正确地在壁面上开槽及安装后的嵌填。通常利用机械加工或电火花加工沿被测表面上等温线方向开一细槽，槽的宽度和深度取决于热电偶的粗细及金属壁的厚度，愈小愈好。然后将热电偶置于小槽内，热电偶沿等温线敷设长度约为线径的 20～30 倍。注意应保证热电偶丝与壁面之间相互绝缘，绝缘的方法通常采用绝缘漆或将热电偶丝套上细的塑料管或细陶瓷管，也可以用氧化铝黏结剂。在热电偶绝缘好以后，再在槽内嵌入填充物以恢复原有壁面的平整。常用的填充物是铝锡合金、银汞合金和铝条等，也可以用金属喷镀的方法使槽充满。对于换热表面有特殊要求时，嵌填以后表面应加工到与未开槽之前的状况。

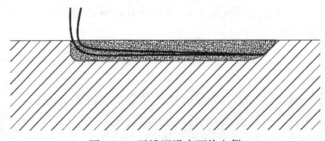

图 2-27　开槽埋设表面热电偶

　　(3)便携式表面热电偶。便携式表面热电偶是一种不需要破坏表面结构，可以随时且方便地测量表面温度的一种表面温度测量仪表。根据与被测表面接触方式的不同，有弓形、U 形、滚轮式等多种便携式表面热电偶，如图 2-28 所示。图上(a)是用于测量静止平表面温度用的热电偶；(b)是用于测量圆柱表面温度的热电偶，有时称为弓形表面温度计；(c)是用于测量运动物体表面温度的滚轮式表面热电偶；(d)是用于测量静止导电固体表面温度的双针开路(分立式)热电偶。测温元件是金属薄带型热电偶，有弹性。

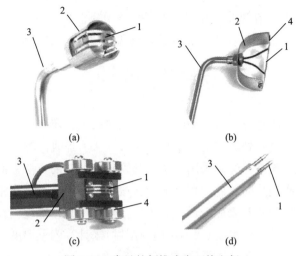

图 2-28　常见的便携式表面热电偶

1. 测温元件；2. 测量头；3. 连杆；4. 支撑限位件

便携式表面温度计的测温范围为 0～800℃。

2. 间接法测量表面温度

在很多场合，热电偶无法安装在被测表面上或者安装在被测表面上将会引起较大的测量误差，此时可采用间接测量法。间接测量法就是测量离开被测表面一定距离处的温度分布，然后用外推法求出被测表面温度，如图 2-29 所示。显然间接测量需要满足一定的条件。对于图示的情况，在满足一维热流密度的条件下，物体内部的温度呈线性分布(图 2-30)。

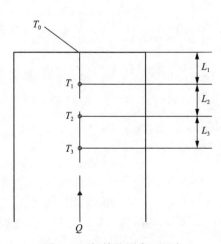

图 2-29　间接法测表面温度

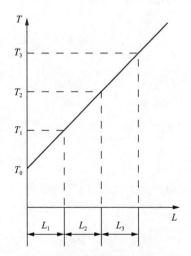

图 2-30　线性外推法确定表面温度

　　如图 2-30 所示，在满足一维导热的条件下分别测出温度 T_1，T_2，T_3，根据已知的测点间的距离 L_1、L_2 和 L_3，则被测表面温度 T_g 由下式计算：

$$T_g = \frac{T_1(L_1+L_2) - L_1 T_2}{L_3} \tag{2-42}$$

　　通常被加热物体总有少量向周围环境的散热损失，所以一般都以中心轴线处的温度进行外推。轴线处的温度分布基本上可以认为是线性的。

　　在许多热工实验中，经常采用对实验圆管直接加热的方法，例如研究管内单相对流换热和沸腾换热时。此时将热电偶直接焊接在表面上会产生一定的电压误差，而且在沸腾管的实验表面上通常又不希望热电偶直接敷设。在这种情况下，可以通过测定管子的外壁温度（或测定内壁温度）来计算内壁温度（或外壁温度），只要测定表面能满足绝热的边界条件，如图 2-31 所示。

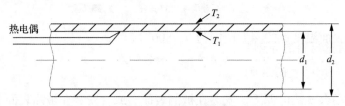

图 2-31　直接电加热管表面温度的确定

　　设圆管内壁为绝热表面，用热电偶测得其温度为 T。管壁通电加热，内热源强度为 g，热量全部通过外表面向介质传递。下面来确定外表面即换热表面的温度 T_2。管壁的导热微分方程为

$$\frac{\mathrm{d}^2 T}{\mathrm{d}r^2} + \frac{\mathrm{d}T}{\mathrm{d}r} + \frac{q_0}{\lambda} = 0 \tag{2-43}$$

边界条件为

$$r = r_1, \quad \frac{\mathrm{d}T}{\mathrm{d}r} = 0$$
$$r = r_2, \quad T = T_2$$

对式 (2-43) 经两次积分后求得

$$T_1 - T_2 = -\frac{q_0}{4\lambda}(r_1^2 - r_2^2) + \frac{q_0 r_1^2}{2\lambda} - \ln\frac{r_1}{r_2} \tag{2-44}$$

若通过换热表面的热流密度为 q，由热平衡得

$$q_0(\pi r_2^2 - \pi r_1^2) = 2\pi r_2 q$$

则

$$q_0 = \frac{q 2 r_2}{r_2^2 - r_1^2}$$

将上式代入方程的解，即式(2-44)中，最后得

$$T_2 = T_1 - \frac{q d_2}{4\lambda}\left[1 - \frac{2\ln\dfrac{d_2}{d_1}}{\left(\dfrac{d_2}{d_1}\right)^2 - 1}\right] \tag{2-45}$$

式中，λ 为管壁材料的导热系数。

表面热流密度可以通过电加热功率计算，即

$$q = \frac{IU}{\pi d_2 L}(\text{W/m}^2) \tag{2-46}$$

式中，I 为通过管壁的电流，A；U 为管子两端的电压降，V；L 为加热管长度，m。

2.4.3　介质温度测量

管道和腔室中流体温度的测量，也是热工实验中经常遇到的测量问题，例如蒸汽管道中蒸汽温度的测量、冷却水管道中水温的测量、燃烧室中燃气温度的测量等等。介质温度测量通常采用玻璃管温度计、热电偶和热电阻温度计。测量方法也可以分成两类：直接法和间接法。下面分别进行讨论。

1. 直接法测量介质温度

直接法测量介质温度就是将玻璃管温度计、热电偶或热电阻温度计直接插入被测介质中，在热平衡条件下温度计读出的温度就是被测介质的温度。在实用时，玻璃管温度计需要加装一个测温管，热电偶和热电阻也需要加装金属保护套管。测温管的形状是一端封闭的细长管子，一般焊在管子上(也可以用螺纹连接)。为了减小传热阻力，有时在测温管内的温度计周围塞以铜屑(温度高于 200℃时)或注入变压器油，如图 2-32 所示。

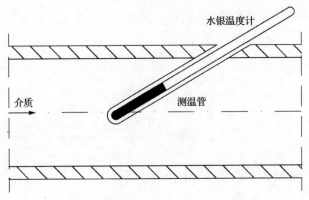

图 2-32　玻璃管温度计所用的测温管

图 2-33 表示常用的测量沿管道流动的气体、液体温度时的安装方式。图中(a)为适用于各种类型的温度计沿轴线方向安装的典型方式，这种方式的测量误差较小；(b)和(c)是用于当温度计不能按第一种方式布置时所采用的替代方式；(d)是最差的一种安装方式，应尽量不用。除非在管道直径大于 200mm 时才可使用，因为这种安装方式带来的测温误差最大。

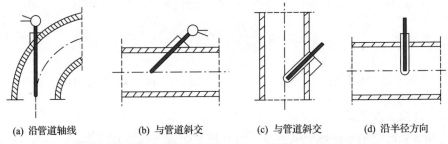

(a) 沿管道轴线　　　　(b) 与管道斜交　　　　(c) 与管道斜交　　　　(d) 沿半径方向

图 2-33　测量管内介质温度时，管道上测温装置的安装方式

从传热的角度看，介质为液体时比介质为气体时测温的精度要高，因为气体的对流换热系数比液体的对流换热系数小得多。用温度计测量气流温度时，特别是在低速气流的情况下，由于气流与热电偶之间的换热能力差，使气流与热电偶之间长时间达不到热平衡状态，所以温度计的输出不能正确地反映出气流的真实温度，尤其是在气流温度有波动时，测量误差较大。为了提高低速气流温度的测量精度，常常采用抽气式温度计，以增加气流冲刷温度计的速度(关于抽气式热电偶的结构，可参阅 2.6 节的图 2-44)。

对于高速气流温度的测量，需要进行特殊的考虑。通常马赫数高于 0.3 的气流，应当作高速气流处理。此时，应考虑气流速度对测温的影响。

当具有一定速度的气流冲刷测温元件时，在测温元件的迎风面上，气流速度变为零。此时该处气流的动能全部转变成热能，使气流温度升高。例如气体是理想气体，则该处气流温度的升高值 ΔT_u：

$$\Delta T_u = T_t - T_g = \frac{u^2}{2gc_p} = \frac{k-1}{2T_g}M^2 \tag{2-47}$$

式中，T_t 为速度为 u 的气体冲击热电偶时，在热电偶迎风面上气流速度变为零时的气流温度，常称为滞止温度或气流总温；T_g 为速度为 u 的气体具有的实际温度，也称为静力学温度；c_p 为气体的定压比热；k 为气体的绝热指数，$k = c_p / c_v$。

实际上气流的动能在滞止点不可能百分之百地转变为热能；另一方面温度计也不能处于完全的绝热状态，所以气流滞止后其温度不可能升高到等于总温。

引入一个恢复系数 r，它的定义为

$$r = \frac{T_a - T_g}{T_t - T_g} \tag{2-48}$$

式中，T_a 为气流滞止后实际上达到的温度，称为有效温度。显然有 $0 < r < 1$。因此用温度计测量高速气流温度时，在平衡的条件下，温度计指示出的是有效温度 T_a，有

$$T_a = r(T_t - T_g) + T_g \tag{2-49}$$

将式(2-47)代入上式，化简后有

$$T_t = T_a \frac{1 + \frac{k-1}{2}M^2}{1 + r\frac{k-1}{2}M^2} \tag{2-50}$$

实验表明，对于空气，假如气流与热电偶平行，则 $r = 0.86 \pm 0.09$；如气流与热电偶垂直，则 $r = 0.68 \pm 0.07$。为了提高恢复系数 r 的值，可以加装滞止罩，这样可使 r 达到 0.98 左右。知道了 T_t，就可以由速度求出气体的静力学温度 T_g。

图 2-34 给出了常用的总温热电偶的结构图。图中(a)所示的是一种具有流线型滞止罩的总温热电偶。这种热电偶插入气流中对被测流场和温场的破坏最小。在这种热电偶滞止罩的前方，开有若干个小孔，被测气流从这些小孔进入，流过热电偶热端从侧后方两个小孔流出。图(b)所示热电偶适于测量 M 大于 0.45 的气流温度。

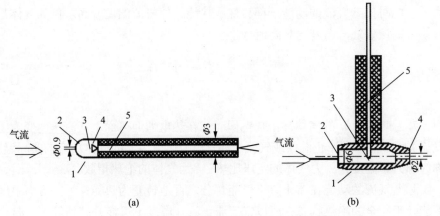

图 2-34　典型的测量高速气流的总温热电偶
1. 滞止罩；2. 气流进口；3. 热电偶结点；4. 排气口；5. 套管

2. 间接法测量介质温度

当测量高温气体介质的温度时，由于介质温度常常接近或超过热电偶的允许温度，直接测量法已无法采用[11]。要想用接触式测温方法来测量如此高温时，必须采用间接测量的方式。下面介绍一种称为气动高温计的间接测量方法。

气动高温计是将待测高温气体加以冷却，根据冷却以后气体的温度以及气体在冷却前后重度的比值，即可确定气体的实际温度。

高温气体可以认为是理想气体。由理想气体状态方程可写出

$$\frac{\gamma_1}{\gamma_2} = \left(\frac{p_1}{p_2}\right)\left(\frac{T_2}{T_1}\right) \tag{2-51}$$

或写成

$$T_1 = \frac{\gamma_2}{\gamma_1}\frac{p_1}{p_2}T_2$$

式中，p_1、T_1、γ_1 为高温气体的压力、温度和重度；p_2、T_2、γ_2 为冷却后气体的压力、温度和重度。显然，只要已知 $\frac{\gamma_2}{\gamma_1}$ 和 $\frac{p_2}{p_1}$ 就可以求出了 T_1。

$\frac{\gamma_2}{\gamma_1}$ 的测定需利用文丘利管。让高温气体通过一根用水冷却的管子，在管子进出口都接有一个文丘利管，如图 2-35 所示。

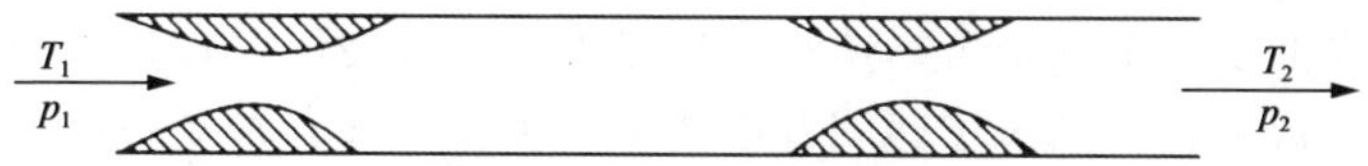

图 2-35　文丘利气动高温计

　　设气体在流动过程中无化学反应和相变，则流过两个文丘利管的气体质量流量相等。由节流式流量计的原理，可得

$$\alpha_1\varepsilon_1 F_1\sqrt{2g\gamma_1\Delta p_1}=\alpha_2\varepsilon_2 F_2\sqrt{2g\gamma_2\Delta p_2} \tag{2-52}$$

式中，α_1、α_2 为两个文丘利管的流量系数；ε_1、ε_2 为两个文丘利管中气体的膨胀校正系数；F_1、F_2 为两个文丘利管的喉部截面积；Δp_1、Δp_2 为两个文丘利管前后的压力降。由式(2-52)可得到

$$\frac{\gamma_2}{\gamma_1}=\left(\frac{\alpha_1\varepsilon_1 F_1}{\alpha_2\varepsilon_2 F_2}\right)^2\left(\frac{\Delta p_1}{\Delta p_2}\right) \tag{2-53}$$

由于整个系统的阻力很小，可近似地认为 $p_1{\approx}p_2$。另外也可以取 $\varepsilon_1=\varepsilon_2$，则由式(2-53)和(2-51)得到实际高温气体的温度为

$$T_1=\left(\frac{\alpha_1 F_1}{\alpha_2 F_2}\right)\left(\frac{\Delta p_1}{\Delta p_2}\right)T_2=K\left(\frac{\Delta p_1}{\Delta p_2}\right)T_2 \tag{2-54}$$

式中，K 称为仪表常数。K 可以利用室温下的空气或水来标定，因为在温室下有 $T_1=T_2$，所以仪表常数 K 为

$$K=\frac{\Delta p_{10}}{\Delta p_{20}} \tag{2-55}$$

式中，Δp_{10} 和 Δp_{20} 为空气或水在室温下通过二文丘利管的压力降。

　　热端文丘利管要用耐火材料制造，冷端可用不锈钢制成。这种温度仪最高可测 2500℃ 的高温气流温度，而且允许气流中含有较多的灰尘，测量精度约为±2%。

　　还有一种间接测量法称为动态测温法。它是利用热电偶快速地插入和撤出被测高温气流，然后利用测得的热电偶瞬时温升曲线再来计算被测气流温度的一种方法。该方法需要一套比较可靠的弹射机构，同时计算也比较复杂，所以还未得到广泛的采用。详细的仪表结构和温度计算方法，可参阅有关仪表专著。

2.4.4　动态温度的测量

　　上面我们讨论的都是测定稳定状态下的物体或介质的温度，即被测温度不随时间(在测量的一段时间内)变化。但是在热工实验中还经常遇到测量随时间而变化的动态温度问题。例如一个物体在介质中的加热或冷却过程，不稳定燃烧时燃烧室内的温度以及各种瞬态传热问题中的温度测量。在各种动态过程中，由于各类温度传感器的热惯性，传感器反映出来的温度值不等于被测温度，其差值称为动态响应误差。

在研究温度传感器的动态响应问题时，通常假定传感器内部的温度是均匀的。假定感受件与被测介质之间的等效换热系数为 h，则可写出传感器的能量平衡方程为

$$\rho V c_{\mathrm{p}} \frac{\mathrm{d}T}{\mathrm{d}\tau} = hF(T_{\mathrm{g}} - T) \tag{2-56}$$

式中，T_{g}、T 分别为气流与感受件的温度；h 为感受件与介质之间的等效换热系数；ρ、c_{p} 为感受件的密度和比热容；V、F 为感受件的体积和表面积；τ 为测量时间。

若令 $\tau_0 = \dfrac{\rho V c_{\mathrm{p}}}{hF}$，$\tau_0$ 称为温度传感器的时间常数，则上式变为

$$\frac{\mathrm{d}T}{\mathrm{d}\tau} = \frac{1}{\tau_0}(T_{\mathrm{g}} - T) \tag{2-57}$$

若已知气流的温度随时间的变化关系 $T_{\mathrm{g}} = f(\tau)$，则可以由式(2-57)中解出温度传感器的指示温度 T。

感温元件的时间常数，表征了感温件的动态特性，是动态温度测量中需要了解的一个重要参数。通常用玻璃水银温度计测量流动的空气和水时，其时间常数 τ_0 可参阅图 2-36 上给出的值。

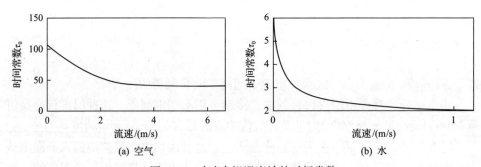

(a) 空气　　　　　　　　　　(b) 水

图 2-36　玻璃水银温度计的时间常数

对于气流的马赫数在 0.1～0.9 范围内，热电偶直径为 d，雷诺数 $Re=250\sim 30000$，时间常数 τ_0 可按下式计算

$$\tau_0 \approx \frac{4.71 \times 10^{-4} \rho c d^{1.5} \left[1 + \frac{1}{2}(k-1)M^2\right]^{0.23}}{p^{0.5} M^{0.5} T^{0.18}} \tag{2-58}$$

式中，ρ 为热电偶密度，kg/m^3；c 为热电偶平均比热，$kJ/(kg \cdot \text{℃})$；d 为热电偶丝直径，mm；T 为气流的总温，℃；p 为空气的静压，大气压；M 为马赫数；k 为气体的绝热指数，$k=c_p/c_v$。

考虑一种最简单的情况，即气流温度作阶跃变动时的传感器温度响应情况。这种情况相当于将温度计迅速插入恒定温度的介质中，此时的边界条件为

$$\tau > 0, \quad T_g = 常数$$

则式(2-57)的解为

$$\frac{T - T_g}{T_0 - T_g} = e^{-\frac{\tau}{\tau_0}} \tag{2-59}$$

式中，T_0 为温度计的初始温度。

从上式可知，温度计的指示温度总是滞后于气流的温度。这个差值称为动态误差。时间常数 τ_0 越大，动态误差也越大。为此在测量气流的动态温度时，应当注意以下几点。

(1)传感器应当尽量做得小，使时间常数 τ_0 减小。因此，在测量动态温度时，常用较细的热偶丝制成裸丝热电偶，不用保护套管。

(2)采用小直径的对焊跨流热电偶。

(3)选用比值 V/F 较小的温度传感器，例如采用测量端做成扁平形状的传感器。

(4)采用动态补偿电路来消除滞后，使仪表直接显示出气流的瞬时温度。

(5)增大传感器与介质之间的换热系数。例如增强气流的紊流度 1.5%，时间常数可下降 25%。

在测量固体的动态温度时，由于感温件与固体之间主要靠导热进行热交换，其时间常数可按下式计算：

$$\tau_0 = \left[cd^2 \text{arsh}(2L/d) \right]/12h \tag{2-60}$$

式中，c 为感温件比热；d 为感温件直径；L 为感温件插入深度；h 为被测物体与感温件表面间的有效换热系数。

动态温度测量通常采用动态测温仪，它是由模拟电子电路组成的求解动态温度的测量仪表。

设温度传感器是以对流方式接受介质传来的热量，同时以导热和辐射方式向传感器根部和四周散热。以热电偶为例，热电偶结点处的热平衡方程为

$$\frac{\rho c V}{F}\frac{\mathrm{d}T}{\mathrm{d}\tau} = h(T_\mathrm{f} - T) - \frac{\lambda V}{F}\frac{\partial^2 T}{\partial x^2} - \varepsilon\sigma_0(T^4 - T_\mathrm{w}^2) \tag{2-61}$$

式中，T_f、T_w、T 分别代表介质温度、周围物体温度和热电偶结点温度；V、F 为热电偶结点的体积和表面积；ε 为热电偶表面黑度；σ_0 为黑体辐射常数；x 是沿热电偶丝方向的坐标。若热电偶很细，$L/d > 20$，可以忽略导热项，则

$$\frac{\rho c V}{F}\frac{\mathrm{d}T}{\mathrm{d}\tau} = h(T_\mathrm{f} - T) - \varepsilon\sigma_0(T^4 - T_\mathrm{w}^4) \tag{2-62}$$

通常对焊的裸丝热电偶 $V/F = d/4$，经简化后，式(2-62)可写成

$$T_\mathrm{f}(\tau) = T(\tau) + \frac{\rho c d}{4h}\frac{\mathrm{d}T}{\mathrm{d}\tau} + \frac{\varepsilon\sigma_0}{h}(T^4 - T_\mathrm{w}^4) \tag{2-63}$$

测量时如果已知介质和热电偶之间的换热系数 h、热电偶直径 d、密度和比热 ρ、c 以及与热电偶换热的等效壁面温度 T_w、热电偶表面黑度 ε，则可由仪表测量的温度 T 和 $\dfrac{\mathrm{d}T}{\mathrm{d}\tau}$ 值，由式(2-63)计算出被测介质的真实温度 $T_\mathrm{f}(\tau)$。动态温度测量仪就是根据这个原理，按式(2-63)组成相应的电子电路，最后显示出被测介质的真实温度。

当测量随时间变化较慢的动态温度时，可采用快速电子电位差计、x-y 记录仪或电子平衡电桥等。测量快速变化的动态温度时，可采用光线振子示波器、各种瞬态记录仪、磁带记录仪等设备。利用计算机的数据采集系统为测量动态温度开辟了一条新路。随着电子技术的发展，数据采集系统将应用得更加广泛。图 2-37 给出了数据采集系统的原理框图。

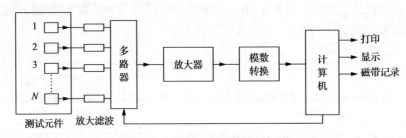

图 2-37　数据采集系统原理框图

选择使用数据采集系统进行动态温度测量，应注意通道、分辨力、误差和采样时间等符合测量的要求。

2.5   测温误差分析

热电偶及其他测温仪表感受件所测得的温度都只是被测点温度的一个近似值。有许多因素影响着测温的精确性，导致感温件测出温度与实际被测点温度的差别[12]。例如由于通过测温元件向外导热，改变了被测点及其周围环境的热状态，从而引起温度场的畸变；再如测温元件的感受件可能受到被测点周围环境和物体的热影响，特别是高温壁面的辐射影响。此外，接触式测温技术由于传热过程固有的特点而不可避免地会存在误差。例如对流换热必然存在一个传热温差，因为换热系数不会达到无限大；在高速气流中固体边界附近有耗散热；在动态温度测量中感受件的热容量会引起惯性误差等。

因此，在设计各种测温感受件时，必须尽可能地减小出现的各类测温误差。例如利用细的热偶丝以减小导热损失和对被测温度场的干扰；提高感受件附近的流速以增加对流换热系数；安装屏蔽外壳以减少周围物体对感受件的辐射换热等。在测量温度时，只给出温度的测量值，不给出该测量值的精确程度，则这个测量结果是不完善的，更确切地说，是不可靠的。

各类测温误差的精确分析十分复杂，涉及导热、对流和辐射等各类传热过程，所以常常利用各种简化的物理模型进行近似计算。本节着重讨论各类主要测温误差分析的物理模型及误差的计算方法。

2.5.1   引线的导热误差

各类感温元件，如热电偶和热电阻，都需要有引线（导线）将温度信号传输出去。由于感温元件与外界环境之间的温度差，沿引线必然存在有导热。在最简单的情况下，引线是一根裸金属丝。此时可以认为温度沿截面是均匀的，因此可以用一维导热模型进行计算。如果导线通过流体，有对流换热存在，则可用一维肋片模型进行计算。通常引线外面包有一层热绝缘，如图 2-38 所示。由于引线本身的导热性能较好，可以认为沿截面温度是均匀的，温

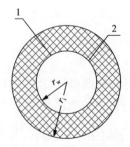

图 2-38   单根绝缘引线
1. 导线；2. 热绝缘

度只沿长度方向发生变化。但是在热绝缘层内，温度将沿半径和长度方向发生变化。对于这样一个具有对流和辐射边界条件的导热问题，数学上的精确求解十分复杂。如果再考虑到接触热阻的影响，则求解非常困难，或许是无法进行的。因此，通常采用一个简化的模型来进行近似分析。该模型认为，在引线中，温度沿

截面是均匀的，热流是沿轴向的一维导热，即

$$Q_x = -\lambda_w f_w \frac{dT}{dy} \tag{2-64}$$

式中，λ_w 和 f_w 分别为引线本身的导热系数和截面积。

在热绝缘层中只有径向热流，轴向热流很小可以忽略。由圆柱体导热问题可得到在热绝缘中单位长度的径向热流为

$$\frac{dQ_r}{dx} = \frac{2\pi\lambda_i(T - T_i)}{\ln\left(\dfrac{r_i}{r_w}\right)} \tag{2-65}$$

式中，λ_i 为热绝缘材料的导热系数；T_i 为热绝缘层的表面温度；r_i 为热绝缘材料半径；r_w 为导线半径。

在热稳定的条件下，径向传热量应当等于整根导线通过对流向外界所散失的热量。在长度 dx 上有

$$dQ_r = h(2\pi r_i dx)(T_i - T_f) \tag{2-66}$$

式中，h 为对流换热系数；T_f 为周围介质的温度。

将式(2-65)和式(2-66)联立，消去表面温度，得到

$$\frac{dQ}{dx} = \frac{T - T_f}{R} \tag{2-67}$$

$$R = \frac{1}{h2\pi r\lambda_i} + \frac{\ln(r_i/r_w)}{2\pi\lambda_i}$$

R 称为径向单位长度散热热阻。由此沿引线的导热损失可以由式(2-67)和式(2-64)共同计算。知道了导热量，就可以求出感温元件上的温度梯度，从而可以近似地估算由于引线导热而引起的测量误差。

2.5.2　固体内部温度测量误差

图 2-39 是固体内部温度测量示意图。当热电偶插入物体内部时，将有热量沿热电偶向外界传递，因此热电偶测出的温度将低于测点处被测物体的温度。利用微元热平衡的方法，类似肋片导热的推导，文献[13]得到热电偶在测孔内固牢的情况下的测温误差的表达式为

$$T_2' - T_2 = \frac{q}{\lambda A b} \operatorname{csch}(bL) + \frac{G}{b} \coth(bL) \tag{2-68}$$

$$q = \sqrt{\pi d_2 h \lambda f}(T_2' - T_a)$$
$$b = \sqrt{\pi d_2 h / \lambda f}$$

式中，q 为沿热电偶导出的热流量；d_2 为热电偶插入孔直径；λ 为热电偶导线的平均导热系数；f 为热电偶导线的截面积；G 为沿热电偶方向的温度梯度；T_a 为物体外部介质温度；T_2 为热电偶热结点温度；T_2' 为被测点物体的真实温度；h 为热电偶孔内表面的换热系数。

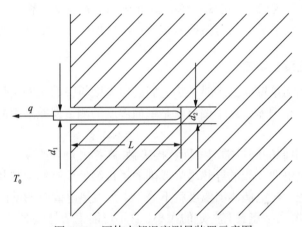

图 2-39　固体内部温度测量装置示意图

$$h = 1 \bigg/ \left(\frac{1}{h_w} + \frac{1}{h_b + h_r} \right) \tag{2-69}$$

式中，h_w 为孔内填充物的换热系数，$h_w = 2\lambda_1 / [d_2 \ln(d_2 / d_1)]$；$h_b$ 为被测物体与孔内填充物之间的换热系数，$h_b = 3\lambda_2 / [d_2 \operatorname{arsh}(2L / d_2)]$；$h_r$ 为被测物体和孔内填充物间的辐射换热系数，对不透明物体，h_r 值为零；λ_1 为孔内填充物的导热系数；λ_2 为被测物体的导热系数；d_2 为热电偶丝外径的 $\sqrt{2}$ 倍（设孔内有两根相同直径的热电偶丝）。利用式(2-68)可以计算体内温度的测量误差。

若热电偶孔内无填充物，则式(2-68)可简化成

$$T_2' - T_2 = q / (2\pi\lambda_1 d) + q / (f_1 h) \tag{2-70}$$

式中，d 为热电偶结点的直径；h 为热电偶热结点和被测物体接触处的换热系数；f_1 为热电偶热结点和被测物体的接触面积；λ_1 为被测物体的导热系数。

若热电偶的热结点直接焊在物体上面，则式(2-70)中等号右边第二项消失；如果热电偶的热结点是紧压在被测物体上的，则式(2-70)中的换热系数 h 需要通过实验进行确定；如果热结点和被测物体之间的接触完全是松散的，则 h 值由下式计算

$$h = 1 / \left[2 / (h_c / 2 + h_r) + 1 / \lambda_w \right]$$

式中，h_c 为在接触面 A_1 处流体与周围物体间的换热系数；h_r 在接触面 A_1 处热电偶与被测物体间的辐射换热系数；λ_w 为在接触面 A_1 处热电偶表面绝缘层的导热系数。

由式(2-68)和式(2-69)可知，热电偶插入深度 L 愈大，测量误差愈小。但当埋入深度达到一定值后，误差值趋向定值，再增加插入深度已无实际意义。

2.5.3　壁面温度测量误差

利用热电偶测量壁面温度时，热电偶读出温度与壁面未安装热电偶时的原有真实温度之间存在偏差，这个偏差就是壁面温度的测量误差。引起这个偏差的主要原因如下。

(1)由于热电偶的测量端与壁面直接接触，在接触点处改变了壁面原有的换热条件，即通过热电偶引线的导热增强或削弱了接触处原有的换热状况，引起了壁面温度场的畸变。热电偶读出温度就不等于未敷设热电偶时的壁面温度。

(2)由于热电偶结点具有一定的大小，它不可能正巧与壁面完全接触。热电偶读出的温度是热结点的平均温度，它也不等于真实的壁面温度。

以上两种误差常混杂在一起，很难区分，通常把两者混在一起称为热电偶的导热误差。

(3)当利用热电偶测量直接用直流电加热的壁面温度时，壁面上的跨步电压会叠加在热电势上面，引起热电偶读数的偏差。此外敷设热电偶以后也会引起壁面电场的畸变，反过来又引起温度场的改变。由于这些因素引起的热电偶测温误差，常常称为热电偶的电压误差。与导热误差相比，电压误差通常较小，一般可以不予计算。本节着重分析热电偶的导热误差。

热电偶导热误差的大小，取决于壁面原有的换热条件。对于绝热壁面，热电偶像一根导热性良好的细金属杆与表面接触，有热量会从壁面沿着热电偶丝导出，故接触点处的壁面温度(T)将低于未敷设热电偶时的真实温度，热电偶读数出现负偏差[图2-40(a)]，L 为距离。

当壁面与介质之间存在换热时，若流体的温度低于固体壁面温度，热电偶将热量从固体壁面向外传递。在大多数情况下，通过热电偶引线传出去的热量总是大于没有热电偶时壁面向介质的散热量。结果从与热电偶相邻的固体中便有热量

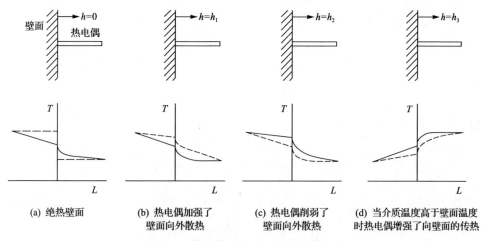

图 2-40　热电偶引起壁面温度场的畸变

－－－－ 未装热电偶时壁面附近的温度分布；——— 安装热电偶后壁面附近的温度分布

流向热电偶结点。与此相应，热电偶结点附近的温度梯度增大，热结点处温度降低，热电偶读数出现负偏差[图 2-40(b)]。反之，若流体介质温度大于固体壁面温度，或者在某些情况下通过热电偶引线的导热量小于没有热电偶时壁面向介质的散热量，则热电偶读数有正偏差[图 2-40(c)(d)]。

努塞尔于 1908 年最早对热电偶的导热误差进行了理论分析。为了简化敷设热电偶以后引起的复杂换热过程，在导热物理模型中作如下假设。

(1)热电偶可以看成一根与壁面垂直的无限长杆，壁面为半无限大平壁。

(2)热电偶与壁面接触良好，整个接触面保持均匀的温度。

(3)整个系统处于热平衡状态，壁面与周围介质分别保持恒定的温度 T_w 和 T_f。

(4)除了通过热电偶结点有热流以外，壁面的其余部分为绝热壁。

该导热问题的数学模型如图 2-41 所示。

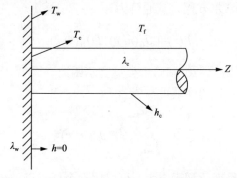

图 2-41　绝热壁面热电偶导热误差的数学模型

对于半无限大平壁，选择图 2-41 所示的坐标系统，令 $\theta = T_w - T$，则导热微分方程为

$$\frac{\partial^2 \theta}{\partial r^2} + \frac{1}{r}\frac{\partial \theta}{\partial r} + \frac{\partial^2 \theta}{\partial z^2} = 0 \tag{2-71}$$

边界条件为

$$\begin{cases} z = 0, & r \leqslant \dfrac{D}{2} = R, \quad \theta = \theta_c = 常数 \\[2mm] z = 0, & r > R, \quad \dfrac{\partial \theta}{\partial z} = 0 \\[2mm] z \,有限, & r \to \infty, \quad \theta = 0 \\[2mm] r \,有限, & z \to -\infty, \quad \theta = 0 \end{cases} \tag{2-72}$$

设式(2-71)的解为

$$\theta = Z(z)R(r) \tag{2-73}$$

因为随着 z 趋向负无穷大，偏差温度 θ 会很快减小，所以可以假定 $Z(z) = e^{mz}$，m 为待定的正常数。将式(2-73)代入式(2-71)以后，得

$$e^{mz} = \frac{\mathrm{d}^2 R(r)}{\mathrm{d}r^2} + e^{mz}\frac{1}{r}\frac{\mathrm{d}R(r)}{\mathrm{d}r} + m^2 e^{mz} R^2(r) = 0$$

或写成

$$\frac{\mathrm{d}^2 R(r)}{\mathrm{d}r^2} + \frac{1}{r}\frac{\mathrm{d}R(r)}{\mathrm{d}r} + m^2 R^2(r) = 0 \tag{2-74}$$

上式是正常的零阶贝塞尔方程，其通解为

$$R(r) = CJ_0(m\,r) + DY_0(m\,r) \tag{2-75}$$

式中，J_0 和 Y_0 表示零阶第一类和第二类贝塞尔函数。因为 $r=0$ 时 $\theta = \theta_c$ 为有限值，故必有 $D=0$。方程(2-71)的通解可写成

$$0 = \sum_{k=0}^{\infty} C_k e^{m_k z} J_0(m_k r) \tag{2-76}$$

式中，m 可以从零连续变化到无穷大，可以用一个任意函数 $f(m)$ 来代替一系列常数 C_k，并且用积分来代替求和，则式(2-73)变为

$$\theta = \int_0^\infty f(m)\mathrm{e}^{mz} J_0(mr)\,\mathrm{d}m \tag{2-77}$$

由边界条件式 (2-72)，可以得到 $f(m)$ 的表达式为

$$f(m) = \frac{2}{\pi}\theta_c \frac{\sin(mR)}{m} \tag{2-78}$$

最后得到解的最终表达式为

$$\theta = \frac{2}{\pi}\theta_c \int_0 \frac{\sin(mR)}{m} J_0(mR)\mathrm{e}^{mz}\,\mathrm{d}m \tag{2-79}$$

通过热电偶结点的热流密度为

$$q_e = -\lambda_m \left(\frac{\partial \theta}{\partial z}\right)_{z=0} = \frac{4\lambda_w}{\pi R}\theta_c = \frac{4\lambda_w}{\pi R}(T_w - T_c) \tag{2-80}$$

下面分析热电偶中的温度分布。

令 $\psi = T - T_f$，则热电偶的热平衡方程为

$$-\lambda_c \frac{\mathrm{d}^2\psi}{\mathrm{d}z^2} + h_c \frac{\pi D\,\mathrm{d}z}{\frac{\pi}{4}D^2\,\mathrm{d}z}\psi = 0 \tag{2-81}$$

化简后有

$$-\lambda_c \frac{\mathrm{d}^2\psi}{\mathrm{d}z^2} + h_c \frac{4}{D}\psi = 0 \tag{2-82}$$

边界条件为

$$\begin{aligned} z &= 0 \quad \psi = \psi_c = T_c - T_f \\ z &= \infty \quad \psi = 0 \end{aligned} \tag{2-83}$$

令 $n^2 = \dfrac{4h_c}{D\lambda_c}$ 则式 (2-82) 的通解为

$$\psi = C_1 \mathrm{e}^{nz} + C_2 \mathrm{e}^{-nz} \tag{2-84}$$

由边界条件式 (2-83)，得 $C_1 = 0$，$C_2 = \psi_0$，代入式 (2-84) 最终得解为

$$\psi = \psi_c \exp\left(-\sqrt{\frac{h_c^2}{\lambda_c R}}z\right) \tag{2-85}$$

通过热电偶端部截面的热流密度为

$$q_\mathrm{c} = -\lambda \left(\frac{\partial \psi}{\partial z} \right)_{x=0} = \sqrt{\frac{2h_\mathrm{c}\lambda_\mathrm{c}}{R}}(T_\mathrm{e} - T_\mathrm{f}) \tag{2-86}$$

对于我们所讨论的绝热壁面，显然满足

$$q_\mathrm{e} = q_\mathrm{c}$$

引入热电偶相对导热误差 $\Theta = (T_\mathrm{w}{-}T_\mathrm{c})/(T_\mathrm{w}{-}T_\mathrm{f})$，利用式(2-80)、式(2-86)，得

$$\Theta = \frac{T_\mathrm{w} - T_\mathrm{c}}{T_\mathrm{w} - T_\mathrm{f}} = \frac{1}{\dfrac{4}{\pi}\dfrac{\lambda_\mathrm{w}}{\lambda_\mathrm{c}}\sqrt{\dfrac{\lambda_\mathrm{c}}{h_\mathrm{c}D}}+1} = \frac{1}{\dfrac{4}{\pi}\dfrac{1}{Bi}+1} \tag{2-87}$$

式中，$Bi = \sqrt{\dfrac{h_\mathrm{c}}{\lambda_\mathrm{c}}}\dfrac{\lambda_\mathrm{c}}{\lambda_\mathrm{w}}$，为修正的毕渥准则数。

公式(2-87)是计算绝热壁面上热电偶导热误差的基本公式。对于非绝热壁面，即存在贯穿热流 q 的场合，若壁面向介质的换热系数为 h，并假定接触面热流为常数，则可以类似绝热壁面的推导[14]，得到

$$\Theta = \frac{T_\mathrm{w} - T_\mathrm{c}}{T_\mathrm{w} - T_\mathrm{f}} = \frac{1 - \dfrac{Bi_\mathrm{w}}{2Bi}}{\dfrac{3\pi}{4Bi}+1} \tag{2-88}$$

式中，$Bi_\mathrm{w} = \dfrac{hD}{\lambda_\mathrm{w}}$，为表征被测壁面向外放热情况的毕渥准则数。

亨纳克等将热电偶看作一维圆柱体，把固体壁面与热电偶接触部分看成一个局部热汇，导出了具有贯穿热流时热电偶相对导热误差为

$$\Theta = \frac{T_\mathrm{w} - T_\mathrm{c}}{T_\mathrm{w} - T_\mathrm{f}} = \frac{Bi\,\mathrm{th}(mL) - Bi_\mathrm{w}/2}{Bi\,\mathrm{th}(mL) + Q_\mathrm{c}^*/\pi} \tag{2-89}$$

式中，Q_c^*为无量纲扰动热流，其定义为

$$Q_\mathrm{c}^* = 2\pi \int_0^1 -\left(\frac{\partial \theta}{\partial z}\right)_{z=0} r^*\mathrm{d}r^*, \quad r^* = \frac{r}{R} \tag{2-90}$$

显然，Q_c^*仅为 Bi_w 的函数，因此在一定的 Bi 数下，Θ 也只是 $Bi\,\mathrm{th}(mL)$ 的函数。根据公式(2-89)计算出的曲线示出在图 2-42 上。图中上面的曲线对应于 $Bi\,\mathrm{th}(mL)$

较小的区域。

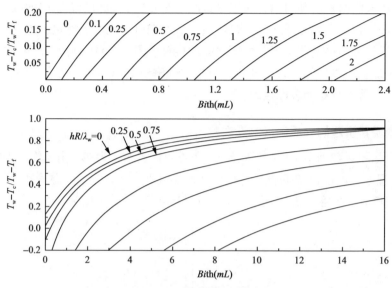

图 2-42　热电偶导热误差的算图

由图可见，当 $T_w > T_f$，且满足 $Bith(mL) = \dfrac{hR}{\lambda_w}$ 时，测出的温度低于真实的壁面温度 T_w，且 $Bith(mL)$ 值越大，导热误差也越大。

实际壁面不可能是半无限大平壁，一般只要固体的尺度比热电偶半径 R 大得多，通常厚度超过热偶丝直径的 10 倍时，就可以把物体视作半无限大平壁。例如，若用 $\Phi0.2mm$ 热电偶测温时，则 2mm 厚的板材就可以视为半无限大平壁。这是因为在热电偶与壁面接触区域内，根据计算，由热电偶存在而造成的壁面内部温度场畸变区城只达到约 10R 深度的地方。

在近似计算时，热电偶导热误差可以用下述公式估算

$$\frac{T_w - T_c}{T_c - T_f} = \frac{\pi\sqrt{h_c r}(\sqrt{\lambda_{c1}} + \sqrt{\lambda_{c2}})}{4\lambda_w} \tag{2-91}$$

式中，λ_{c1} 和 λ_{c2} 分别为两根热偶丝的导热系数。

根据上述的分析，为了减小热电偶的导热误差，应当采取下列措施。

(1)采用导热系数较小的热电偶材料。

(2)热电偶丝越细，热电偶热结点越小，测量误差也越小。因此，应尽量采用细线热电偶。热工实验中常用 $\Phi0.2mm$ 以下的热偶丝测量壁面温度。

(3)热电偶引线至少要沿测温点等温线敷设约 20 倍线径的长度。

(4) 应当使热电偶结点接近被测表面，而不是在表面之上或表面之下。

(5) 热电偶的敷设和引出，应当尽量减小对介质流动和壁面状况的改变。

(6) 增加热偶丝与介质之间的换热热阻。例如可将热电偶丝包上绝热材料。

(7) 尽量减小热电偶结点和壁面之间的接触热阻。若壁面材料导热系数很低，可以采用加装集热片的方式，即先将热电偶的测量端与导热性能良好的金属片焊在一起，然后再与被测表面接触。

2.5.4　测温管引起的介质温度测量误差

考虑如图 2-43 所示的测温装置。设介质的真实温度为 T_f。由于沿测温管的导热损失，温度计的读数 T_l 必低于介质的实际温度 T_f，设 T_l 等于测温管底部的温度。测温管壁厚 δ，直径为 d，长度 L，测温管与器壁接触处温度为 T_0。

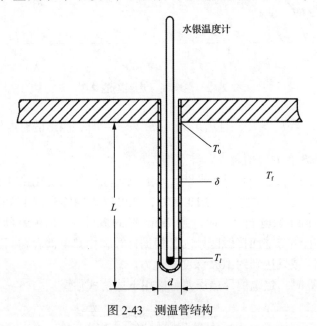

图 2-43　测温管结构

测温管可以看作从管壁上伸出的既有导热又有沿程对流换热的扩展换热面，故可以按直肋换热过程进行计算。由传热学可知，测温管底部的温度 T_l 和质介温度 T_f 之差，即所求的测温误差为

$$T_l - T_f = \frac{T_0 - T_f}{\mathrm{ch}(mL)}, \quad m = \sqrt{\frac{hU}{\lambda f}} \tag{2-92}$$

式中，h 为测温管到介质的换热系数；U 为测温管周长，$U=\pi d$；f 为测温管截面积，$f=\pi d\delta$；λ 为测温管材料的导热系数。

如果测温管尚有部分长度露出在器壁外面，设在介质中的长度为 L_1，露出在外界环境中的长度为 L_2，则此时的测温误差为

$$T_{L_1} - T_f = \frac{T_{L_2} - T_f}{\mathrm{ch}(m_1 L_1)\left[1 + \sqrt{\dfrac{h_1}{h_2}}\mathrm{th}(m_1 L_1)\mathrm{cth}(m_2 L_2)\right]} \qquad (2\text{-}93)$$

式中，$m_1 = \sqrt{\dfrac{h_1 U}{\lambda f}}$；$m_2 = \sqrt{\dfrac{h_2 U}{\lambda f}}$；$h_1$、$h_2$ 为测温管两部分管长的换热系数；T_{L_1} 为测温管处在介质中的端头温度；T_L 为测温管露出端的温度，即热电偶露出端温度。为了减小测温管的测温误差，可以采取如下措施。

(1) 选用导热性差的材料作测温套管。

(2) 尽量增加套管的长度并减小壁厚度。

(3) 强化测温管与被测介质之间的换热，如加装肋片，采用抽气热电偶等，以增大换热系数。

(4) 把露出在外面的测温管部分用保温材料包扎，以减少向外界的散热损失。

(5) 若测量的是高温气体的温度，由于此时测温管附近有温度较低的受热面，需要采取减小辐射换热的措施，以减小由辐射引起的测温误差。

2.5.5　温度测量中的辐射误差

在测量较高温度的壁面和介质温度时，由于感温元件向周围物体的热辐射，感温元件读出温度降低，从而引起新的测温误差。由于辐射换热与温度的四次方成正比，所以随着被测温度的升高，辐射误差增加得很快。通常在被测温度很高时，辐射损失引起的误差将大大超过导热误差。

在分析辐射误差时，为简单起见，常常将温度计看作是置于密闭空腔中的一个小物体，空腔的壁面是等温的，空腔中的气体不参与辐射过程。这类空腔，不论壁面是何种材料，都具有黑体的特性，因此温度计向外的辐射热损失为

$$Q_r = \varepsilon \sigma_0 F(T^4 - T_w^4) \qquad (2\text{-}94)$$

式中，ε 为测温元件的表面黑度；σ_0 为斯蒂芬玻尔兹曼常数，其值为 $5.67 \times 10^{-8} \mathrm{W}/(\mathrm{m}^2 \cdot \mathrm{K}^4)$；$F$ 为测温元件的表面积；T 为测温元件的温度；T_w 为腔壁的温度。

测温元件通过对流换热从介质获得的热量为

$$Q_c = h(T_f - T)F \qquad (2\text{-}95)$$

式中，h 为对流换热系数；T_f 为介质温度。

　　如果不考虑导热损失，则达到热稳定以后，辐射散热应当正好等于从介质获得的对流热，即

$$T_f - T = \frac{\varepsilon \sigma_0}{h}(T^4 - T_w^4) \tag{2-96}$$

这就是计算辐射误差的基本公式。在精度要求不高时，若满足 $T_w \leqslant \frac{1}{2}T$，则可用 T^4 来近似代替 $(T^4 - T_w^4)$，其误差小于 $\frac{1}{16}$。通常辐射误差不大于 15%，所以按这种近似来修正测得的气体温度所引起的误差不超过 1%。

　　把公式 (2-94) 改写成对流换热的形式

$$Q_r = h_r(T - T_w)F \tag{2-97}$$

式中，$h_r = \dfrac{\varepsilon \sigma_0(T^4 - T_w^4)}{T - T_w}$。若 $T - T_w \ll T_w$，则近似有

$$h_r \approx 4\varepsilon \sigma_0 T_w^3 \tag{2-98}$$

　　热电偶的黑度可以从有关实验资料中获得。通常对铂-铂热电偶，在 1400℃ 时 $\varepsilon = 0.18$，在 1500℃ 时 $\varepsilon = 0.19$，在 1600℃ 时 $\varepsilon = 0.2$，1700℃ 时 $\varepsilon = 0.21$；对镍铬-镍铝热电偶，未氧化时 $\varepsilon = 0.2$，完全氧化后 $\varepsilon \approx 0.85$。

　　为了减小热电偶的辐射误差，可以采用下列措施。

　　(1) 尽量提高对流换热系数。如将温度计安装在气流速度和紊流度都比较大的地方，并使气流垂直测温元件，以得到较大的对流换热系数。

　　(2) 对壁面采取保温措施，以提高壁面温度 T_w。

　　(3) 采用黑度小的材料做热电偶保护套管。一般耐热合金钢保护套管的 ε 是比较小的，而陶瓷套管的 ε 比较大，如在 1500℃ 时达到 0.8~0.9。因此，如果能不用套管，直接用铂铑铂裸丝热电偶，则可以减小辐射误差。

　　(4) 在热电偶测量端上加装辐射屏蔽罩。由于加装屏蔽罩后与测量端进行辐射换热的是接近气流温度的屏蔽罩(屏蔽罩受气流直接加热)，所以可使辐射误差大大减小。

　　(5) 在测量流速较低的高温气流温度时，可以采用抽气热电偶。通过抽气使热电偶周围气流速度增大，从而达到提高对流换热系数，降低辐射误差的目的。

　　图 2-44 是一种测量钻炉燃气温度的抽气热电偶，外部有不锈钢水冷套。屏蔽罩用耐热陶瓷制成，可以测量高达 1600℃ 的烟气温度。

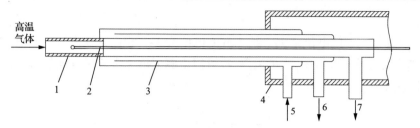

图 2-44　抽气热电偶示意图

1. 辐射屏蔽罩；2. 热电偶；3. 双层冷却水套；4. 保护套；5、6. 冷却水进出口；7. 抽气口

2.6　温度场的电模拟

对于电阻率不变的均质材料，其稳态电传导和几何形状相似的物体的热传导之间存在类比关系。例如二维电传导和二维热传导都可以用拉普拉斯方程

$$\frac{\partial^2 E}{\partial x^2} + \frac{\partial^2 E}{\partial y^2} = 0 \tag{2-99}$$

来进行描述。对于电传导，E 代表电位；对于热传导，E 代表温度。导电和导热现象，在相似的边界条件下，将服从相似的变化规律。根据这一原理，只要满足几何形状及其边界条件相似，就可以利用导电体内的电位分布来模拟导热体内温度的分布。由于二维电场在实验室中容易实现，又便于测量显示，故可以很直观地通过电场来观测温度场。这就是热工实验中常用的"电热模拟"技术的基本原理。

用电场模拟温度场可以采用不同的方法来实现。例如采用涂有导电膜的导电纸、导电液和电阻电容网络等。下面介绍一种利用导电纸模拟二维稳定温度场的实验方法。

将导电纸剪成与二维导热体成一定比例的几何相似模型，在纸的边缘适当地附着良好的导电体，然后在导电纸上加上一定的电位差以模拟对应的热边界条件。电热模拟装置的电路图如图 2-45 所示。

实验中将电位差加在导电纸模型上以后，模型内任意点的电位可直接由电压表读出。根据测得的电位值，可以画出等电

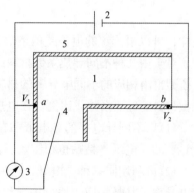

图 2-45　导电纸电热模拟装置

1. 导电纸模型；2. 电池；3. 电压表；
4. 测笔；5. 导电体

位线。因为等电流线与等电位线正交，所以可以从等电位线画出电流线。这些等电位线和电流线与导热体的等温线和热流线完全相同，由此可以获得导热体内的

温度分布。

若已知结点 a 的电位是 V_1，结点 b 的电位为 V_2，它们分别模拟两个边界上的温度 T_1 和 T_2，则场的任一点的温度 T_x 可以由测电笔测出任一点电位来模拟。其计算关系式为

$$\frac{T_1 - T_{xy}}{T_2 - T_1} = \frac{V_1 - V_{xy}}{V_1 - V_2} \tag{2-100}$$

导电纸模型中电流可以由下式计算

$$I = \frac{\Delta V}{R} = \frac{\Delta V}{(\rho \delta_{\mathrm{c}} / F_{\mathrm{c}})} \tag{2-101}$$

式中，ΔV 为导电纸两点间电位差；δ_{c} 为导电纸模型的当量厚度（沿电流方向）；F_{c} 为导电纸模型的当量面积；ρ 为导电纸电阻率。

相应导热体的热流为

$$q = \frac{\Delta T}{(\delta_{\mathrm{t}} / \lambda F_{\mathrm{t}})} \tag{2-102}$$

式中，λ 为导热体的导热系数；δ_{t} 为导热体的当量厚度；F_{t} 为导热体的当量导热面积。取被测导热体的高度为 1 米，则 F_{t} 在数值上等于当量宽度。

将式 (2-101) 和式 (2-102) 相除，并考虑到被测导热体与模型几何相似 $F_{\mathrm{t}}/F_{\mathrm{c}} = \delta_{\mathrm{t}}/\delta_{\mathrm{c}}$，有

$$q = \frac{\Delta T}{\Delta V} \lambda \rho I \tag{2-103}$$

这样，可以由测定的电位差值最终计算出热流 q 的值。

对于由几种不同导热系数材料组成的复合固体内部，在进行热电模拟时应当使电模型也由相应的不同电导率的材料所组成，而且要满足电模型材料的电导率和热原型材料的导热系数成比例。在电热模拟时，上述要求可以有两种方法来实现。

(1) 用不同导电率的导电纸贴在一起，模拟不同的导热系数。但是这需要不同电导率的导电纸，粘贴也很困难，故该法应用上较为困难。

(2) 可利用同一种导电纸，但在导电纸上不同部位挖孔的办法，改变各部分纸的电导率。凡是相应于原型中导热系数较大的部位就不挖孔，相应于导热系数较小的部位就挖孔。显然，该法比较容易实现。

在导电纸上挖孔，应满足相应的物理量成正比的条件，即

$$\frac{\lambda_i}{\lambda} = \frac{R_i}{R} = 常数 \tag{2-104}$$

式中，λ_i 为热原型中不同部位材料的导热系数；λ 为选定的原型中某一部位的导热系数，作为参考导热系数；R_i 为电模型中相应部位导电纸的电阻；R 为相应的某一部位的参考电阻。

图 2-46 给出了一维稳态复合材料电热模拟图，由图可知，挖孔愈均匀，孔愈小和孔数量愈多，比拟的结果愈正确。

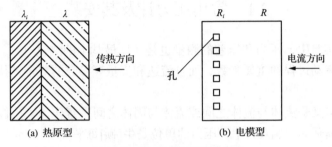

图 2-46　复合材料电热模拟图

电热模拟广泛地用于测定固体内部的温度场。例如复合建筑结构的温度场，窑炉设备中各种复杂结构中的温度场等，电热模拟法具有很好的实用性。

参 考 文 献

[1] Childs P R N, Greenwood J R, Long C A. Review of temperature measurement[J]. Review of Scientific Instruments, 2000, 71(8): 2959-2978.

[2] 杨永军. 温度测量技术现状和发展概述[J]. 计测技术, 2009, 29(4): 62-65.

[3] 勒君. 热电偶温度计量常见问题的处理措施探讨[J]. 检验检测, 2019(3): 178-179.

[4] 何军, 李洪卫, 刘大木, 等. 光纤温度计[J]. 计量技术, 2001(12): 30-31.

[5] 邵富群, 吴建云. 声学法复杂温度场的重组测量[J]. 控制与决策, 1999(2): 24-28.

[6] 常蕾, 赵俭. 超声波测温技术在高温气流温场测量中的应用[J]. 计测技术, 2014, 34(1): 1-4.

[7] 张兴红, 邱磊, 何涛, 等. 反射式超声波温度计设计[J]. 仪表技术与传感器, 2014(9): 16.

[8] 孙建平, 张金涛, 薛寿青. 基于 Labview 的噪声温度计测量系统[J]. 计量技术, 2006(3): 34.

[9] Alvarez-Herrera C, Moreno-Hernández D, Barrientos-García B, et al. Temperature measurement of air convection using a Schlieren system[J]. Optics and Laser Technology, 2009, 41(3): 233-240.

[10] Kuzubasoglu B A, Bahadir S K. Flexible temperature sensors: A review[J]. Sensors and Actuators A, 2020, 315(1): 112282.

[11] 郝晓剑, 张志杰, 周汉昌. 高温测量及其校准技术研究现状与发展趋势[J]. 中北大学学报(自然科学版), 2020, 41(1): 1-7.

[12] 杨斌, 白月飞, 王忠. 接触测温法的不确定度分析[J]. 自动化与仪器仪表, 2013(3): 178-180.

[13] Hennecke D K, Sparrow E M. Local heat sink on a convectively cooled surface—application to temperature measurement error[J]. International Journal of Heat and Mass Transfer, 1970, 13(2): 287-304.

[14] 杨世铭. 热电偶导热在壁面温度测量中所引起的误差—着重高热负荷壁面的温度测量[J]. 西安交通大学学报, 1963(4): 87-102.

第 3 章　压力的测量

3.1　常用压力计及其安装

在热工实验中，压力和压差的测量也是一项最基本的测量[1]。不但压力本身是表征流体流动过程的重要参数，而且流速和流量等参数的测量也往往转换为压力测量问题。

压力的定义是流体与流体之间或流体与固体之间垂直作用于单位接触面积上的作用力。国际单位制(SI)中，压力的单位是牛[顿]每平方米(N/m²)，称帕斯卡，用 Pa 表示。

流动状态下流体的压力分为静压与总压。流体的静压是指流体以速度 v 运动时，垂直作用于与其速度方向相平行的单位表面积上的作用力。流体的总压是指流体从速度 v 等熵滞止到零时所具有的压力。总压与静压的差值，称为速度头，也称动压。流体静止时，静压就等于总压。

在测量压力时，仪表的指示值等于流体的真实压力(即绝对压力)与当地大气压力之差，称表压力。液体的真实压力低于当地大气压力时，其表压力为负压，其绝对值等于当地大气压力与流体真实压力之差。

3.1.1　液柱式压力计

液柱式压力计的测量原理是依据工作液(封液)的液柱重力与被测压力相平衡，通过记录平衡状态下的液柱高度并依据当地重力加速度来计算被测液体压力。液柱式压力计的工作液一般可采用水、水银、酒精和四氯化碳等。依据压力计形状，它可分为单管式压力计、多管式压力计、斜管式微压计和 U 形管式压力计[2,3]。

1. U 形管压力计(压差计)

U 形管压力计由两部分组成，充满封液的 U 形玻璃管和标尺，如图 3-1 所示。作为工作液体的封液充至 U 形管高度近一半处。当 U 形管两边的压力相等时，封液面应处于同一高度，即 $h = 0$。如果两边压力不等，则两液面会产生一高度差 h，h 可以表示 U 形管两端的压力差

$$\Delta p = p_1 - p_2 = (\rho - \rho_0)gh \tag{3-1}$$

式中，ρ 为封液的密度；ρ_0 为被测压力的流体密度；g 为重力加速度。

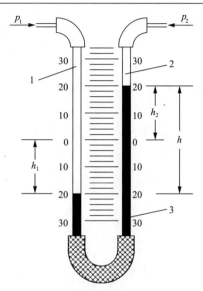

图 3-1　U 形管液柱式压力计

1、2. 肘管；3. 封液

如果 U 形管右端通大气，测出的压力差 Δp 就是表压值。

由于液体在管中受到毛细作用，液面成弯月状，在确定液面高度时就会出现误差。随着管子内径的增加，弯月面趋向平坦，误差就小。为此，管子内径不应小于某定值。对于工作液体为酒精时，最小内径应为 3mm；对于表面张力较大的水和水银，管子内径 8～12mm，一般选用内径 10mm 的均匀玻璃管做测压管。常用封液的温度特性如表 3-1 所示。

表 3-1　常用封液的温度特性

液体名称	在温度 T℃时的液体重度/(N/m³)					
	10	15	20	25	30	35
酒精	8012	7972	7933	7884	7845	7810
水	9806	9796	9786	9777	9767	9747
四氯化碳	—	15729	15631	15533	—	—
三溴甲烷	28630	28480	28340	28220	28120	—
水银	133100	133000	132900	132700	132600	132500

U 形管压力计主要优点是制造简单、工作方便，其主要缺点是读数时要分别读取两端的封液高度进而相减得到 h 值，因而增加了测量误差。此外，U 形管压力计也不能测量高压。

2. 单管式压力计

U 形管压力计需要读两个液面高度，读数很不方便。通常把 U 形管的一根管子换成大截面容器，构成单管压力计，如图 3-2 所示。由于容器截面积 A_1 比管子截面积 A_2 大 500 倍以上，在测量时容器中的液面可以认为保持不变。因此，单管式压力计只要一个读数，读数的绝对误差只有 U 形管压力计的一半，它的误差不超过读数的 0.2%。被测压差为

$$\Delta p = p_1 - p_2 = h\gamma \tag{3-2}$$

式中，γ 为液封的重度。

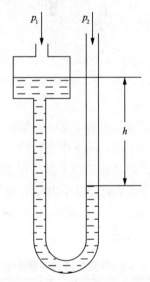

图 3-2　单管式压力计

单管式压力计的缺点是体积庞大、工作液体需要量多。

3. 斜管式微压计

斜管式微压计是单管压力计的改型，单管倾斜了一个角度，以使液柱高度放大，常用来测量微小的压力和压差。在大多数情况下，斜管微压计的两边截面积比 $A_2/A_1 = 1/700 \sim 1/1000$，所以容器中液面变化可以忽略。管子内径大于 3mm，倾角一般不小于 6°～7°。

压差可用下式计算：

$$\Delta p = p_1 - p_2 = \Delta l \gamma \left(\sin\theta + \frac{A_2}{A_1} \right) \approx \Delta l \gamma \sin\theta \tag{3-3}$$

工作液体常用酒精，它的重度要求有三位有效数字。在精度要求高的实验中，不但不能忽略 A_2/A_1 比值所引起的误差，而且还要考虑制造时的加工误差（θ 值的误差）。通常在式(3-3)中引入一个校正系数 K，即

$$\Delta p = K\Delta l \gamma \sin\theta = K_1\Delta l \qquad\qquad (3\text{-}4)$$

式中，K_1 为仪器系数，$K_1=\gamma(\sin\theta + A_2/A_1)$。常用的 Y-61 型斜管微压计上有一弧形支架，上面刻有 0.2、0.3、0.6、0.8 等数字，就是指 K_1 值。使用时只要在标尺上读得 Δl 后，直接乘以系数 K_1，就是被测的压差值。斜管式微压计的构成如图 3-3 所示。

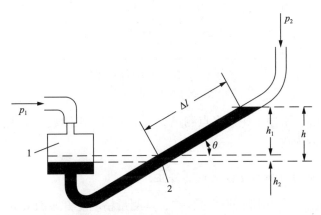

图 3-3　斜管式微压计原理图

1. 宽容器；2. 肘管

4. 多管式压力计

多管式压力计适用于同时要测定很多点压力的场合。如测量流体沿程的压力分布。多管式压力计的原理与斜管微压计相同，其工作原理如图 3-4 所示。

仪器由一个装有工作液体的大容器（液壶）和由许多玻璃测压管 1 连通组成的指示读数盘 2 构成。大气压力 p_0 与大容器相通，被测压力 p_1、p_2、$\cdots$、p_7 分别通入 1、2、$\cdots$、7 等测压管，各管中液柱下降的垂直高度 h_1、h_2、$\cdots$、h_7 分别代表所测各压力的表压。如果测量的压力较低，指示读数盘可以像如斜管微压计那样处于不同的倾角状态。多管压力计通常用的工作液体为水和酒精。为了观察和摄影，可将液体染色。多管压力计能把压力分布形象地显示出来，是流体力学实验中常用的仪器。

以上讨论的四种压力计都属于液柱式压力计。它们的共同特点是所测压力较低、结构简单、精确度和灵敏度高、读数指示成线性。它们最大的缺点是惯性大、

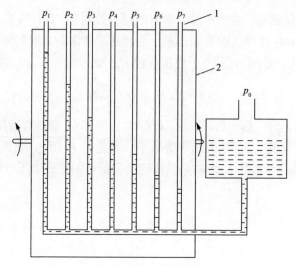

图 3-4　多管式压力计原理图

1. 玻璃测压管；2. 指示读数盘

压力反映较迟钝，不便于快速多点测量。通常是用人工读数或拍摄照片，实验后再从照片上进行读数。

5. 液柱式压力计的测量误差及其修正

在液柱式压力计的实际使用过程中，其测量精度受许多因素的影响，必须根据影响较大的因素对测量公式及方法进行修正，常见的修正主要有以下几种[2]。

1) 重力加速度修正

当测量地点的重力加速度偏离标准重力加速度较大时，需要对该因素进行修正，修正公式为

$$g_\varphi = \frac{g(1 - 0.00265\cos 2\varphi)}{1 + 2H/R} \tag{3-5}$$

式中，g 为标准重力加速度，其值为 9.80665m/s^2；R 为地球的公称半径，其值为 6356566m；H 为测量地点的海拔高度，m；φ 为测量地点的纬度。

2) 环境温度变化修正

当液柱式压力计所处的环境温度与规定温度(20℃)存在较大偏差时，标尺的长度和液体的密度都会改变。但是，封液的体膨胀系数比标尺的线膨胀系数大 $1\sim$ 2 个数量级，故只需修正封液密度变化带来的偏差。液柱式压力计两管所测得的高度差 h 按如下公式修正

$$h_{20} = h_T \left[1 - \alpha_V (T - 20)\right] \tag{3-6}$$

式中，T 为测量时的实际温度，℃；h_T 为封液在 T℃时的液柱高度；α_V 为封液的体胀系数，℃$^{-1}$。得到其在 20℃时的高度差修正值 h_{20} 后代入公式(3-1)计算被测压力。

3) 毛细现象修正

封液在管中产生毛细现象，使液面呈弯月状，在读取液面高度时出现误差，误差大小与封液种类、温度、管径、管壁润湿性等多种因素有关。误差值随着管径的增大而减小，为此管子内径不应小于某定值。对于封液为酒精的压力计，内径应大于 3mm；对于表面张力较大的水和水银封液，管子内径应选用 8～12mm，一般选用内径 10mm 的均匀玻璃管做测压管。

4) 其他

为避免出现安装误差，使用液柱式压力计时，需要将压力计垂直放置，接头处不能出现泄漏。为尽量减小读数误差，读数时眼睛应与中间主液面持平。具体而言，对于水和乙醇等低表面张力封液，要忽略边缘液体对壁面的润湿，视线与中间下凹主液面平齐；对于汞等高表面张力封液，也要忽略边缘壁面的疏液，视线与中间上凸主液面持平。

3.1.2 弹性式压力计

弹性式压力计是根据弹性元件受压后产生的变形与压力大小有确定关系的原理制成的。它适用的压力范围广(10～10^9Pa)，结构简单，可达到很高的测量精度，所以获得了广泛的应用。

目前常见的测压用弹性元件有膜式、波纹管式和弹簧管式三类，它们常用铍青铜、磷青铜、不锈钢等材料制成。

1. 膜式压力计

膜式压力计是利用弹性膜片在受压时产生弯曲变形的原理来传递压力信号，可测量微小的压力信号，因而可作为真空表和微压计使用。图 3-5 给出了常见的膜片形式，主要有平膜、波纹膜和挠性膜三种。挠性膜与其他两种测压原理不同，挠性膜中的膜片的主要作用是隔离介质，而传递压力信号的工作则由弹簧完成[4]。

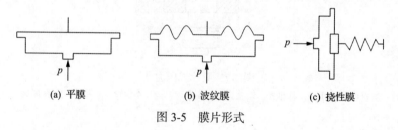

(a) 平膜　　　　　　　(b) 波纹膜　　　　　　　(c) 挠性膜

图 3-5　膜片形式

　　为提高测量的灵敏度，可将两个膜片沿圆周焊接成膜盒，还可将多个膜盒串联成膜盒组，如图 3-6 所示。

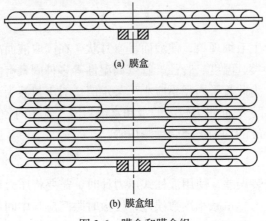

(a) 膜盒

(b) 膜盒组

图 3-6　膜盒和膜盒组

1)膜片式压力计

膜片式压力计的结构如图 3-7 所示。该压力计使用圆形金属膜片作为压力感

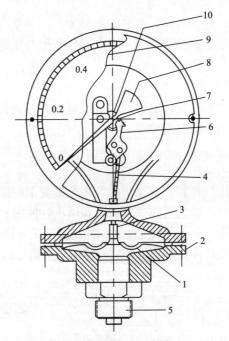

图 3-7　膜片式压力计

1. 膜片；2. 凸缘；3. 小杆；4. 推杆；5. 接头；6. 扇形齿轮；7. 小齿轮；8. 指针；9. 刻度盘；10. 套筒

应元件，膜片四周被固定，当膜片两侧压力不同时，膜片中部将朝低压侧发生变形，变形产生的位移会被传动机构放大，导致指针发生偏转，从而测量介质的压力或者真空度。当膜片使用不锈钢材料时，可用于对钢、铜及合金有腐蚀作用或黏度较大的介质进行测量。另外，敞开法兰式或隔膜式结构还可用于测量高温、高黏度和易结晶的介质。膜片式压力计的测量范围一般是 0～6.0MPa，精度一般为 2.5 级。除平面膜片外，常见的还有圆形的波纹膜片，这种膜片上压有环状同心波纹，其灵敏度更高，应用也更广泛[5]。

　　2) 膜盒式压力计

　　膜盒式压力计的结构如图 3-8 所示，膜盒是其压力感应元件，由两个相对焊接的金属膜片组成。相比膜片式压力计，膜盒式压力计增加了中心位移量，因此具有更高的灵敏度。此外，采用串联组合方式制成多膜盒式压力计可以进一步提高膜盒式压力计灵敏度。膜盒式压力计的最大量程为 40000Pa，精度一般为 2.5 级，可测量气体的微压和负压，也可实现越限报警[5]。

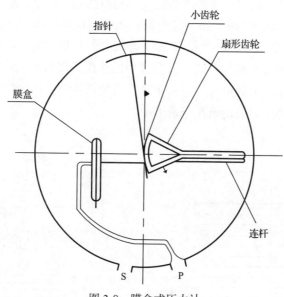

指针　　小齿轮　　扇形齿轮　　膜盒　　连杆　　S　　P

图 3-8　膜盒式压力计

　　2. 波纹管式压力计

　　波纹管是一种薄壁圆管，表面上有许多同心环状的波形皱纹，结构如图 3-9 所示。波纹管由于其特殊的材质和结构更容易发生形变，对微小的压力变化更加敏感，相较于弹簧管和膜片，在测量低压时具有更高的灵敏度。依据结构波纹管可分为单层和多层两类，多层波纹管具有内部应力小，耐受压力大，耐久度高等优点。但是由于各层间存在摩擦力，迟滞性较强(可达 5%～6%)。为克服该缺陷，可配合刚度比其大 5～6 倍的弹簧一起使用，将弹簧置于管内，从而将迟滞性降低至 1%。当波纹管的制作材料选择铍青铜时，压力计的迟滞性可以降低到 0.4%～1%，因而工作特性更加稳定，其工作压力和温度可分别高达 15MPa 和 150℃。另外，当压力计需要在高压或有腐蚀性的介质中工作时，波纹管材料应选用不锈钢。

当波纹管受压力作用时，相当于对波纹管施加一轴向力 F，此时，波纹管沿轴向发生的位移为

$$L = F \frac{1 - \mu^2}{E h_0} \times \frac{n}{A_0 + \alpha A_1 + \alpha^2 A_2 + B_0 h_0^2 / R_0^2} \tag{3-7}$$

式中，A_0、A_1、A_2、B_0 为与结构有关的系数；L 为波纹管的轴向位移；F 为轴向力；μ 为波纹管材料的泊松比；E 为波纹管材料的弹性模量；h_0 为波纹管中非波纹部分的厚度；n 为波纹数；α 为波纹角；R_0 为每圈波纹外围的曲率半径。

波纹管式压力计主要包括指针式压力表(图 3-10)和波纹管式压力记录仪(图 3-11)。这两种传动机构与膜式压力计中的作用原理基本一致，都是将压力作用转换成位移信号，然后由传动机构带动记录笔或齿轮，齿轮的转动又直接带动指针转动，最后将压力值记录在记录纸上[2]。

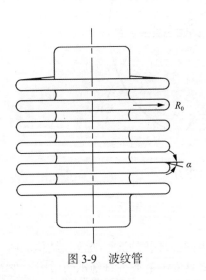

图 3-9　波纹管

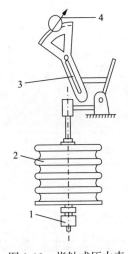

图 3-10　指针式压力表

1. 接头；2. 波纹管；3. 传动机构；4. 指针

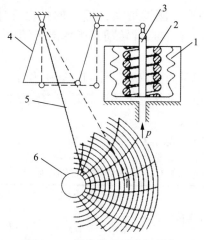

图 3-11　波纹管式压力记录仪

1. 波纹管；2. 弹簧；3. 推杆；4. 连杆机构；5. 记录笔；6. 记录纸

3. 弹簧管式压力计

弹簧管式压力计是一种最普通，使用最广泛的压力计，可以测量真空或 $10^5 \sim 10^9$Pa 的压力。它由扁圆形或椭圆形截面的管子弯成圆弧形而制成，管子一端封闭，另一端固定在仪表基座上，如图 3-12 所示。当固定端通入被测压力，弹簧管承受

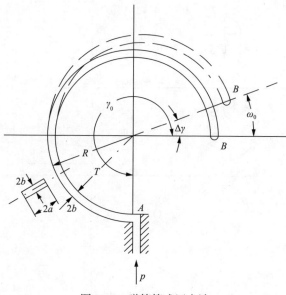

图 3-12　弹簧管式压力计

内压，截面形状趋于圆形，刚度增大，弯曲的弹簧管伸展，封闭的自由端外移，通过传动机构带动压力表指针转动，指示出被测压力。显然，其测值也是表压力。

弹簧管压力计可做成压力计、真空计和真空压力计三种。在选择压力表时必须注意测量的最高压力在正常情况下不应超过仪表刻度的三分之二，同时应注意选取合适的压力表精度等级。

各种弹性元件的性质见表 3-2。

表 3-2　各种弹性元件的性质[2]

类别	名称	示意图	压力测量范围/MPa		输出量特性 (F-力 x-位移 p-压力)	动态特性	
			最小	最大		时间常数/s	自振频率/Hz
薄膜式	平膜		$0\sim10^{-2}$	$0\sim10^{2}$		$10^{-5}\sim10^{-2}$	$10\sim10^{4}$
	波纹膜		$0\sim10^{-6}$	$0\sim1$		$10^{-2}\sim10^{-1}$	$1\sim10^{2}$
	挠性膜		$0\sim10^{-8}$	$0\sim0.1$		$10^{-2}\sim1$	$1\sim10^{2}$
波纹管式	波纹管		$0\sim10^{-6}$	$0\sim1$		$10^{-2}\sim10^{-1}$	$10\sim10^{2}$
弹簧管式	单圈弹簧管		$0\sim10^{-4}$	$0\sim10^{3}$			$10^{2}\sim10^{3}$
	多圈弹簧管		$0\sim10^{-5}$	$0\sim10^{2}$			$10\sim10^{2}$

3.2　流体中的压力测量

测量容器中静止流体的压力时，只要简单地在器壁上开一个不大的测压孔，然后接上测量仪表就可以进行读数。但是测量运动流体的流场中某点的压力，则首先要设法感受该点的压力量，然后才能使用压力指示仪表进行测量。这种感受压力量的装置叫作压力探头，它的外形结构往往是一支细长的管子，因而又称为测压管或压力探针。

流体压力的测量基于流体力学中的伯努利方程。根据伯努利方程，未扰动处的压力 p_∞、速度 u_∞ 与绕流物体附近的压力 p、速度 u 之间满足

$$\frac{1}{2}\rho u_\infty^2 + p_\infty = \frac{1}{2}\rho u^2 + p \tag{3-8}$$

在任何被绕流的物体上，都有这样一些点，在这些点上流体的速度为零，称为驻点。这些点上的压力就是驻点压力 p_0，即

$$p_0 = \frac{1}{2}\rho u_\infty^2 + p_\infty = 常数 \tag{3-9}$$

驻点压力又称为全压或总压，总压沿流线是不变的，这是测量不可压缩流体的压力和速度的基础。

测量静压的探头，其测量孔一般开设在探头侧面某个位置上，这个位置受到的由于探头插入而引起的流场扰动影响最小，在该点所感受到的压力就是流场空间中该点的静压值。

测量总压的探头，其测压孔就开设在探头正前方的中心点上，在探头向着来流方向且其轴线平行于流体来流方向时，这点正好是驻点。因此，测压孔感受到的压力就是流场空间点的总压值。

压力探针的设计应注意以下几点。

(1)探针的外形尺寸要小，以减少因探针存在而引起的流场扰动，从而测出探针不存在时的实际流动参数。在附面层内测量压力和流速时要选用微小型探针。

(2)探针应对流动方向的变化不敏感，以减少探针放置不准确而引起的测量误差。

(3)探针的外型结构要简单，要有一定的强度与刚度，制造要容易，使用要方便。

3.2.1 静压的测量

静压是指流体未被扰动时的压力。为了测量静压，要设法在不干扰流场的条件下进行测量。通常是在平行于流体的壁面上开静压孔，让孔的轴线垂直流体方向，这时静压孔所感受的压力即为流体静压。静压探针通常有如下几种类型[3]。

1. "L"形静压探针

"L"形静压探针是将一细管弯成"L"形而制成的，其优点是结构简单、加工容易、性能较好，曾获得广泛应用。如图 3-13 所示，将探针的头部设计为半球形，是为将探针对流场的影响降至最小，且侧表面测压孔中心应该至少距探针端部大于 3 倍细管管径长度。为防止支杆影响测压结果，测压孔中心应距离支杆大于 8 倍细管管径长度。由于"L"形静压探针轴向尺寸较大且对来流方向角度变化非常敏感，为表征该敏感程度，将造成测量误差为速度头 1%的偏流角 α 定义为不敏感偏流角。对于该型探针而言，当速度系数 $\lambda \leq 0.85$ 时，$\alpha = \pm 6°$。因此，"L"形静压探针在流道尺寸较大，且流场内部旋转不大的场合较为适用，例如测量压缩机和叶片泵进出口流体静压。

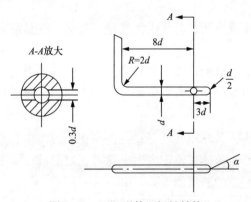

图 3-13 "L"形静压探针结构

2. 圆柱形静压探针

如图 3-14 所示，圆柱形静压探针为一内部中空的圆柱形细管，侧面开设测压孔。基于圆柱绕流原理，侧压孔位置应背向流体来流方向。当速度系数确定，方向角 α 在 $\pm 40°$ 范围内变化时，均能保持圆柱形静压探针测得静压 p_0 不变。因此，在二维流场中使用圆柱形静压探针进行静压力的测量。

需要注意的是，圆柱形探针的轴线与流动方向是垂直的，故对流场的扰动影响较大。分析扰流物体表面的压力分布可以发现，表面只存在压力系数近似为零的点，并不存在压力系数为零的点，所以测量出的静压值与真实值的误差较大。

3. 蝶形静压探针

蝶形静压探针的结构如图 3-15 所示，这种探针的优点在于流体在 x-y 平面内的方向角 α 不影响其测量值，是测量平面内二元流动静压的优选方案。但其对 z 轴方向的方向变化角 δ 很敏感，所以使用蝶形静压探头时，必须使碟盘的平面与流线平行（不平行度小于 2°）。此外，此类静压探针对碟盘的加工精度要求高，制造难度较大，制造费用较高，且其体积较大，因而使用场合受限[6]。

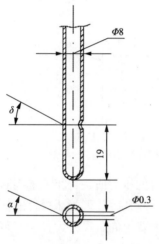
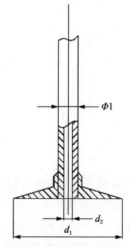

图 3-14　圆柱形静压探针结构示意图（单位：mn）　　图 3-15　碟形静压探针结构示意图

4. 导管式静压探针

如图 3-16 所示，导管式静压探针将测压孔开在导管上，相当于将流场内某点的静压测量作为了流道壁面上流体静压力的测量。因此，导管式静压探针主要适用于三维流动中静压的测量，其测量值对 $\alpha=\pm30°$，$\delta=\pm20°$ 范围的流动方向角度不敏感。因为用于此类探针要求更高的加工精度和更复杂的加工工艺，且探针体积较大，所以导管式静压探针应用受到一定限制[5]。

5. 双孔叶片形静压探针

双孔叶片形静压探针的结构如图 3-17 所示，其形状与蝶形静压探针形似。不同的是，叶片的两个侧面中心处均设置了一个测压孔，并分别连接有对应的压力

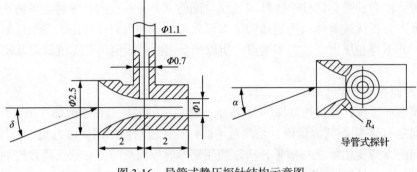

图 3-16　导管式静压探针结构示意图

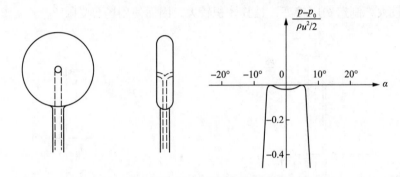

图 3-17　双孔叶片形静压探针结构示意图

计或压力传感器，通过比较两侧测压孔所测得的压力值是否相等来判断探针所处位置是否良好。因为具有相似的结构和原理，双孔叶片形静压探针的使用范围与蝶形静压探针一样。同样地，由于对加工精度要求高、尺寸大且对安装有较高的要求，其应用范围受到限制[6]。

6. 吉勒德-吉也纳静压探针

这种探针是由一根头部压扁的管子制成，如图 3-18 所示。其上下两个面上均有一个测压孔，测压原理类似双孔叶片形静压探针。这类探针对流体的方向角变化不敏感，因而具有较高的可靠性[6]。

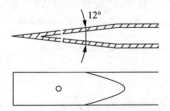

图 3-18　吉勒德-吉也纳静压探针结构示意图

3.2.2 总压的测量

由绕流理论可知，流体中某一点的总压等于流体中被绕流物体上临界点的滞止压力，这就是总压探针的测量原理。常用的总压探针有"L"形总压探针、圆柱形总压探针和导(套)管式总压探针[5,6]。

1. "L"形总压探针

如图 3-19 所示，"L"形总压探针与"L"形静压探针的结构较为相似，两者的不同之处是"L"形总压探针在面对来流方向的探针端部设置测压孔。"L"形总压探针对流向偏斜角的灵敏度取决于探针端部的形状、圆柱管外径 d_1 和测压孔径 d_2，当探针 d_2/d_1 为 0.3 时，α 的不灵敏度位于 $\pm(5°\sim15°)$ 范围。

当用于低速流动测量时，若探针平行于流线，则"L"形总压探针的修正系数与探针头部形状、测压孔直径及前缘到支杆的距离等参数无关。在流场中存在总压梯度时，测压孔与支杆的距离较远，对测量值影响较小，采用"L"形探针测量总压可以得到较高的精度。

2. 圆柱形总压探针

圆柱形总压探针的结构如图 3-20 所示，其测压孔设置在面向来流的侧面上，其对流体偏斜不灵敏度 α 受圆柱管外径 d_1 和测压孔径 d_2 影响，且随 d_2/d_1 的升高而增加。当 d_2/d_1 在 $0.4\sim0.7$ 时，α 角的不灵敏区间为 $\pm(10°\sim15°)$，β 角的不灵敏区间为 $\pm(2°\sim6°)$。圆柱形探针结构较为简单，制造容易，体积小，便于安装。

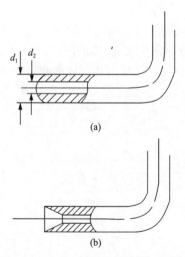

图 3-19　"L"形总压探针结构示意图

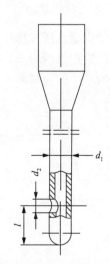

图 3-20　圆柱形总压探针结构示意图

3. 套管式总压探针

套管式总压探针结构如图 3-21 所示，先后通过内腔的进口收敛器和导流管，套管内流动的方向可维持不变。套管式总压探针的优点是对流动偏斜角 α 和 β 的不灵敏度范围较大，最大可达 ±(40°～50°)。但是，其缺点是对加工精度要求较高，尺寸较大，使得安装和使用有一定困难。

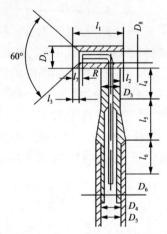

图 3-21　套管式总压探针结构示意图

3.2.3　压力探针的测量误差分析

1. 探针对流场的扰动

利用探针测量总压或静压时，流场中引入的探针不可避免地干扰了原流场，例如使得探针附近流线弯曲，流场局部压力分布发生改变，如图 3-22 所示。因此，为减小探针所产生的流场影响，应该尽量减小探针尺寸，从而提高测量准确度。

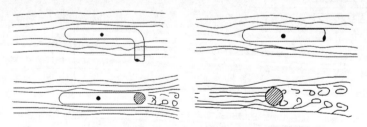

图 3-22　探针头部和支杆所引起的扰动

2. 测压孔

测压孔结构尺寸同样与静压测量精度密切相关，例如测压孔孔径过大、形状不规则、轴线与流线不垂直等均会带来测量误差。这是由于当流体流经测压孔时，若流线因测压孔结构特征发生弯曲，流线从原流场沉入测压孔中，从而产生离心力，这会增大测压孔内压力，使得测量得到的压力值高于真实静压力值。而该差值的大小与流体速度大小、测压孔形状规则度、尺寸大小和方向均有关。

3. Ma 数

在进行气流的压力测量时，如果 Ma 较大，则气体的压缩性不可以忽略，必须要考虑气流密度的变化。在超声速气流中测量时，探针上会产生局部激波，使得局部气流压力发生改变，给静压和动压的测量带来误差。在亚声速气流测量中，若使用头部为半球形的"L"探针，当测压孔径与圆柱管外径比值 $d_2/d_1=0.3$ 且流体偏斜不灵敏度 α 较小时，所测得的压力值将不受 Ma 数影响。

4. Re 数

伯努利方程给出的总压 p_0、静压 p 和动压 $\rho u^2/2$ 之间的关系是在假设理想流体情况下得到的，但是实际流体是不可以忽略黏性影响的。因此，当流体绕探针流动时，沿探针表面的压力分布将受到 Re 数的影响。当 $Re>30$ 时，根据边界层理论，黏性作用主要存在于流体沿管壁很薄的边界层中，且流体内通过边界层的压力变化为 0，因此可忽略压力受黏性的影响，但是当 $Re<30$ 的条件下不能忽略黏性的影响，需要作如下修正：

$$\frac{p_0-p}{\rho u^2/2}=1+\frac{a}{Re} \tag{3-10}$$

式中，a 为常数，$a\approx 3\sim 5.6$。

在临界点的无量纲压力系数 K_{p_0} 与 Re 数的关系可由下式给出：

$$K_{p_0}=1+\frac{4C_1}{Re+C_2\sqrt{Re}} \tag{3-11}$$

式中，C_1、C_2 为常数，其数值选取如下。

(1)对于半球形，$C_1=2.0$，$C_2=0.398$。

(2)对于球形，$C_1=1.5$，$C_2=0.455$。

(3)对于圆柱形，$C_1=1.0$，$C_2=0.457$。

5. 速度梯度

当被测对象具有横向速度梯度时，探针前缘会产生如图 3-23 所示的滞止压力梯度，该梯度由低速区向高速流体区域增加。在该压力梯度作用下，探针前缘边界层内的流体产生流动，带动附近流体轻微"下冲"。并且，高速区内探针表面较强的黏性作用强化了流体向低速区"下冲"现象。这种流体"下冲"会影响静压的测量精度，其作用与均匀流体内偏斜探针产生的测压影响相似。

实际测量中应尽量加大测压孔与支杆间的距离以削弱上述影响，通常将静压孔离支杆的距离设为 $8d^{[5, 6]}$。

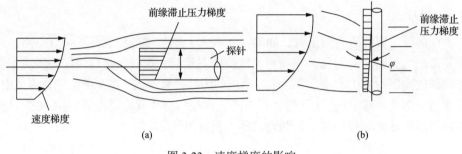

(a)　　　　　　　　　　　　　　(b)

图 3-23　速度梯度的影响

3.3　测压传感器

在动态压力测量时，前面讨论过的几种测压方法由于其连接管路的惯性而造成严重的压力测量滞后现象，所以不宜采用。动态响应频率高的测压传感器已广泛地应用于动压的测量中。由于它的输出是电讯号，所以便于远距离测量并和计算机连接成数据自动采集与处理系统。动态压力测量已经形成了一个专门的技术领域[8-10]。

下面介绍常见的几种测压传感器的工作原理和主要结构。

3.3.1　电容式压力传感器

电容式压力传感器的基本原理是基于平板电容器的电容量随极板之间距离发生变化的特性，如图 3-24 所示。当压力 p 作用在膜片上时，膜片受压力变形，间距 d 发生变化，使传感器的电容量发生变化。膜片是传感器的敏感元件，传感器的初始电容量常在 20～100pF 之间。在工作状态下，电容量的最大增量常为初始值的 20%。

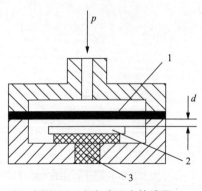

图 3-24　电容式压力传感器
1. 膜片；2. 电极；3. 绝缘垫

电容式压力传感器只完成被测压力 p 与电容量 C 之间的转换，还需要将电容量转换成电压讯号，才能最后完成动态压力讯号的测量工作。这种二次变换电路常有交流电桥、调频电路等，可按测量系统的不同要求选用。

电容传感器与其他型式的传感器相比，有以下几个特点。

(1)检测灵敏度高。可以测量千分之几 Pa 的压力，解决了低压测量问题。

(2)滞后误差小。其他型式的传感器大都存在有不可克服的滞后误差问题，如应变式传感器由粘贴剂蠕变、压电式传感器由于晶体极化不重复性等都会引起滞后误差。而电容传感器在变换原理上并不存在引起滞后误差的因素。

(3)动态响应好。这是由于它的可动件质量很小而实现的。

(4)抗加速度干扰能力强。由于可动件质量小，振动加速度对应力测量造成的误差极小。

电容传感器的缺点是传输电缆分布电容对测量结果有影响，而且二次变换电路比较复杂。随着微电子技术的发展，这些问题正在得到解决。二次变换电路可以制成微型集成电路块与传感器装在一起，因而电容式传感器将得到更广泛的应用。

3.3.2　电感式压力传感器

电感式压力传感器利用的是电感元件在交流电路中的感抗 Z 随被测非电量改变而变化的原理，常用的膜片式电感测压传感器如图 3-25 所示。当被测压力 p 改变了传感器的气隙 d 以后，传感器磁路的磁阻发生变化，电感线圈的电感量跟着发生变化，在交流电路中反映为线圈的阻抗 Z 发生变化。然后经过二次变换电路后，得到电压量和压力之间的变化规律，就可实现动态压力测量。

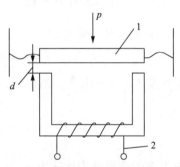

图 3-25　膜片式传感器原理图
1. 膜片；2. 电感线圈

虽然膜片式传感器输出能量较大，但是它的动态特性和稳定性较差。20 世纪 70 年代以后迅速发展起来的涡流式测压传感器，可以克服以上缺点，其应用领域正日益扩大。图 3-26 给出了涡流式电感传感器的测量原理。一个空心线圈 L 由高频电源供电，在线圈的另一端配置有非铁磁性材料制成的导电金属板，其空间位置和线圈的轴线相垂直。当高频电流输入电感线圈时，线圈便产生交流磁场。在磁场的作用下，靠近线圈的金属板中感应出与线圈轴线同心的涡流，由涡流产生的磁场与线圈的磁场方向相反。由于反磁场影响，线圈电感量减小。由图可知，当金属板靠近线圈，则涡流产生的反磁场作用强，反之则弱。当被测压力 p 作用于金属板上时，金属板发生位移，位移量与压力成比例，此时电感线圈的阻抗变化就反映出被测压力的变化，将电感线圈接入二次变换电路(电桥电路或谐振电路)，就可以实现所需要的动态压力测量。

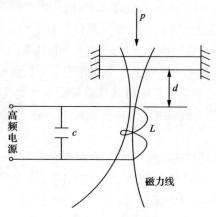

图 3-26　涡流式传感器原理图

3.3.3　电阻应变式测压传感器

1. 应变片的工作原理

导体(金属或半导体)形变时会产生应变效应，即电阻值随形变而发生变化，对于长度 L、截面积 A、电阻率 ρ 的导体，其电阻可由下式获得：

$$R = \rho \frac{L}{A} \tag{3-12}$$

则电阻 R 的全微分表达式为

$$dR = \frac{l}{S} d\rho + \frac{\rho}{A} dL - \frac{\rho}{A^2} dA \tag{3-13}$$

$$\frac{dR}{R} = \frac{d\rho}{\rho} + \frac{dL}{L} - \frac{dA}{A} \tag{3-14}$$

对于截面为圆形(半径为 r)的导体，其截面积为 $A = \pi r^2$，则

$$dA = 2\pi r dr \tag{3-15}$$

$$\frac{dA}{A} = \frac{2\pi r dr}{\pi r^2} = 2\frac{dr}{r} \tag{3-16}$$

根据材料力学可知，固体的轴向应变与横向应变之间存在如下关系

$$\frac{\mathrm{d}r}{r} = -\mu\frac{\mathrm{d}L}{L} \tag{3-17}$$

联立以上两式，则有

$$\frac{\mathrm{d}A}{A} = -2\mu\frac{\mathrm{d}L}{L} \tag{3-18}$$

式中，μ 为泊松系数。根据压阻效应可知，导体的电阻率变化与应力 F 之间存在如下关系

$$\frac{\mathrm{d}\rho}{\rho} = \pi_{\mathrm{e}}F \tag{3-19}$$

式中，π_{e} 为压阻系数。

固体材料的应变与应力符合胡克定律，即

$$F = E\varepsilon = E\frac{\mathrm{d}L}{L} \tag{3-20}$$

式中，E 为弹性模量；ε 为应变。

综合以上各式，可得

$$\frac{\mathrm{d}R}{R} = \pi_{\mathrm{e}}E\frac{\mathrm{d}L}{L} + \frac{\mathrm{d}L}{L} + 2\mu\frac{\mathrm{d}L}{L} = (1+2\mu+\pi_{\mathrm{e}}E)\frac{\mathrm{d}L}{L} = (1+2\mu+\pi_{\mathrm{e}}E)\varepsilon = K\varepsilon \tag{3-21}$$

式中，K 为应变丝的灵敏度系数，$K=1+2\mu+\pi_{\mathrm{e}}E$。

对于一般的金属丝，$\pi_{\mathrm{e}}E$ 的值很小，即 $\pi_{\mathrm{e}}E \ll 1+2\mu$，可忽略，故 $K \approx 1+2\mu$。金属丝的 K 的值通常为 $1\sim2$。而对于半导体材料，$\pi_{\mathrm{e}}E$ 的值较大，即 $\pi_{\mathrm{e}}E \geqslant 1+2\mu$，因此 $K \approx \pi_{\mathrm{e}}E$。半导体 K 值远大于金属，其值约为 $60\sim170$，从而半导体应变片的灵敏度更高。但是，半导体应变片电阻受温度影响很大，相比而言，金属应变片更为稳定，因此一般仍采用金属材料制作应变片。

在被测物体表面贴附栅格状的金属丝或箔，当物体发生拉伸或压缩形变时，其电阻随之改变，从而可根据阻值的变化反馈应变片应变特性，实现机械形变向电信号的转换。一般而言，金属电阻应变片分为丝式应变片和箔式应变片两种类型。图 3-27 给出了丝式应变片结构特点，其栅长 l 通常为 $3\sim75\mathrm{mm}$、栅宽 b 通常为 $0.03\sim10\mathrm{mm}$。这类应变片常用的材料有：康铜、镍铬合金、铁镍铬合金与铂铱合金等。

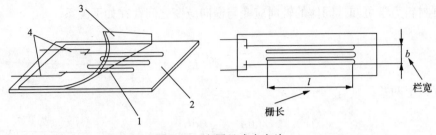

图 3-27　金属丝式应变片
1. 敏感栅；2. 基底；3. 盖片；4. 引线

图 3-28 给出了金属箔式应变片示意图，其中丝栅采用照相或光刻技术将金属箔腐蚀制作而成。金属箔式应变片具有散热能力强的优点，相较于金属丝式应变片，可承载更大的工作电流，同时具有更高灵敏度。此外，金属箔式应变片耐蠕变与漂移的能力强，可做成任意形状，具有便于批量生产、成本低的优点，因而应用更广泛。

图 3-28　金属箔式应变片

除了金属应变片以外，商用的应变片还有半导体应变片，其灵敏度高、频率响应高、体积小，常作为微型传感器使用。目前国内商用半导体应变片常见阻值为 5～50Ω[5]。

2. 应变式压力传感器的结构

应变式压力传感器结构常见的有平膜式、垂链膜式和圆管式三种。

平膜式应变传感器的主要优点是结构简单。被测压力作用于平膜的一面，应变片粘贴在平膜的另一面。这种结构在力学上可以看作是周边固定的圆形平板。图 3-29 给出了一种简易的平膜传感器。平膜工作部分直径 10mm，厚度 1mm，用高强度钢制成，可用于测量燃烧室的瞬时压力。

垂链膜式是实际应用的主流形式。被测压力作用于垂链膜，膜再把压力传给一个薄壁的应变管，应变管外表面沿轴向粘贴工作应变片，如图 3-30 所示。选用垂链线形是为了使薄膜受到弯曲应力较小并减轻重量(与平膜相比)，以增加固有频率。

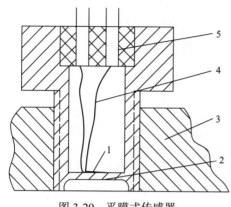

图 3-29　平膜式传感器
1. 应变片；2. 平膜；3. 燃烧室壁；4. 引线；5. 绝缘垫

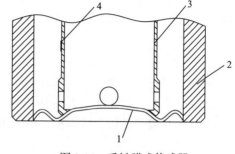

图 3-30　垂链膜式传感器
1. 垂链式受压膜；2. 受压器；3. 应变管；4. 应变片

　　管式应变传感器结构简单、易于加工，因而获得广泛应用。图 3-31 是这种传感器的原理结构图。其弹性敏感元件为一空心圆管，圆管内充以油脂，压力作用于圆管口部经油脂传递而成为圆管内壁上的压力，可引起圆管变形。圆管外表面上粘贴有工作应变片，在圆管端部的实心部分外表面粘贴温度补偿片。

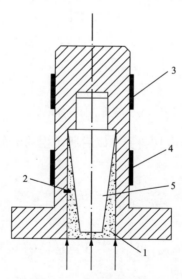

图 3-31　单管式传感器
1. 油脂；2. 弹性敏感元件；3. 温度补偿应变片；4. 工作应变片；5. 温度均衡器

3.3.4　压电式测压传感器

　　压电式测压传感器是动态压力测量中最常用的一种传感器。这种传感器的优点是灵敏度高，动态响应好，而且属于发电类传感器。即只要在外力作用下，无须外加电源就有信号输出。它适宜于测量高频动态压力，如内燃机燃烧室内压力、火炮冲击波的压力等。但是由于受压电材料温度特性的限制，它的工作温度不能很高，如石英的工作温度不能超过 550℃，而且它对温度变化的反应灵敏，在使用和维修方面的要求都比较苛刻。

1. 压电传感器测量原理

某些材料在受力变形时，在它们相对的两表面上会产生异性电荷，称作压电效应，如图 3-32 所示。具有这种压电效应的材料称为压电材料。压电材料通常有两大类，第一类是晶体，如石英；第二类是压电陶瓷，如钛酸钡、锆钛酸铅等。

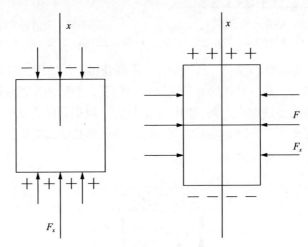

图 3-32　石英晶体的压电效应

由压电理论可知，压电材料受力以后所产生的电荷量 Q 与作用力 F_x 成正比，即

$$Q = KF_x \tag{3-22}$$

式中，K 为压电系数。

为了提高传感器的灵敏度，可用多片压电材料(压电元件堆)共同组成传感器。当采用 n 片时，其总电荷为

$$Q = nKF_x \tag{3-23}$$

压电传感器可以看作一个电荷源和电容并联的等效电路，它的输出量是电荷，是一种静电现象。为了减少因电荷放电所引起的测量误差，与压电元件并联的线路和放大器均要求有极高的阻抗，一般的放大器是不能使用的。

2. 压电测压传感器的结构

压电式测压传感器按其结构可分为活塞和膜片式两种，膜片式用于低压测量，活塞式用于中、高压测量。图 3-33 和图 3-34 分别给出了活塞式和膜片式测压传感器的结构。

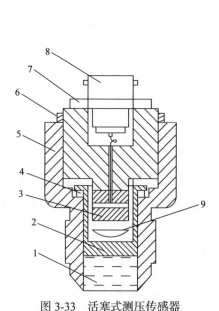

图 3-33　活塞式测压传感器
1. 测压油；2. 活塞；3. 压电元件；4. 橡皮垫片；
5. 壳体；6. 螺母；7. 压盖；8. 插头座；9. 砧盘

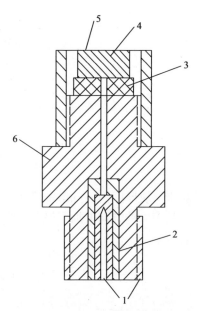

图 3-34　膜片式测压传感器
1. 电极；2. 绝缘材料；3. 绝缘圈；
4. 压电元件；5. 膜片；6. 壳体

活塞式测压传感器测量上限可达 $3\times10^{8}\sim4\times10^{8}$Pa，被测压力作用在活塞的端面，在活塞的另一面由砧盘将压力传到压电元件上。砧盘的作用是保证压电元件上受到均匀的压力。膜片式测压传感器是为了克服活塞式传感器动态特性较低的缺点而发展起来的，有取代活塞式的趋势。由图 3-34 可知，它用金属膜片代替了活动件（活塞）。膜片的功能是：传递被测压力、实现密封和预压。由于片质量很小，刚度也小，因而在合理的预压下，传感器的自振频率可以很高。

压电传感器对温度的变化很敏感，需要进行温度补偿。通常可以选用膨胀系数较大的金属如铝、铍青铜等做成膨胀块来补偿传感器各部件热膨胀所引起的预压力的变化。

3.3.5　霍尔式压力传感器

图 3-35 所示为霍尔效应（Hall effect）原理示意图。对金属或半导体薄片两端施加电压产生电流，同时施加垂直于该薄片的磁场，最终会在该薄片中产生垂直于

电流和磁场方向的电动势，这一现象就是霍尔效应。能产生霍尔效应的薄片即为霍尔元件，通常使用由锗、锑化铟、砷化镓、砷化铟等半导体材料制作[5]。

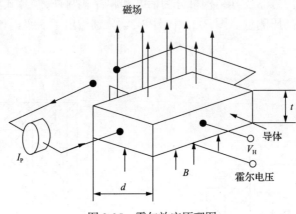

图 3-35　霍尔效应原理图

对于一块厚度为 t (mm) 的霍尔元件，在其两端加上电流为 I_P (mA) 的电场，在垂直于其表面的方向上加上磁感应强度为 B (T) 的磁场，其产生霍尔电压 V_H 可用下式表示：

$$V_H = \frac{R_H I_P B}{t} \tag{3-24}$$

式中，R_H 为霍尔系数。

霍尔效应传感器由霍尔元件、感压弹性元件和永久磁体制成，其中霍尔元件与感压弹性元件相连。在被测压力作用下，霍尔元件跟随感压弹性元件发生位移。由于霍尔元件处于非均匀磁场中，霍尔元件上的磁感应强度 B 发生变化，引起霍尔元件的输出电势发生变化，该输出电势的变化与被测压力的大小有关。需要说明的是，霍尔效应压力传感器在使用过程中需采用稳压电源供电，这是由于需要对霍尔元件加载可控制的恒定电流。霍尔效应压力传感器的优点是灵敏度高、测量仪表简单，可直接使用数字电压表，也可配合通用动圈仪表指示结果，还能远距离指示结果或记录；它的缺点是测量过程受温度影响较大。

3.3.6　力平衡式压力(压差)传感器

力平衡式压力传感器的原理是力矩平衡，如图 3-36 所示[4]。

图 3-37 给出了一个典型的力矩平衡式压差变送器的结构，主要由主、副杠杆、永磁钢、线圈及放大器组成。如图所示，当压力 p_1 与 p_2 不同时，主杠杆 2 就会在压差 p_1–p_2 的作用下，以 O_1 为支点转动。主杠杆 2 连接着移动簧片 7，当主杠杆

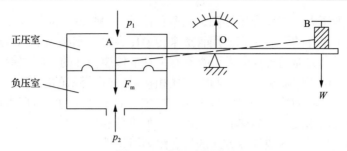

图 3-36　力矩平衡原理

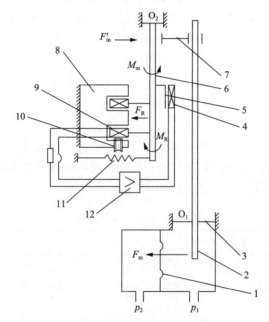

图 3-37　力矩平衡式压差变送器

1. 膜盒；2. 主杠杆；3. 密封膜片支点；4. 位移检测线圈；5. 位移检测片；6. 副杠杆；7. 移动簧片；
8. 永久磁钢；9. 反馈线圈；10. 测量范围细调螺栓；11. 调零弹簧；12. 检测放大器

发生位移后，将带动副杠杆 6 以 O_2 为支点转动。当副杠杆转动后，位移检测线圈 4 即可检测出副杠杆上的位移检测片 5 的位移量，并转换为电信号，该电信号经检测放大器 12 放大后输出，并由电流转换器转化成相应的电流作为输出给反馈线圈 9。该反馈线圈位于永久磁钢 8 的磁场中，通电后受到磁场矩的作用。同时，反馈线圈也与副杠杆固定在一起，因而副杠杆会受到与反馈线圈一样的磁力矩作用。当这个磁力矩与由压差导致并由主杠杆传递给副杠杆的力矩平衡时，放大器的输出电流就是该压差变送器的输出信号[7]。

3.3.7　测压传感器的安装

为了使测压传感器能正确地反映出被测压力的瞬时变化，在安装时应使传感器直接与被测压力的工作介质接触，以避免接入一段频率响应特性较低的连接管道。如果由于条件的限制一定要用管道来传递压力时，则必须了解管道系统的动态响应特性，这方面的理论分析可查阅有关管道传递特性的专门文献。

动压测量中传感器经常要与高温工质相接触（如内燃机的燃气）。为了使传感器能正常工作，必须采取一定的保护冷却措施。对于高温的瞬时压力信号，可采用传热较慢的油脂混合物隔热并传递压力。如果传感器需要长时间地与高温工质接触，则必须采用水冷或气冷方式的具有耐高温特性的传感器。

当传感器工作在激烈的振动环境时，需要采取隔振措施。一般是将传感器装在一个质量较大的联接件上，联接件再通过减振垫与被测设备连接。

总之，传感器安装方法好坏对于动压测量结果有重大影响。

3.4　真　空　测　量

3.4.1　基本概念

真空度是指在真空状态下气体稀薄的程度，是一种常见的气体状态，其单位和压强的单位相同，采用国际单位制帕斯卡，简称帕(Pa)。为方便表示，通常将真空度划分为 5 个等级，如表 3-3 所示。

表 3-3　真空度等级划分

等级	状态	范围
粗真空	黏滞流状态	$<(10^5\sim10^3)\,\mathrm{Pa}$
低真空	过渡流状态	$(10^3\sim10^{-1})\,\mathrm{Pa}$
高真空	分子流状态	$(10^{-1}\sim10^{-6})\,\mathrm{Pa}$
超高真空	分子流状态并有表面移动现象	$(10^{-6}\sim10^{-10})\,\mathrm{Pa}$
极高真空	气体分子运动开始偏离经典统计规律	$<10^{-10}\,\mathrm{Pa}$

真空度一般采用间接方法测量，如通过测量低压强下气体的热传导、电离等物理特性来反馈真空度，在测量的时候需要外加能量，所以会不可避免地带来测量误差，且准确度与被测压强呈正相关。高真空测量仪表的理论误差为±(3%～10%)，实际使用的仪表的测量误差更大，但一般能满足工程需求[6]。

3.4.2　热偶真空计

热偶真空计又称作真空规管，其工作原理是气体分子的导热能力会随压强变化而改变，可用于测量低真空度，图 3-38 给出了其结构示意图。

热偶真空计的主要部件为热电偶和灯丝。在测量过程中，灯丝通过恒定的电流，真空计中的压强会影响灯丝的温度，通过热电偶测量灯丝的温度便可以得知真空度的高低。通过测量热电偶的输出热电势计算真空度的高低，热偶真空计的测量范围为 $10^{2}\sim10^{-1}\mathrm{Pa}$[6]。

3.4.3　电离真空计

电离真空计的工作原理是利用气体分子与带电粒子碰撞时电离产生正离子，且其电离产生正离子数目与气体压强相关，即通过测量正离子数目间接推算出气体压强，可用于测量高真空。图 3-39 给出了热阴极电离真空计的结构。

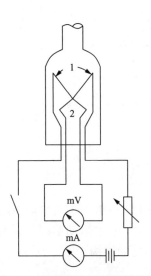

图 3-38　热偶真空计结构示意图
1. 加热丝；2. 热电偶

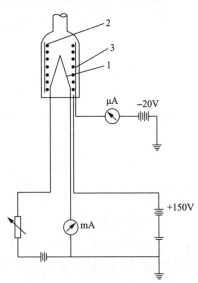

图 3-39　热阴极电离真空计结构示意图
1. 灯丝；2. 加速极；3. 收集极

可以类比电子三极管来理解电离真空计工作原理。管内共有三个电极：热阴极，由纯钨丝制成；加速极，由铂丝绕制成双螺旋线的栅极，带正电位，用来加速阴极发射的电子；离子收集极，由镍制成的圆筒形的板极，带负电位，用于收集离子，电离真空计的工作过程如图 3-40 所示。

电离真空计所使用的环境气压必须小于10Pa，不然灯丝温度过高会有烧坏的危险。此外在实验过程中要避免杂质气体的进入，因为杂质分子的电离分解会导致一定的测量误差。电离真空度的灵敏度受很多因素影响，很难由理论计算确定，目前常采用实验方法确定，工程中采用的热极电离真空计的灵敏度大约为 5~50Pa[6]。

3.4.4　磁控放电真空计

磁控放电真空计又称冷阴极电离真空计，其工作原理与热阴极电离真空计基本相同，但不同于后者通过高温阴极产生电子，磁控放电真空计利用了宇宙射线等因素产生的少量自由电子。这些自由电子受电场作用向阳极运动，在运动过程中会不断电离产生正离子，正离子反向运动至阴极并与阴极表面碰撞产生二次电子，二次电子再次向阳极运动又产生新的正离子，如此往复，从而产生自持放电。

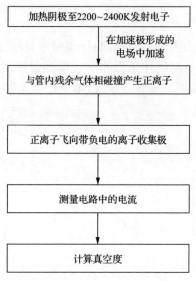

图 3-40　电离真空计的工作过程

当压强低于 0.133Pa 时，电子的平均自由程大于一般放电管的电极距离，放电停止，为了维持放电，利用外加磁场的方式增加电子的运动路程，还可以起到提高灵敏度的目的。图 3-41 给出了磁控放电真空计的结构。

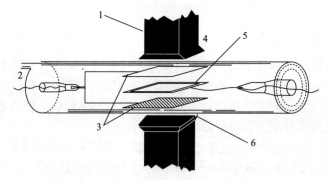

图 3-41　磁控放电真空计的结构
1. 磁铁；2. 导管；3. 阴极；5. 阳极；4、6. 磁铁磁极

从图中可以看出，磁控放电真空计主要由两块平板阴极、一对磁极、一个方框形阳极和玻璃外壳构成。电子在加速电场中受到与速度方向不共线的电磁力，所以轨迹不是直线而是螺旋线。又因为阳极为框形，所以电子很容易穿过阳极而受到负电极的排斥而返回，因此可能多次穿过框形阳极而增加路程，也增加了气

体的电离效果，故即使在低压强的情况下也会产生一定的电流，并由仪表测出，与压强之间呈一定的映射关系。和热阴极电离真空计一样，磁控放电真空计利用压缩真空计就可求出其刻度曲线。

图 3-42 给出了磁控放电真空计的测量电路。从图中可以看出，测量电路包括毫安表、微安表、气体放电指示管、限流电阻 R、开关、电源开关。毫安表和微安表测量不同的真空度，气体放电指示管用于真空度的近似测量，因为该管中长轴形的阴极流过电流的时候会在阴极上产生辉光，且光强度会随着真空压强的变强而变强。限流电阻 R 是为了使辉光放电稳定。放电电流增大，则真空管中电极间电压降低，使电流的增大受限，从而不至于损坏真空计；放电电流减小，限流电阻两端的压降减小，真空计管电极间的电压就增大，使放电能持续一个很长的时间。需要注意的是，限流电阻的阻值不宜取得过大，否则当测量低真空时放电电流过大，两极间的电压较低且会产生非线性，会降低真空计的灵敏度，限流电阻的阻值通常为 $1\sim2M\Omega$。

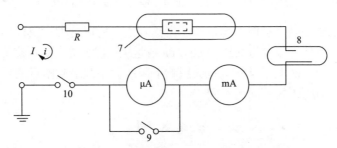

图 3-42 磁控放电真空计测量电路原理图

7. 真空计管；8. 气体放电指示管；9. 开关；10. 电源开关

磁控放电真空计经过不断改进，性能已经得到了大幅提高，目前已经可以用来进行超高真空的测量[6]。

3.4.5 放射性电离真空计

放射性电离真空计是另一种冷阴极电离真空计，和磁控放电真空计的区别是放射性电离真空计是利用放射性物质引起气体分子的电离。放射性 α 粒子是一种理想的粒子，所以放射性真空计也称为 α 粒子真空计。

图 3-43 所示为放射性电离真空计，主要部件为放射源(通常是镭等放射性元素)、离子收集器、正电位电极、绝缘子、外壳和外电路(40V 左右电源、放大器和测量电表)。其中放大器的作用是放大 α 粒子撞击电离之后形成的粒子电流，测量电表的作用是测量此电流，仪表的灵敏度可以影响真空计的灵敏度。

放射性电离真空计的线性范围较宽，特性曲线的线性范围可以延伸到 1333Pa，当超过这个压强的时候，电离出来的离子会产生强烈复合，会使特性曲线偏离线

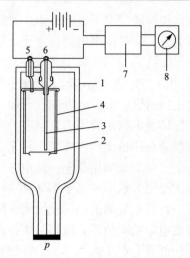

图 3-43　放射性电离真空计结构示意图

1. 真空计外壳；2. 放射源；3. 离子收集极；4. 正电位电极；5、6. 绝缘子；7. 放大器；8. 测量电表

性。但是 α 粒子在高真空时产生的离子电流较小，所以这种真空计的下限要远大于磁控放电真空计，一般为 0.13～0.013Pa 数量级。除此之外，α 粒子与离子收集器相碰撞产生的二次电子及漏电也会影响下限的大小及下限附近的灵敏度。它的特性曲线因被测气体的不同而不同。

参 考 文 献

[1] Hay B. A brief history of the thermal properties metrology[J]. Measurement, 2020, 155: 107556.

[2] 俞小莉, 严兆大. 热能与动力工程测试技术[M]. 北京: 机械工业出版社, 2017.

[3] Hanni J R, Venkata S K. Does the existing liquid level measurement system cater the requirement of future generation?[J]. Measurement, 2020, 156: 107594.

[4] 赵庆国, 陈永昌, 夏国栋. 热能与动力工程测试技术[M]. 北京: 化学工业出版社, 2006.

[5] 康灿, 代翠, 梅冠华, 等. 能源与动力工程测试技术[M]. 北京: 科学出版社, 2016.

[6] 郑正泉, 姚贵喜, 马芳梅, 等. 热能与动力工程测试技术[M]. 武汉: 华中科技大学出版社, 2001.

[7] 邢桂菊, 黄素逸. 热工实验原理和技术[M]. 北京: 冶金工业出版社, 2007.

[8] Ruth S R A, Feig V R, Tran H, et al. Microengineering Pressure Sensor Active Layers for Improved Performance[J]. Advanced Functional Materials, 2020, 30(39): 2003491.

[9] Bai N, Wang L, Wang Q, et al. Graded Intrafillable Architecture-based Iontronic Pressure Sensor with Ultra-broad-range High Sensitivity[J]. Nature Communications, 2020, 11(1): 1-9.

[10] Wu Q, Qiao Y, Guo R, et al. Triode-Mimicking Graphene Pressure Sensor with Positive Resistance Variation for Physiology and Motion Monitoring[J]. Acs Nano, 2020, 14(8): 10104-10114.

第4章 流速和流量的测量

4.1 流速的测量

4.1.1 流体速度大小的测量

1. 原理

在低速流场中，根据伯努利方程，如果测出了某点的流体总压 p_0 和静压 p，则可求出该点的流速为

$$u = \sqrt{\frac{2}{\rho}(p_0 - p)} \tag{4-1}$$

根据这个原理，可以采用以下三种方法来测量流速。

(1)利用壁面静压孔测量平均静压，采用总压探针测量流体总压。在均匀的低速流场中，静压在垂直于流速的截面保持不变时，可以利用这个方法测量管道横截面上任意一点的速度。

(2)利用总压探针和静压探针分别测量总压和静压。

(3)利用专门设计的速度探针(通常称为毕托管)，同时测量总压和静压，或两者之差(即动压)。

2. 毕托管

毕托管的结构如图 4-1 所示。它是一根弯成 90°，顶端开有一个小孔 A 和侧表面开有若干对称小孔 B 的套管，又称测速管。将开口端对正来流方向，则 A 点处的压力就是驻点压力 p_0，即总压，又由于毕托管的直径相对于流道来说很小，所以侧表面 B 点处的速度可以认为相当于来流的速度 u，压强为来流的静压 p，测得的速度如式(4-1)。

由于实际流体是有黏性的，而且毕托管的构造又各不同，因而用测得的压差计算流速时必须修正。设修正系数为 K_0，则

$$u = K_0\sqrt{\frac{2}{\rho}(p_0 - p)} \tag{4-2}$$

K_0 一般接近于 1，称为测速管系数。

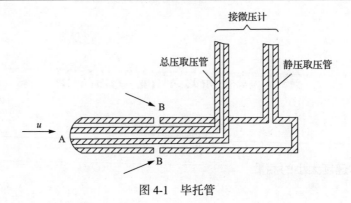

图 4-1　毕托管

利用毕托管测出的是管道截面上某点的压力和速度。但是由于流体黏性作用，管截面上各点的流速是不同的。通常将管道截面分成面积相等的若干部分，认为每个部分内流速相等，在其中选择适当的点进行测量，然后求得沿截面的平均流速。

3. 可压缩性对速度测量的影响

通常认为液体不可压缩，可以使用式(4-1)计算流速。但是在高速流场中，气体的密度将随着速度的变化而变化。在这种情况下，式(4-1)已不再适用。虽然在速度测量中气体密度发生变化，但是流速并没有超过声速范围，近似地将气体流动过程认为是可逆绝热过程。

可压缩流体的伯努利方程如下：

$$\frac{k}{k-1}\frac{p}{\rho}+\frac{1}{2}u^2=\frac{k}{k-1}\frac{p_0}{\rho_0} \tag{4-3}$$

式中，p、p_0 分别为气流的静压和滞止压力，Pa；ρ、ρ_0 分别为气流的密度和滞止密度，kg/m³；k 为气体的绝热指数；u 为可压缩气体的流速，m/s。

可以得到

$$u=\sqrt{\frac{2k}{k-1}\left(\frac{p_0}{\rho_0}-\frac{p}{\rho}\right)} \tag{4-4}$$

可逆绝热过程有 $\dfrac{p}{\rho^k}=\mathrm{C}\rightarrow p_0=\dfrac{p\rho_0^k}{\rho^k}$ 和 $\left(\dfrac{\rho_0}{\rho}\right)^{k-1}=\left(\dfrac{p_0}{p}\right)^{\frac{k-1}{k}}$。由此得可压缩性气体速度 u 的表达式为

$$u=\sqrt{\frac{2k}{k-1}\frac{p}{\rho}\left[\left(\frac{p_0}{p}\right)^{\frac{k-1}{k}}-1\right]} \tag{4-5}$$

或者

$$u = \sqrt{\frac{2k}{k-1}\frac{p_0}{\rho_0}\left[1-\left(\frac{p}{p_0}\right)^{\frac{k-1}{k}}\right]} \tag{4-6}$$

从该式可以看出，当气体可压缩时，其速度主要决定于压强比。这与不可压缩气体不同，后者的速度取决于压强差。

为测量流体的速度在亚声速范围时，引入马赫数 Ma。将式 $Ma = \dfrac{u}{c}$ 和 $c = \sqrt{k\dfrac{p}{\rho}}$ 代入式(4-5)，得

$$Ma = \sqrt{\frac{2}{k-1}\left[\left(\frac{p_0}{p}\right)^{\frac{k-1}{k}}-1\right]} \tag{4-7}$$

或者

$$\frac{p_0}{p} = \left[1+\frac{k-1}{2}Ma^2\right]^{\frac{k}{k-1}} \tag{4-8}$$

将式(4-8)展开并写成压差的形式：

$$p_0 - p = \frac{1}{2}u^2\rho\left(1+\frac{Ma^2}{4}+\frac{2-k}{24}Ma^4+\cdots\right) \tag{4-9}$$

令

$$\varepsilon = \frac{Ma^2}{4}+\frac{2-k}{24}Ma^4+\cdots \tag{4-10}$$

由此可得

$$p_0 - p = \frac{1}{2}u^2\rho(1+\varepsilon) \tag{4-11}$$

$$u = \sqrt{\frac{2}{\rho}\frac{(p_0-p)}{1+\varepsilon}} \tag{4-12}$$

将公式(4-12)可压缩气体的速度计算式与不压缩理想流体的速度计算公式(4-1)相比，将气体的可压缩性考虑到流速计算中，所得的流速计算式增加了对压缩性的修正，ε 为修正系数[1]。

4.1.2　流速测量技术

1. 热线风速仪

热线风速仪(hot-wire anemometer，HWA)是一种通过热线或热膜探头将所测量的流体的速度信号转变为可以被捕捉的电信号的电气仪表，如图 4-2 所示。由于热线风速仪的热惯性极小，测量灵敏度高，所以可以测量流体的平均流速、脉动速度等。热线风速仪的关键部件由感受件和两根支杆构成[2,3]，其工作原理是，当在感受件中通有电流时，电流加热感受件使其温度高于周围所测目标流体介质的温度，感受件可以通过导热、对流、热辐射三种散热方式向周围介质散热。理论和实验验证表明，当感受件的长径比大于 500 时，感受件的导热损失可以忽略不计；同时由于感受件与周围介质的温差不大，辐射散热损失也可以忽略不计。感受件的主要散热方式即为强迫对流散热，而强迫对流散热强度的主要影响因素是流体的流速。因此，只需获得感受件的散热损失，即可获得流体速度的大小。

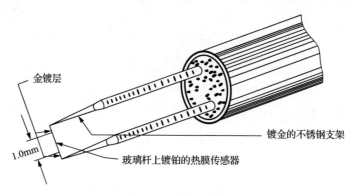

金镀层

1.0mm

镀金的不锈钢支架

玻璃杆上镀铂的热膜传感器

图 4-2　热线风速仪

热线风速仪的感受件，即探头，为小尺寸的金属丝或热膜，金属丝探头在通电后会升温到高于环境的状态，故称为"热线"。因为金属铂具有高延展性，能够将其加工成微小尺寸，并且具有高熔点、防氧化等性能，所以通常采用直径约为 4~5μm，长度约为 1~2mm 的铂丝(或铂铑合金金属丝)作为热线，通过将其焊接在两个不锈钢支杆上达到固定的作用。此外，为保证感受件的灵敏度和准确度，在热线两端包覆 12μm 厚的铜金合金，来隔绝支杆等对测量带来的干扰，使得测量敏感部位集中在热线中段。由于热线机械强度低等缺点，热线探头不适于液体或带有固体颗粒的气流介质中工作，此时可采用热膜探头代替热线探头。热膜探头一般由热膜、封底、导线和绝缘层等构成，其中热膜由铂喷涂在石英做成的锥形头圆柱体封底上制成，其厚度约为 10^{-7}~10^{-6}m。为了与流体绝缘，热膜外会涂上一层绝缘层，热膜探头的工作原理与热线相同，主要用于液体中的速度测量。

　　热线测速的仪器有两种，等温型热线风速仪和等电流型热线风速仪。等温型热线风速仪的工作原理是，当流体速度增大时，热线温度降低，从而热线金属丝的电阻发生变化，流经热线的电流发生变化，风速仪设备的电桥状态改变。此时通过调节控制电阻器的电阻值来改变流经热线的电流，使得电桥恢复平衡，保持热线温度的恒定。金属丝所需要的额平均加热电流和气流的平均速度 u 由下面的经验公式给出：

$$I^2 = a_1 + a_2 u^{\frac{1}{2}} \tag{4-13}$$

式中，常数 a_1 和 a_2 在校准时确定。

　　等电流型热线风速仪的工作原理是，保持热线中通过的电流不变，当测量流体介质的速度增大时，热线温度降低，导致热线金属丝的电阻减小，因而测得热线金属丝的电阻或温度即可得知流体的流速，等电流型热线风速仪中热线电阻 R_w 的变化与流体流速的关系式如下：

$$R_w = \frac{R_s(a_3 + a_4 u^{0.52})}{a_3 + a_4 u^{0.52} - I^2} \tag{4-14}$$

式中，R_s 为温度为 T 时未通电的热线电阻；a_3 和 a_4 为常数。

　　以上讨论的热线风速仪测速的计算都是以来流方向垂直于热线金属丝的轴向方向为前提，并且此时的对流换热强度最大，当来流方向改变时，热线与流体介质的换热系数减小[4,5]。

　　2. 激光测速技术

　　热线风速仪虽然具有适用范围广、精度高等优点，但是作为一种接触式的测量方法，不可避免地会对流场产生或多或少的影响，从而对小尺寸流场中流速的测量产生的影响不可以忽略。激光测速是一种非接触式的测量技术，不会对流场中流体的流速、流型等产生影响，因而在小尺寸管道等流速测量中得到了广泛的应用，并且，激光本身就有单色性好、相干性好、方向性强和能量密度高等优点[1,5]。

　　基于激光测速技术主要有两种：激光多普勒测速技术(laser Doppler Velocimeter，LDV)和激光双焦点测速技术(laser two focus velocimeter，L2F)。

　　1) 激光多普勒测速技术

　　激光多普勒测速技术(LDV)的测速原理是激光的多普勒效应：测量时在被测流体中掺入示踪粒子，当激光照射到粒子上将产生散射，散射光的频率与入射光的频率之间存在频率差，该频率差正比于粒子的运动速度，即流体的运动速度。因此可通过测量激光的频率差，来测量流场中流体的流速。

图 4-3 给出了激光多普勒测速仪的工作原理，光源发出的激光被分成两束，一束作为参考光，另一束进入流场被运动的粒子散射后被感受器接受：

$$u = \frac{f_D \lambda}{2\sin\left(\dfrac{\delta}{2}\right)} \tag{4-15}$$

式中，f_D 为散射光和参考光的多普勒频差；λ 为入射激光的波长；δ 为参考光与粒子散射光的夹角。

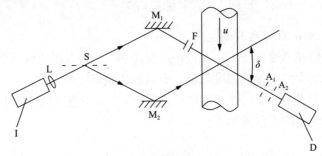

图 4-3　参考光式激光多普勒测速仪工作原理图

I. 光源；D. 感受器；L. 透镜；M. 反光镜；S. 分光镜；A. 光阑；F. 滤光片

值得注意的是，散光粒子的选择需要满足具有良好的跟随性能、散射性强和清洁等要求，常用的散射粒子有 SiO_2、MgO、TiO_2、卫生香雾等。

2) 激光双焦点测速技术

激光双焦点测速技术(L2F)的原理是在被测流场中加入散射粒子，激光器发出的激光光束经过分光镜分成两束激光束，聚集在被测流场呈现出两个焦点，两焦点间的距离确定并且保持不变，焦点的大小一般为 $10\mu m$。通过测量跟随被测流场中流体同步运动的粒子穿过两焦点所用的时间，在双焦点间距确定的情况下，即可获得运动粒子的运动速度，即所测流场中流体的运动速度。

4.2　流量的测量

热工实验中常常需要测定流体的流量。流量是指单位时间内通过某截面的流体的量，即瞬时流量。在某一段时间间隔内流过的流体量称为流过的总量，显然总量可以用在该段时间内瞬时流量对时间的积分得到，所以总量又称为积分流量或累计流量。

流量可以用单位时间内流过的质量表示，称为质量流量，也可以用单位时间内流过的重量或容积表示，分别称为重量流量或容积流量。

测量流体流量的仪表统称为流量计或流量表。流量计的品种繁多，分类基准也有所不同，但根据测量方法的基本特点，一般可将目前所使用的流量计归纳为三种类型：一是容积式，二是速度式，三是差压式。最近也涌现出不少新型流量测量方法，下面分别进行介绍。

4.2.1　容积式流量测量方法和仪表

容积式流量计，又称排量流量计，是精度最高的一类流量测量仪表。当被测液体从入口进入流量计并充满其中的固定容积空间后，流量计内的运动元件移动并将被测流体从流量计出口送出，送出流体的次数正比于通过流量计的被测流体体积。

容积式流量计可根据其中的运动部件分为：椭圆齿轮型、腰轮型、齿轮型、螺杆型、刮板型、活塞型等，本节将详细介绍前两种。由于容积式流量计对被测流体的黏度不敏感，因此常被用于工业上的流体流量测量，实验室很少使用[4]。

1. 椭圆齿轮流量计

椭圆齿轮流量计(oval gear flowmeter)的主要部件是两个椭圆形的齿轮，如图 4-4 所示，这两个尺寸相互接触并滚动，图中的 p_1 与 p_2 分别为流量计入口和出口的压力，显然 $p_1 > p_2$。在两个齿轮位于如图 4-4(a)所示的状态时，上方齿轮为主动轮，下方齿轮为从动轮；当两个齿轮运动到图 4-4(c)所示的状态时，下方齿轮变为了主动轮，上方齿轮变为了从动轮。椭圆齿轮流量计的一次循环将排出体积为 4 倍的齿轮与壳壁之间新月形空腔体积的流体，这一体积称为椭圆齿轮流量计的"循环体积"[4]。

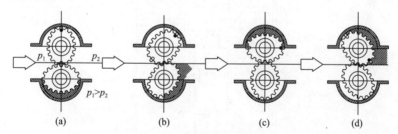

图 4-4　椭圆齿轮流量计

将椭圆齿轮流量计的循环体积记作 V'，一定时间内的循环次数(即齿轮转动次数)记为 N，则该时间内流过流量计的被测流体体积 V 即为二者的乘积：

$$V = NV'$$

(4-16)

2. 腰轮流量计

腰轮型流量计，又称罗茨流量计(Roots flowmeter)，其测量原理与椭圆齿轮流量计一样，但与椭圆齿轮流量计不同的是，腰轮流量计的转子是两个没有齿的腰形轮，且这两个腰轮不直接相互啮合转动，而是由安装在壳体外的传动齿轮组带动，其结构与图 4-4 类似。腰轮型流量计可测量气体与液体的流量，精度可达 ±0.1%，并可做标准表使用，其最大流量可达 1000m³/h。

　　腰轮型流量计具有精度高、重复性好、测量范围大的优点，对流量计前、后直管段要求不高，对流体黏度变化不敏感，因此也适于高黏度流体的流量测量，如原油和石油制品(柴油、润滑油等)。腰轮流量计能就地显示累积流量，将其远传输出接口与光电式电脉冲转换器和流量积算仪配套，能够实现远程的流量测量、显示以及控制。

　　此外，图 4-5 给出了一种伺服式腰轮流量计：工作时，两个腰轮由伺服电机通过传动齿轮带动，导压管将入口与出口的压力引至差压变送器，当压差大于零时，差压变送器的输出信号经放大后加快伺服电机的转速，使得腰轮转速增大，继而使流量计的排出液体量增大，从而减小入口与出口的压差，使其趋于 0。这种几乎零压差的流量计能最大限度地减小被测流体的泄漏量，从而实现小流量的高精度测量，且测量误差几乎不受被测流体的黏度、密度及压力的影响[4]。

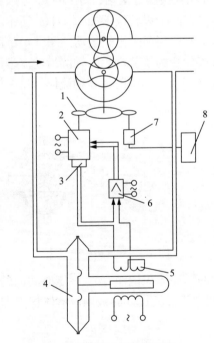

图 4-5　伺服式腰轮流量计

1. 传动齿轮；2. 伺服电机；3. 反馈测速发电机；4. 微压变送器；5. 差动变压器；
6. 伺服放大器；7. DC 测速发电机；8. 显示记录器

4.2.2 速度式流量测量方法和仪表

速度式流量测量方法是当流体以某种速度流过仪表时，使得叶轮产生旋转作用，根据叶轮的转速来测定流量。它的优点是工作稳定，结构简单可靠，价格低廉。

1. 涡轮流量计

涡轮流量计是一类典型的根据流体速度来测量流量的速度型流量计，涡轮流量计一般需要搭配信号转换、传输装置直观显示被测流体的流量，图 4-6 和图 4-7 分别给出了相应的系统框图和变送器结构示意图。

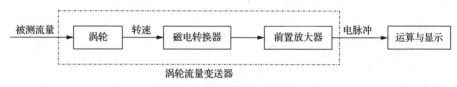

图 4-6 涡轮流量计系统框图

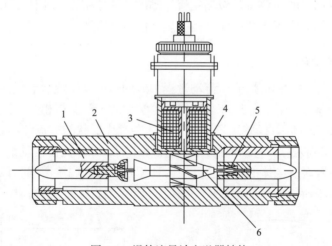

图 4-7 涡轮流量计变送器结构

1. 导流器；2. 壳体；3. 感应线圈；4. 永久磁铁；5. 轴承；6. 涡轮

被测流体流经涡轮时推动具有高导磁性的涡轮叶片发生转动，使其周期性地通过磁电转换器的永久磁铁，进而改变磁路中的磁阻，导致通过感应线圈的磁通量改变。这样，线圈中将形成交变的感应电动势，最终输出具有交流特征的电脉冲信号。该脉冲信号的变化频率 f 与涡轮叶片通过永磁体的频率一致，因此其也与涡轮叶片的转速 n 成正比，即

$$f = zn \tag{4-17}$$

式中，f 为磁电转换器输出的电脉冲频率；z 为涡轮的叶片数目；n 为涡轮转速。

　　由涡轮的旋转运动方程可得，涡轮转速 n 与被测流体的平均流速 u 成正比，而被测流体的平均流速 u 又与被测流体的流量大小线性相关，因此涡轮转速 n 也就与被测流体的流量大小成正比。根据上述关系并结合式（4-17），可得被测流体的流量大小 Q_V 与脉冲信号变化的频率 f 之间的关系式为

$$Q_V = \frac{f}{K} \tag{4-18}$$

其数值大小受到很多因素的影响，如涡轮流量变送器的结构、被测流体的性质等，因此一般需通过实验来标定。测量得到涡轮流量变送器输出的电脉冲频率后，即可根据上述公式计算得到被测流体的流量大小。

　　一般而言，仪表常数 K 的大小由涡流变送器结构特征尺寸和流体物性参数决定。对于确定的涡轮变送器，其 K 值可以采用特定介质在特定的状态下进行实验标定。如果被测流体性质或工作状态偏离了标定条件，流量计的特性将会随之变化，流量的测量也会因此产生误差，所以需要特别关注这些影响测量结果的因素。目前影响测量结果的主要参数包括：流体黏度、流体密度、流体压力和温度、流动状态等，详细的修正原则可详见相关热工仪表书籍[4,6]。

2. 涡街流量计

　　涡街流量计是一种根据流体流动过程中遇到管道发生旋涡形成涡列而设计的流体振动式流量计，其工作原理与流体动力学中的卡门涡街相关。图 4-8 为卡门涡街形成示意图，将一根漩涡发生体，即具有对称形状的非流线型柱状物体（横截面为圆形、梯形等），垂直地插入流动流体中时，如果流体流动的雷诺数 $Re_D >$ 5×10^3，则在漩涡发生体的下游会产生两列相互交替的内旋漩涡，该漩涡几乎与流体同速地向下游方向运动，形成一条街道形状，称为卡门涡街。

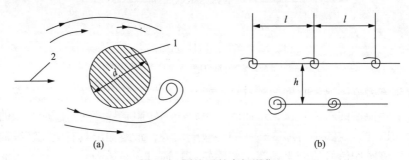

图 4-8　圆柱后的卡门涡街

1. 圆柱体（旋涡发生体）；2. 被测流体；d. 圆柱体直径；h. 两侧旋涡列间的居留；l. 同列的两旋涡之间的距离

　　图 4-9 给出了典型的涡街流量计工作原理，若漩涡之间的距离为 l，两涡街之

间的距离为 h，则当 h/l=0.281 时，涡街是稳定的。大量实验表明，上述漩涡的频率 f 为

$$f = S_r \frac{u'}{d} \tag{4-19}$$

式中，u' 为漩涡发生体两侧流体的流速；d 为漩涡发生体迎流面的最大宽度；S_r 为斯特劳哈尔(Strouhal)数，当流体流动的 Re_D 数在 $5 \times 10^3 \sim 5 \times 10^5$ 范围内时，S_r 为常数(S_r=0.16~0.21)。

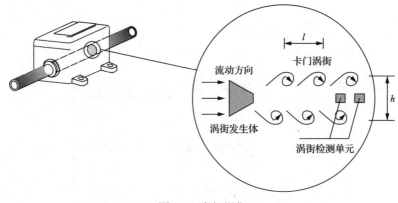

图 4-9　卡门涡街

根据流动连续性原理

$$Au = A'u' \tag{4-20}$$

式中，A，u 分别为管道流通截面的面积和平均流速；A' 为漩涡发生体两侧流通面积。

定义截面面积比 $m=A'/A$，由式(4-19)和式(4-20)可得

$$Q_m = \rho u A \tag{4-21}$$

则体积流量为

$$Q_V = Au = A \frac{dm}{S_r} f \tag{4-22}$$

式(4-22)为涡街流量计的流量方程。它表明，当漩涡发生体尺寸一定时(即 d 为常数)，通过测量漩涡频率 f 就能换算得到待测流量。

使用涡街流量计时需要注意：①测量时流量计管路需要有直管段，且位于上游处的直管长度应为 15~20D，位于下游处的直管长度应为 5D；②不能在层流状

态下使用该流量计，因为层流状态下不能产生漩涡[4,5]。

3. 进口流量管

图 4-10 所示的是一种进口流量管，它装在管道的进口端面，当流体通过渐缩型面流入流量管时，流体流速变快，静压降低，在进口 I - I 截面处与测压孔 II - II 截面处之间会产生压差，该压差会受到流量的影响。因此，当该流量管的进口型线为双扭线时，进口压力损失小，流场均匀，为最优型线。

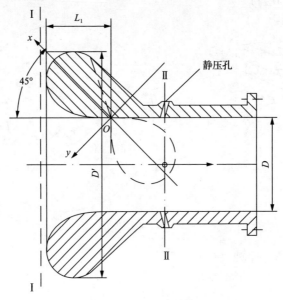

图 4-10　进口流量管

结合理想的不可压缩流体的伯努利方程，并考虑使用中的各种因素，最终得到流量方程为

$$Q_V = \frac{1}{4} \alpha'' \varepsilon D^2 \sqrt{2\rho(p_1 - p_2)} \tag{4-23}$$

式中，α'' 为进口流量管流量系数；ε 为进口流量管膨胀系数；D 为进口流量管直径；$p_1 - p_2$ 为进口流量管压差。

这里参数 α'' 和 ε 用于修正计算的流量，一般可取 α''=0.97～0.99。若 $p_1=p_a$（大气压），而 $p_1-p_2=10^3～10^4$Pa 时，膨胀系数 ε 约在 0.949～0.999 范围内变化[5]。

4. 超声波流量计

由于超声波在介质中的传播速度与该介质的流动速度有关，人们应用这一原理发明了超声波流量计。超声波在流动介质的顺流和逆流中的传播情况如图 4-11

所示。图中，c 为静止介质中的声速，u 是流动介质的流速，J 是超声波接收换能器，F 为超声波发射换能器。从图中可以看出，顺流中超声波的传播速度为 $c+u$，而当处于逆流中时超声波的传播速度为 $c-u$，即超声波在顺流和逆流中的传播速度差均与流体的流动速度 u 有关。因此，可通过测量这一传播速度差获得流体的流速，从而进一步换算得到流体的流量。为获得这一超声波传播速度差，目前已发展出包括相位差法、频率差法和时间差法等在内的多种测量方法，相应地形成了相位差法超声波量计、频率差法超声波流量计和时间差法超声波流量计等。相较于常规流量计，超声波流量计具有以下优势：①由于采用非接触测量方法，不会干扰到流体的流态，也不会产生相关的压力损失；②几乎不受被测量流体物理、化学特性(如黏度、导电性等)影响；③呈线性输出特性。

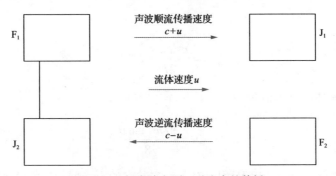

图 4-11　超声波在顺、逆流中的传播

　　为了进一步详细说明超声波流量计的工作原理，图 4-12 列举了时间差法超声波流量计测量系统框图。如图所示，换能器分别安装在管道两侧，通过切换器不停地切换接收和发射状态，超声波沿着顺流方向的传播时间记为 t_1，反之，逆流方向上的传播时间记为 t_2，则

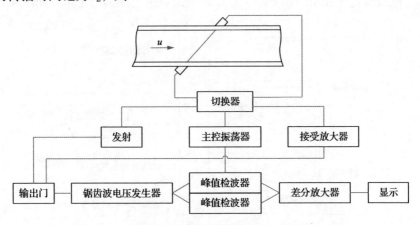

图 4-12　时间差法超声波流量计测量系统框图

$$t_1 = \frac{D/\sin\theta}{c+u\cos\theta} + \tau \tag{4-24}$$

$$t_2 = \frac{D/\sin\theta}{c-u\cos\theta} + \tau \tag{4-25}$$

式中，D 为管道直径；c 为超声波传播速度；θ 为超声波传播方向与管道轴线之间的夹角；τ 为超声波在管壁厚度内传播所需的时间。

因此，超声波顺流和逆流传播的时间差为

$$\Delta t = \frac{2D\cot\theta}{c^2}u \tag{4-26}$$

则

$$u = \frac{c^2\tan\theta}{2D}\Delta t \tag{4-27}$$

管道内被测流体的体积流量为

$$Q_V = Au = \frac{\pi Dc^2\tan\theta}{8}\Delta t \tag{4-28}$$

式中，A 为管道的流动截面面积。对于已安装好的换能器和确定的被测流体，式(4-28)中的 D、θ 和 c 都是已知的常数，所以测得时间差 Δt 就可换算得到流量 Q_V[4,6]。

5. 电磁流量计

电磁流量计(EMF)的基本工作原理为法拉第电磁感应定律。如图 4-13 所示，

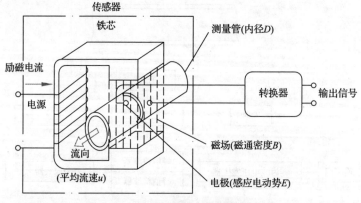

图 4-13 电磁流量计工作原理示意图

不导磁测量管布置在磁感应强度为 B 的磁场内，与磁场方向垂直；当作为导电体的液态流体以流速 u 通过测量管时，切割磁感应线，在与流动方向垂直的方向上产生感应电动势，其表达式为

$$E = kBDu \qquad (4\text{-}29)$$

式中，E 为感应电动势，V；k 为仪表常数，是量纲为 1 的常数；B 为磁感应强度，T；D 为测量管内径，m；u 为测量管内电极截面轴向上的平均流速，m/s。

由测得的感应电动势可间接计算得管中流体的体积流量 Q_{V} 为

$$Q_{\mathrm{V}} = \frac{\pi D^2}{4} u = \frac{\pi DE}{4kB} \qquad (4\text{-}30)$$

由于管道内部没有其他部件，电磁流量计不仅可以用来测量导电流体的流量，也可以用来测量不同黏度的不导电液体的流量，该流量计在核能工业中的应用十分广泛。电磁流量计的具有测量精度高的优势，但也存在一些使用限制，如抗干扰能力差、要求测量介质是非磁性的液态介质，且介质内不允许夹杂空气和磁性颗粒等。关于电磁流量计的使用特点和使用注意事项可参阅相关热工仪表书籍[4,6,7]。

6. 靶式流量计

靶式流量计是工业应用中主要用于测量高黏度、低流速流体流量的装置，其检测部分示意图如图 4-14 所示，测量原理为通过管道中心的靶用螺钉感受流体流速，进而获得管道内的体积流量。具体而言，靶两侧的压差为

$$\Delta p = \xi \frac{\rho u^2}{2} \qquad (4\text{-}31)$$

式中，ρ、u 分别为管道中流体的密度和流速；ξ 为流体的阻力系数。

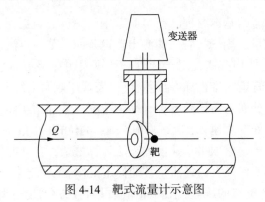

图 4-14　靶式流量计示意图

作用于靶上的力为

$$F = A\Delta p = \frac{\pi}{4}d^2\xi\frac{\rho u^2}{2} \tag{4-32}$$

$$u = 2\sqrt{\frac{2F}{\pi\xi\rho d^2}} \tag{4-33}$$

式中，d、A 分别为靶的直径与面积。

则流体体积流量可表示为

$$Q_V = \frac{\pi}{4}(D^2 - d^2)u = \sqrt{\frac{\pi}{2\xi}}\frac{D^2 - d^2}{d}\sqrt{\frac{F}{\rho}} = K\frac{D^2 - d^2}{d}\sqrt{\frac{F}{\rho}} \tag{4-34}$$

式中，D 为管道直径；K 为流量系数，$K = \sqrt{\pi/2\xi}$。从式(4-34)可见，流量与靶上受力的平方根成正比，只要知道了 F 就知道了流量。

由图 4-14 可知，靶用流量计通过检测电信号计算作用力进而获得管道流量，因此其具有高精度、高稳定性、便于远传等优点，但也容易受温度、冲击等外部因素的影响[7]。

4.2.3　压差式流量测量方法和仪表

压差式测量方法是流量测量方法中使用历史最久和应用最广泛的一种，它们的共同原理是根据伯努利定律通过测量流体流动过程中产生的压差来测量流量。属于这种测量方法的流量计有：毕托管、均速管、节流(变压降)流量计。这些流量计的输出信号都是压差，故其显示仪表为压差计。此外也有改变节流件的通流面积，使不同流量下节流件前后差压维持不变，利用通流面积的大小来测量流量的转子流量计等。

1. 毕托管和均速管

毕托管测量流速的基本原理已在 4.1 节中讨论过，根据测出的流速和通道截面积就可以算出流量。用毕托管只能测出管道截面上某一点流速，而计算容积流量需要知道截面上平均流速，对于圆管，计算表明在层流时直径上从管壁算起 $y=0.2929R$ 处(R 为管道内半径)的流速就可代表管道截面上的平均流速。在湍流时管道截面上的流速分布与雷诺数有关，平均速度通常都用实验方法确定，即测定截面上若干个测点处的流速，求取平均值。测点的位置由国家流量测量标准规定，可参考有关资料。上述求取平均速度的方法计算繁杂，花费时间太多，只能用于稳定工况下的实验工作及大口径流量计的标定工作。工业上常采用均速管(即阿纽巴管)来自动平均各测点的压差，在测量管道的直径方向插入圆截面的均速管。均速管的迎流面上有四个取压孔，测取四点的总压，并在均速管内腔中平均后由内插管引出；另一压力由均速管背流面管道中心处取得，如图 4-15 所示。由以上两压力差即可求得平均速度和容积流量。四孔位置根据计算求得

$$r_1 / R = \pm 0.4597 \tag{4-35}$$

$$r_2 / R = \pm 0.8881 \tag{4-36}$$

式中，r 为取压孔管道中心距离，R 为管道半径。

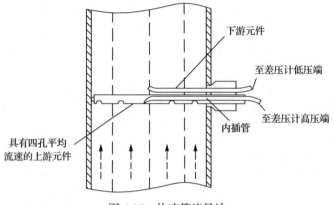

图 4-15　均速管流量计

均速管具有结构简单、安装维护方便、压损小的优点。

2. 节流式流量计

节流式流量计是目前实验室和工业上应用最广的一类测量流体流量的仪表。节流式流量计包括两部分：一部分是装在管道内的节流件，有孔板、喷嘴和文丘利管等，它们的直径均小于管道内径，安装时其轴线与管道轴线重合；另一部分是压差计，用来测量节流件前后的压力差。

下面主要讨论节流孔板的测量原理。

常见的节流孔板是一片带有圆孔的薄板。当流体流过在管路中缩小的截面时，会造成局部收缩，引起流体动能及压力的变化，利用压差计测量出在节流件中产生的压力降，根据压差的大小来确定流体的流量。孔板测差压的原理如图 4-16 所示。

首先分析流体流过节流件的流动情况。

截面 1 处流体未受节流件影响，流束充满管道。流束直径即为管道直径 D，流体压力为 p_1，平均流速为 u_1，流体密度为 ρ_1。截面 2 是节流后流束收缩为最小的截面。此流束中心处的压力为 p_2，平均流速为 u_2，密度 ρ_2，流束直径为 d。经过截面 2 以后，流束向外扩散，流速降低，静压升高，最后在截面 3 处又恢复到

流束充满管道内的情况，在流束充分恢复以后，由于流体流经节流件后的压力损失，静压力不能恢复到原来的值 p_1。

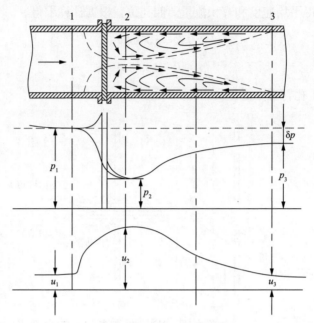

图 4-16　节流孔板两侧的压差

在截面 1 和截面 2 写出伯努利方程

$$\frac{p_1}{\rho_1}+\frac{\overline{u}_1^2}{2}=\frac{p_2}{\rho_2}+\frac{\overline{u}_2^2}{2} \tag{4-37}$$

连续性方程

$$\rho_1\frac{\pi}{4}D^2\overline{u}_1=\rho_2\frac{\pi}{4}d^2\overline{u}_2 \tag{4-38}$$

质量流量的计算公式为

$$Q_{\mathrm{m}}=\frac{\pi d^2}{4}\overline{u}_2\rho_2 \tag{4-39}$$

考虑到一般有 $\rho_1=\rho_2=\rho$，由式(4-37)和(4-38)解出后代入式(4-39)，得

$$Q_{\mathrm{m}}=\sqrt{\frac{1}{1-\left(\dfrac{d}{D}\right)^4}}\frac{\pi}{4}d^2\sqrt{2\rho(p_1-p_2)} \tag{4-40}$$

式(4-40)中的 (p_1-p_2) 不是孔板取压管所测得的压差 Δp，式中的 d 小于孔板的

开孔直径 d_0，公式推导过程又没有考虑流动过器的损失。为了满足实际应用，将从取压点测得的压差 Δp 代替 (p_1-p_2)，用孔板开孔直径 d_0 代替 d，然后引入一个流量系数 α 进行修正，则上式变为

$$Q_m = \alpha F_n \sqrt{2\rho\Delta p} \tag{4-41}$$

再考虑实际流体的可压缩性，引入一个流束膨胀系数 ε，最后得节流孔板质量流量的实用计算公式为

$$Q_m = \alpha\varepsilon F_n \sqrt{2\rho\Delta p} \tag{4-42}$$

或体积流量的计算公式

$$Q_v = \alpha\varepsilon F_n \sqrt{\frac{2}{\rho}\Delta p} \tag{4-43}$$

式中，α 与孔板尺寸、管子粗糙度及取压方式有关，由实验确定；F_n 为孔板孔口的截面积，$F_n = \frac{\pi}{4}d_0{}^2$；$\Delta p$ 为节流件前后压差。

标准节流孔板如图 4-17 所示。标准节流孔板的设计，制造安装和使用及误差估计，都应根据我国"流量测量节流装置国家标准和检定规程"的规定进行。

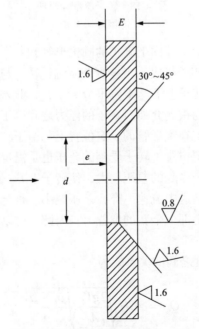

图 4-17　标准节流孔板(单位：mm)

$E=0.02\sim0.05D$(D 为管径)，$e=0.005\sim0.02D$

在热工实验中，在特殊情况下，往往无法采用标准节流件，需要设计非标准节流件，设计方法基本上与标准孔板相同，安装后需要对非标准节流件进行专门的校验[4]。

3. 转子流量计

转子流量计是以维持节流件前后差压不变，而节流件的通流面积随流量发生变化的原理进行测量的。转子流量计的原理如图 4-18 所示。

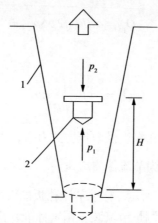

图 4-18　转子流量计原理
1. 锥形管；2. 转子

流量计由一段垂直安装并向上渐扩的圆锥形管和一个在锥形管内随被测介质流量大小而上下浮动的转子组成。当被测介质流过转子与管壁之间的环形通流面积时，由于节流作用在转子上下产生差压 $\Delta p = p_1 - p_2$，此差压作用在转子上产生使转子向上的力。当此力与被测介质对转子的浮力之和等于转子的重量时，转子处于平衡状态，转子就稳定在锥形管的一定位置上。由于转子的重量和受到的浮力是一定的，所以在各稳定位置上转子受到的差压也是恒定的。当流量增大时，环形通道中流速增加，转子受到的差压增大，使转子上升；转子与管壁之间流通面积相应增加，又使环形通道中流速下降，差压减小。直至转子上下差压恢复到原来值，此时转子平衡在上部一个新的位置上。因此，可以用转子在锥形管中的位置来指示流量的大小。

容积流量和转子高度之间的关系式为

$$Q_V = \alpha C H \sqrt{\frac{2gV_f}{A_f}} \sqrt{\frac{\rho_f - \rho}{\rho}} \tag{4-44}$$

式中，α 为与转子形状、尺寸有关的流量系数；C 为与圆锥管有关的比例常数；

H 为转子在管子中的高度；V_f 为转子的体积；A_f 为转子的有效横截面积；ρ_f、ρ 分别为转子材料和流体的密度。

转子流量计使用时，如被测介质与流量计所标定的介质不同时或更换转子材料时，都必须对原刻度进行校正。

被测流体密度变化的影响，可用下式校正：

$$Q_V = Q_V' \sqrt{\frac{(\rho_f - \rho)\rho_0}{(\rho_f - \rho_0)\rho}} \tag{4-45}$$

式中，Q_V'、Q_V 为流量计的读数和被测介质流量的真实值；ρ_0、ρ 为流量计刻度时使用的流体密度和被测流体密度。

更换转子材料而改变仪表量程时，可用下式计算：

$$Q_V = Q_V' \sqrt{\frac{\rho_f - \rho}{\rho_f' - \rho}} \tag{4-46}$$

式中，Q_V'、Q_V 为流量计原有刻度值和改变后的流量值；ρ_f'、ρ_f 为仪表原来转子材料和改变后转子材料的密度；ρ 为被测介质密度。

4.2.4　其他型式的流量计

1. 光纤流量计

1) 光纤压差式流量计

光纤压差式流量计实质上也是一种节流式流量计[8-10]，它的特点是利用光纤传感技术检测节流元件前后的压差 Δp，其工作原理如图 4-19 所示。在节流元件前后分别安装一组敏感膜片和 Y 形光纤，膜片感受流体压力的作用而产生位移，

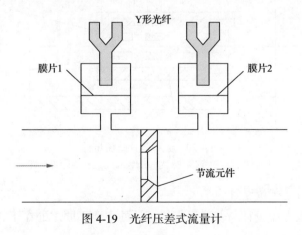

图 4-19　光纤压差式流量计

Y 形光导可以作为一种光纤位移传感器可以测量膜片位移的距离，主要原理是根据输入和输出光强的相对变化来测定的。在这种测量方式中，所测出的膜片的位移距离和施加在该膜片上的流体压力成正比，换句话说，也就是膜片 1 和膜片 2 的相对位移与节流装置前后所产生的压差 Δp 成正比。因此，通过测量两膜片的相对位移可以得到节流压差 Δp，然后利用流量方程式(4-47)求出被测流量。

$$Q_{V} = \alpha \varepsilon \frac{\pi}{4} d^{2} \sqrt{\frac{2\Delta p}{\rho}} = \alpha \varepsilon \frac{\pi}{4} \beta^{2} D^{2} \sqrt{\frac{2\Delta p}{\rho}} \qquad (4\text{-}47)$$

式中，d 为节流元件的开孔直径，m；D 为流动管道内径，m；β 为直径比，$\beta = d/D$；$\Delta p = p_{2} - p_{1}$ 为流体流经节流元件前后的压差，Pa；ρ 为流体在工作状态下的密度，kg/m^{3}；α 为流量系数，流量系数与许多因素有关，包括管道内壁面的粗糙度、流体的流动状态以及节流装置的不同形式等；ε 为流体膨胀校正系数，与节流元件前后的压比 p_{2}/p_{1}(或 $\Delta p/p_{1}$)、被测流体的等熵指数 κ 及直径比 β 等因素有关，对于不可压缩流体，$\varepsilon = 1$[6]。

2) 光纤膜片式流量计

光纤膜片式流量计的基本结构和工作原理如图 4-20 所示。这种流量计的工作原理是直接把流量信号转变为膜片上的位移信号，即流量越大，膜片受力而产生的向内挠曲变形(位移)越大，可以采用 Y 形光导测量膜片的位移量，从而计算出被测流量的大小。膜片通常为钢制或铜制，在膜片内表面镀铬、银等高反射材料可增加反射光强度。所测流量大小不同，则所需的膜片厚度也不同，一般为 0.05～0.2mm[6]。

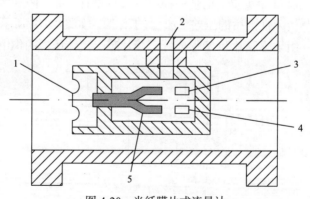

图 4-20　光纤膜片式流量计
1. 膜片；2. 引线孔；3. 光电元件；4. 光源；5. Y 形光源

3) 光纤卡门涡街流量计

光纤卡门涡街流量计与普通涡街流量计的主要不同之处在于它采用了光纤传

感技术测量漩涡频率。光纤卡门涡街流量计测量装置如图 4-21 所示。当流体经过漩涡发生体时，将在下游左右两侧产生一定频率的成对交替的反对称漩涡列，从而形成交替的压差区域。测量装置中的左、右膜片感受到这种压力差的变化，并通过 Y 形光纤传感器输出相应的光脉冲信号。这一光脉冲信号的频率等于漩涡频率，经光电元件转换成电脉冲信号，然后传送到数据处理单元，通过换算最终显示为被测流体的流量[4]。

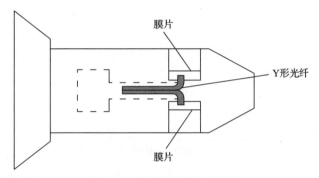

膜片

Y形光纤

膜片

图 4-21　光纤卡门涡街流量计

2. 热式流量计

热式质量流量计是一种直接型质量流量计，其利用从受热体到流动流体的热量传递关系来测量流经封闭管道的流体(主要是气体)的总质量流量。

目前广泛使用的两种热式质量流量计分别为热分布式和浸入型(或侵入型)热式质量流量计，其中热分布式流量计通过测量由于流体传递热量导致管壁温度分布的变化来计算流量，浸入型质量流量计则利用了热消散(冷却)效应来计算流量。下面简单介绍这两种热式质量流量计的工作原理[6]。

1) 热分布式热式质量流量计

如图 4-22 所示，热分布式热式质量流量计由细长的测量管、加热线圈、测温热电阻、恒流电源等组成。加热线圈通常在测量管上居中布置，测温热电阻在加热线圈轴向两侧对称布置。加热线圈和测温热电阻组成测量电桥，由恒流电源供电。当测量管内没有流体流动时，被加热线圈加热的管壁的轴向温度关于加热线圈中心对称分布，如图 4-22(b)中的虚线所示，由于两个测温电阻在相同的温度状态下阻值相等，测量电桥处于平衡状态，输出为零。当测量管内有流体流动时，流体与管壁之间发生热量传递，流体在从管道上游到下游的流动过程中被逐步加热，流体与管壁之间的传热温差沿轴向逐渐减小，致使管壁的轴向温度分布发生变化，如图 4-22(b)中的实线所示。

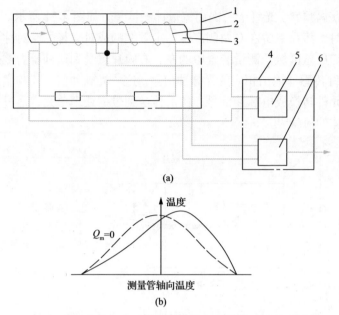

图 4-22 热分布式热式质量流量计基本组成和工作原理示意图

1. 流量传感器；2. 绕组；3. 测量管；4. 转换器；5. 恒流电源；6. 放大器

从机制上讲，这种管壁温度分布的变化形态与管内流体流量大小直接关联；从参数测量来看，这种温度分布的变化导致管壁上两个测温电阻感受的温度出现差异，使阻值不再相等，电桥不再平衡，有信号输出，且输出信号的大小与两个热电阻测得的温差成比例。因此，可以根据热电阻测得的管壁上、下游温差推算流经管内的流体流量，即

$$Q_m = k\frac{h}{c_p}\Delta T \tag{4-48}$$

式中，Q_m 为待测流体的质量流量；k 为仪表常数；h 为流体与管壁之间的表面传热系数；c_p 为流体的比定压热容。

2) 浸入型热式质量流量计

如图 4-23 所示，在测量管中放置两个温度传感器(热电阻)，其中一个用于测量流体温度 T，另一个热电阻作加热用(以下称为加热电阻)，其温度 T_R 应高于 T。当流体流经加热电阻时，以对流换热方式带走热量。根据传热学理论，当流体流动形态、管道结构等因素确定后，流体带走的热量取决于流体的流量(流速、物性)和温差 $\Delta T = T_R - T$。因此，通过测量加热电阻的功率耗散或温差 ΔT 可以推算出流体流量。固定加热电阻的加热功率(已知量)，测量温差 ΔT 来推算流量的方法称为温度差测量法或温度测量法；保持温差 ΔT 恒定(已知量)，控制并测量加热电阻的加热功率变化的方法称为功率消耗测量法。

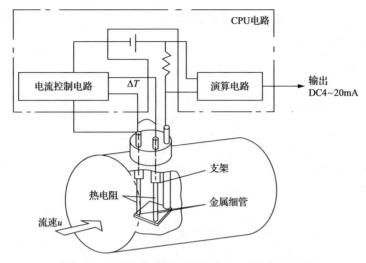

图 4-23 浸入型热式质量流量计的工作原理示意图

3) 科式流量计

科里奥利力产生原理如图 4-24 所示，假设有一管道绕轴 P 进行转动，其角速度为 ω，在管道中有一质量为 m 的质点在距 P 轴 r 处移动，其速度为 u，则该质点所受加速度可分为法向加速度 $\boldsymbol{a}_\tau$ 和切向加速度 $\boldsymbol{a}_t$。$\boldsymbol{a}_\tau$ 即向心加速度，大小为 $\omega^2 r$，方向指向轴 P；$\boldsymbol{a}_t$ 即科里奥利加速度，大小为 $2\omega u$，方向与法向加速度方向垂直且正方向符合左手定则。

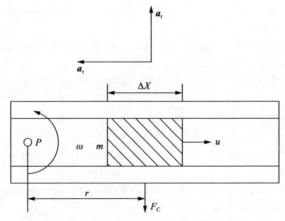

图 4-24 科里奥利力产生原理示意图

由牛顿运动定律可知，对于具有科里奥利加速度的质点，在其加速度方向存在一定的作用力，即科里奥利力，其值为

$$F_c = 2m\omega u \tag{4-49}$$

当密度为 ρ 的流体以速度 u 沿着管道流动时，对于任意一段长度为 ΔX 的管道，相应的科里奥利力值为

$$\Delta F_c = 2\omega u \rho A \Delta X \tag{4-50}$$

式中，A 为管道的横截面面积。而质量流量为

$$Q_m = \rho u A \tag{4-51}$$

因此，只要能测量出流体作用于管道上的科里奥利力，就可以推算出流体通过管道的质量流量：

$$Q_m = \frac{\Delta F_c}{2\omega \Delta X} \tag{4-52}$$

然而，想要通过旋转管道给流体施加科里奥利加速度并不符合实际，这也导致了科氏流量计在很长时间内无法获得实际的工程应用。后来人们才发现，当管道以一定频率上下振动时，也能给流体施加科里奥利加速度，从而使管道受到科里奥利力的作用，且维持管道振动的驱动力在管道的振动频率等于或接近于其自振频率时很小，这一发现为科氏力质量流量计的应用奠定了理论基础。

参 考 文 献

[1] 邢桂菊, 黄素逸. 热工实验原理和技术[M]. 北京: 冶金工业出版社, 2007.

[2] Daniel F, Peyrefitte J, Radadia A D. Towards a completely 3D printed hot wire anemometer[J]. Sensors and Actuators a-Physical, 2020: 309, 111963.

[3] Zhang C Q, Gao Z Y, Chen Y Y, et al. Experimental determination of the dominant noise mechanism of rotating rotors using hot-wire anemometer[J]. Applied Acoustics, 2021: 173.

[4] 康灿, 代翠, 梅冠华, 等. 能源与动力工程测试技术[M]. 北京: 科学出版社, 2016.

[5] 郑正泉, 姚贵喜, 马芳梅, 等. 热能与动力工程测试技术[M]. 武汉: 华中科技大学出版社, 2001.

[6] 俞小莉, 严兆大. 热能与动力工程测试技术[M]. 北京: 机械工业出版社, 2017.

[7] 赵庆国, 陈永昌, 夏国栋. 热能与动力工程测试技术[M]. 北京: 化学工业出版社, 2006.

[8] Hu R P, Huang X G. A Simple Fiber-Optic Flowmeter Based on Bending Loss[J]. Ieee Sensors Journal, 2009, 9(12): 1952-1955.

[9] Kragas T K, Bostick F, Mayeu C, et al. Downhole fiber-optic flowmeter: Design, operating principle, testing, and field installation[J]. SPE Production & Facilities, 2003, 18(4): 257-268.

[10] Kul'chin Y N, Vasil'ev V P, Polei I A. Fiber-optic volumetric liquid and gas flowmeter[J]. Measurement Techniques, 2003, 46(4): 357-359.

第5章 功率、热流和热焓的测量

在大部分的热工实验中，为了测定工质的热物理性质和热传递特性，或者为了分析换热器和各种热力设备的性能,往往都需要根据能量平衡的原理进行计算。因此，测量功率、热流或热焓也常常是热工实验中的一项基本任务。本章着重讨论这类测量的基本原理与测量技术。

5.1 功率的测量

5.1.1 电加热功率

在传热基本实验中，电加热使用得非常普遍。这是因为它操作方便，设备简单且加热功率可以精确测定。

最简单的测量方法是直接用功率表来测量电加热器的功率。但是在实验中为了达到较高的测量精度，常常使用伏安法测定。通常使用测量精度为 0.5 级的电流表和电压表分别测量通过加热器的电流 I 和加热器两端的电压 U，然后由式 (5-1)计算出电功率 P。

$$P = UI(\text{W}) \tag{5-1}$$

加热电源可以使用交流也可以使用直流，视具体的要求而定。例如在热物性测量时，使用的加热器功率较小，但要求测量精度高，这时最好使用直流电源。常用的测量电路如图 5-1 所示。图中 R_1、R_2、R_3 是三个标准电阻，且 $R_1 \ll R_2 \ll R_3$。

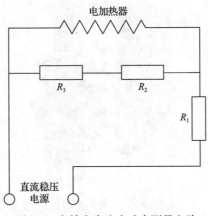

图 5-1 高精度直流小功率测量电路

用高精度的电位差计分别测量 R_1 和 R_2 的端电压，就可以计算出通过电加热器的电流和电加热器两端的电压，然后由公式(5-1)计算电功率。

　　某些传热实验，如沸腾换热实验中，常常需要利用低压直流大电流加热。此时大电流测量往往采用标准电阻，即在电流回路中串入一个电阻值很小的标准电阻，然后测量电阻两端的电压降，即可算出回路中的电流值。

　　对于交流大电流的测量，常常需要使用电流互感器。

5.1.2　热机功率

　　功率是热力发动机的一个主要参数。热机的功率有指示功率和有效功率两种。指示功率是工质对热机所做的实际功，它反映出热机内部的热力循环状况。有效功率则是指热机输出的可以实际利用的功率。

　　测定热机指示功率对于改善热力循环、设计高质量的热机具有重要的意义，因而它是热力学的一项基本实验。测量热机指示功率的仪器称为示功器。根据工作原理的不同，示功器有各种类型，常用的有活塞式示功器、气电式示功器和压电式示功器。

　　活塞式示功器用于测定转速为 1000r/min 以下的往复式热力发动机的指示功率，其外形如图 5-2 所示。测功率时，将小气缸安装在热机气缸的缸头上，两缸相通，故热机的工质可推动小活塞，压缩弹簧，使描笔的笔尖上下垂直移动。笔尖升降的高度代表热机气缸中工质压力的变化。挂钩 5 与热机的曲柄连杆机构相连，使转筒 1 与热机的主轴同步往复旋转，故转角的大小反映出工质容积的变化。以上两部分配合的结果，描笔就在装于转筒上的一张涂有氧化锌的白纸上绘出工质压力和容积的变化关系图，称为热机的示功图或 P-V 图，如图 5-3 所示。

图 5-2　活塞式示功器

1. 转筒；2. 描笔；3. 小气缸；4. 弹簧；5. 挂钩

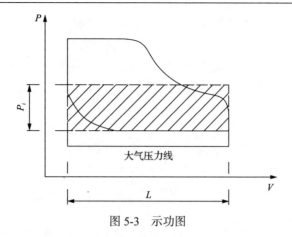

图 5-3　示功图

若示功图面积为 A cm^2，横坐标长度为 L cm，弹簧系数为 b cm/Pa（表示压力变化 1Pa 时描笔沿垂直高度移动 b cm），则热机的平均指示压力为

$$p_i = \frac{A}{Lb} \quad \text{(Pa)} \qquad (5\text{-}2)$$

若热机的活塞冲程为 s m，活塞面积为 a cm^2，转速为 n r/min，则指示功率为

$$P_i = \frac{p_i a s n}{102 \times 60} \quad \text{(kW)} \qquad (5\text{-}3)$$

气电式示功器也称压力平衡式示功器，它适用于转速低于 5000r/min，压力变化范围为 0～15×10^{5}Pa 的往复式热机。它的工作原理是利用装在气缸头上的压力传感器中气体压力的变化，使膜片反复与传感器内的中心电极接通，闸流管继电器产生高压脉冲引起的电火花在记录纸上留下记录点形成示功图。

压电式示功器是以压电压力传感器作为敏感元件来测量热机的示功图，它可以将示功图显示在示波器屏幕上。

示功器绘出的示功图可以采用面积仪来测量它的面积，知道了示功图的面积，就可以求出发动机的指示功率。

5.2　热流的测量

在许多热工实验和工程应用中，特别是节能技术领域内，常常需要测定通过某一表面的热流量。测量热流量的方法很多，其中采用热流计测量热流量是一种既实用又十分简便的方法[1]。热流计能直接指示热流量的大小，反映出热量交换的数量关系。

热量的传递有三种基本形式：传导、对流和辐射。因此，热流也分为传导热流、对流热流和辐射热流三种。除了对流热流很难直接测定以外，传导热流和辐射热流的测量比较容易，已做成各种热流计。本节主要讨论传导型热流计的原理和结构，辐射热流计将在辐射一章中讨论。

5.2.1 传导型热流计的工作原理

热流计的基本原理是基于傅立叶导热定律，即

$$q = -\lambda \frac{\mathrm{d}T}{\mathrm{d}x}$$

或

$$q = -\lambda \frac{T_2 - T_1}{x_2 - x_1} \tag{5-4}$$

只要测出物体中两个很靠近的平面之间的温差和它们之间的距离，就可以由公式计算出通过这两个平面的热流。热流计就是根据这个原理制成的，图 5-4 给出了热流计的热流传感器示意图。热流元件由一个热电堆构成，热电堆材料常用铜-康铜，镍铬-镍硅等材料。知道了基片材料的导热系数(基片材料常用硅橡胶、树脂板、云母片或不锈钢片，视工作温度高低而选用)，及由热电堆的输出电势转换得到的温度差 T_1–T_2，就可以求出通过基片的热流值。

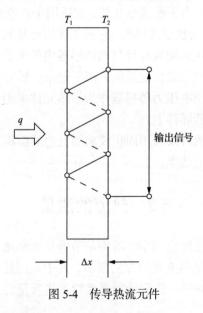

图 5-4 传导热流元件

设热电堆的输出电势为

$$E = e_0 n(T_1 - T_2) \tag{5-5}$$

式中，e_0 为每一对热电偶的热电系数；n 为热电堆中热电偶对数。

由式(5-4)和式(5-5)可得

$$q = -\frac{\lambda}{\Delta x}\frac{E}{e_0 n} = -\frac{\lambda}{\Delta x e_0 n}E = KE \tag{5-6}$$

式中，K 为热流计的灵敏度系数，$\mathrm{W/(m^2 \cdot mV)}$。

温度对热流计灵敏度系数有影响。一般当温度增加时 K 会下降，二者接近于线性关系，故在测量电势回路中需要进行温度补偿，也可以用公式对测量结果进行修正。

5.2.2　热流计的标定和测量误差

1. 热流计的标定

热流计灵敏度系数的计算值往往与实际值不一致，因而对于每一个热流计必须进行标定。通常采用标准的热流源(如一维防护热板加热器)，用已知热流值来求出热流计的灵敏度系数。这种标定方法称为绝对法。也可以用一准确度较高的热流传感器来标定其他的热流计，称为相对法。

国际上常用防护热板法来标定热流计的灵敏度系数。图 5-5 是防护热板法测量原理图。

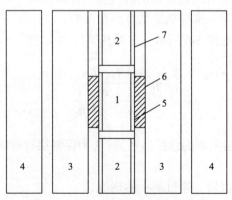

图 5-5　防护热板法标定热流计测头

1.主热板加热器；2.防护圈加热器；3.绝热材料；4.冷却器；5.热流计测头；6.主均热板；7.防护圈均热板

标定时两个热流计测头分别放在主加热板两侧，再加上两块绝热板，外侧用冷板夹紧。中心热板用直流稳压电源加热。冷板用的是迷宫式的水槽板，板内通以恒温水。根据不同的工况确定中心主加热板的加热功率和恒温水的温度，调整环形防护加热器的加热功率使环形均热板温度和主均热板温度相同，从而在热板和冷板之间建立一个垂直于冷热板的稳定一维热流场。主加热器发出的热流 q，均匀垂直地通过热流计测头。测出热流计测头的输出电势 E，则热流计测头的灵敏度系数为

$$K=\frac{q}{E} \quad [\mathrm{W}/(\mathrm{m}^2 \cdot \mathrm{mV})] \tag{5-7}$$

热流计的标定误差，通常是由结构、几何形状引起的，有间隙误差、不平衡误差和边缘损失等引起的误差。间隙误差是由于中心热板和防护热板之间的间隙处没有加热器，热板上的一部分热量流到间隙中而引起的。边缘损失主要是由防护热板和被测试件及绝热板侧面散热所引起的。不平衡误差是由主热板和防护热板之间温度不相等而引起的。除了这些误差以外，还有热流的测量误差、温度的测量误差和接触变形引起的误差等。综合上述各项误差，目前国内采用的双试样防护热板法来标定热流计测头时，平均误差约为3%。

2. 热流计的测量误差

热流计在使用时，需要贴在被测表面上或埋入被测物体内。由于改变了表面原有的热状态，会引起物体内部和热流计周围温度场的畸变，造成测量结果与实际情况不符，这就是热流计的测量误差。由于热流计测头是一块有一定大小与厚度的物体，它所引起的传热状况改变是一个复杂的三维传热问题。但是如果热流计测头的导热系数与原有保温覆盖层或被测物体材料的导热系数相当接近，且测头厚度较小时，可以用一维导热来估算测量误差。

设有一保温层，如图 5-6 所示。未贴热流计测头之前，通过保温层的热流为

$$q_1 = \frac{T_1 - T_2}{\dfrac{1}{h_1} + \dfrac{\delta}{\lambda} + \dfrac{1}{h_2}} \tag{5-8}$$

式中，h_1、h_2 为保温层两侧的总换热系数；λ 为保温层材料的导热系数；δ 为保温层材料的厚度。

贴上热流计测头以后，通过测头的热流为

$$q_2 = \frac{T_1 - T_2}{\dfrac{1}{h_1} + \dfrac{\delta}{\lambda} + \dfrac{\delta'}{\lambda'} + R + \dfrac{1}{h_2}} \tag{5-9}$$

式中，λ' 为测头的导热系数；δ' 为测头的厚度；R 为测头与保温层之间的接触热阻。

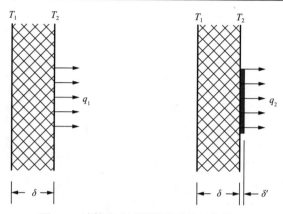

图 5-6 计算热流计测量误差的导热模型

由此引起的热流测量的相对误差为

$$\delta_q = \frac{q_1 - q_2}{q_1} = 1 - \frac{\dfrac{1}{h_1} + \dfrac{\delta}{\lambda} + \dfrac{1}{h_2}}{-\dfrac{1}{h_1} + \dfrac{\delta}{\lambda} + \dfrac{\delta'}{\lambda'} + R + \dfrac{1}{h_2}} \tag{5-10}$$

目前国产的酚醛树脂板式热流计测头，视被测材料的不同，其相对误差 δ_q 约在 0.3%～2.5%范围内变化。例如，测量砖墙的热流时，由上述热阻变化而引起的热流测量相对误差约为 2.16%；测量珍珠岩层的热流时，其热流测量的相对误差约为 0.42%。

5.2.3 热流计的使用

通常使用热流计测量表面热流时应将热流计测头紧紧地贴装在被测表面上。为避免外界影响，最好将热流元件埋入被测物体内部，但这一点在工程上往往做不到。图 5-7 给出了热流计测头的几种贴装方式。热流计与被测表面之间要求接触良好，尽量避免气隙。通常气隙为 100μm 时，测出的热流值约偏小 2%。

选用热流计测头时应尽量使其表面和被测表面的辐射率相等或接近，测头常制成棕色，黑色或灰色，以减小辐射率不同而引起的误差。

热流计应当工作在与标定状态相符的工作条件下，应特别注意不能超过它的温度使用范围，否则将引起测头的变质和变形，造成更大的测量误差。

总的来说，由于热流计传热过程的复杂性以及安装后引起原有表面附近温度场的畸变，故热流计的测量精度一般不高，约在 5%。热流计在工程上已得到广泛应用。如在热工设备和管道的热平衡测试中，利用热流计来测定表面的散热损失，以此来判断设备和管道保温性能的优劣。此外，热流计在建筑热工、冶金、化工、生物医学领域内也有很多用途。

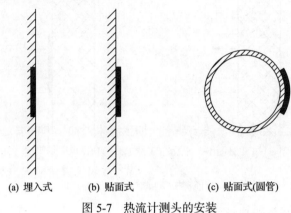

(a) 埋入式　　　(b) 贴面式　　　(c) 贴面式(圆管)

图 5-7　热流计测头的安装

5.3　气流热焓的测量

在研究高温气流的流动、传热和燃烧现象时，往往需要知道气流的焓值[2]。目前采用的测量方法是直接量热法。利用一根直径很小的测量探针，可以比较准确地测量温度梯度很大、流场很不均匀的气流的焓值。

量热式总焓探针的基本原理是直接测量单位质量的高温气体所含有的热量，根据测量方法的不同可以分成以下两类。

5.3.1　水冷式总焓探针

水冷式总焓探针结构如图 5-8 所示，由三层同心套管组成。气流在中间管内通过，冷却水流经外层和中层。

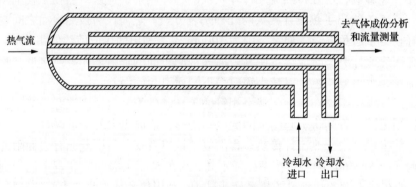

热气流 →　　　　　　　　　　　　　去气体成份分析
和流量测量 →

冷却水　冷却水
进口　　出口

图 5-8　水冷式总焓探针

水冷法测量总焓是让一股高温气流从总焓探针的入口稳定地流过探针的内

第 5 章　功率、热流和热焓的测量　　　　　· 173 ·

腔，气流把热量传给冷却水，则热平衡方程为

$$W(h_i - h_0) = Q \tag{5-11}$$

式中，h_i 为入口气体的焓，J/g；h_0 为出口气体的焓，J/g；W 为气体的质量流量，g/s；Q 为单位时间冷却水带走的热量，J/g。

由上式得气流的总焓值为

$$h_i = \frac{Q}{W} + h_0 \tag{5-12}$$

总焓探针测量总焓的准确度主要取决于气流的质量流量和传给冷却水的热量。气流质量流量的测量是微小流量的测量问题，可利用已知体积内的压力变化来测量。将被测量气流流入预先抽空的玻璃容器，若已知容器的体积为 V、充气的时间为 τ、球内压力变化为 Δp、容器内气体温度为 T，则气体的质量流量为

$$W = -\frac{\Delta p V}{RT\tau} \tag{5-13}$$

传给冷却水的热量 Q 很难直接准确地测量。因为测量时整个探针插入高温气流中，除了通过探针内管的气流放热给冷却水以外，还有探针外面的气流传给冷却水的热量，这部分的热量可能比前者更多。因此，测量时需要采取两步法。首先让气流通过探针内管，测出冷却水每秒钟带走的热量 Q_1，然后将内管出口阀门关死，不让气流通过内管，再测出冷却水每秒钟带走的热量 Q_2，则流入探针的气流每秒钟放给冷却水的热量为

$$Q = Q_1 - Q_2 \tag{5-14}$$

在设计探针时应尽可能提高 Q_1，减小 Q_2，并要求气流的流动是稳定的。

冷却水的温升用进出口两对热电偶测量，则

$$Q_1 = W_c c_{pc} \Delta T_1 \tag{5-15}$$

$$Q_2 = W_c c_{pc} \Delta T_2 \tag{5-16}$$

式中，W_c 为冷却水流量；c_{pc} 为冷却水比热；ΔT 为温升。气体离开探针时的剩余焓值为 h_0，可以通过测量离开探针的出口气流温度和成分，然后计算求出。其中温度可用一般热电偶测量，成分可用气相色谱仪进行分析，然后由成分估算气体比热，从而求出焓值。

由于热焓的测量是一种间接测量，因此准确度不会太高。

5.3.2　吸热式总焓探针

　　吸热式总焓探针是利用气体采样管的动态温升来测量流入探针的气流传给采样管的热量 Q，吸热式总焓探针的原理如图 5-9 所示。吸热式总焓探针由采样管、保护屏蔽管组成。中间的空气层起热绝缘作用，使采样管所取得的热量只是流经采样管的气体传给它的热量。

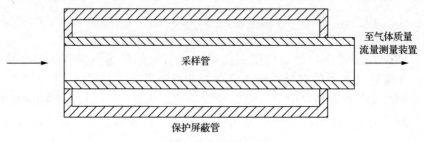

图 5-9　吸热式总焓探针

　　采样管单位时间的吸热量由下式计算：

$$Q = \rho V c_{\text{p}} \frac{\mathrm{d}}{\mathrm{d}\tau}\left[\frac{1}{L}\int_0^L (T - T_{\text{ref}})\mathrm{d}x\right] = \rho V c_{\text{p}} \frac{\mathrm{d}\overline{T}}{\mathrm{d}\tau} \tag{5-17}$$

式中，ρ 为采样管密度；V 为采样管体积；c_{p} 为采样管比热；L 为采样管长度；$\overline{T}$、T_{ref} 分别为采样管的平均温度和参考温度；τ 为时间。

则气流的总焓为

$$h_i = \frac{Q}{W} + h_0 \tag{5-18}$$

式中，W 为流入采样管的气流质量；h_0 为气流离开采样管的焓值。

　　若采样管的平均温度用它的电阻变化来测量，则根据电阻与温度的关系有

$$R = R_0(1 + \alpha\overline{T}) \tag{5-19}$$

$$\frac{\mathrm{d}\overline{T}}{\mathrm{d}\tau} = \frac{1}{\alpha R_0}\frac{\mathrm{d}R}{\mathrm{d}\tau} \tag{5-20}$$

$$Q = \rho V c_{\text{p}} \frac{1}{\alpha R_0}\frac{\mathrm{d}R}{\mathrm{d}\tau} \tag{5-21}$$

式中，α 为电阻温度系数；R_0 为采样管参考电阻。

实际情况下，由于热损失、流动不稳定和电阻随温度变化的非线性等，式(5-21)所计算的 Q 与实际值有差异，准确度受影响。但吸热式探针可以快速测定总熔值，是一种动态测量仪器，尽管准确度不高，仍获得相当广的应用。

5.3.3　高温热熔的测量

1. 总温探针法测熔技术

根据高温空气热力学函数表[3]，当地总熔 h_0 和当地总温 T_0 的工程计算关系如下。当 170K＜T_0＜1748K 时，有

$$h_0 = 0.796329 T_0^{1.041} \tag{5-22}$$

当 $T_0 \geqslant$ 1748K 时，有

$$h_0 = 78.4107 \exp\left[3.178 \left(\frac{T_0}{1748} \right)^a \right] \tag{5-23}$$

式中，$a=[2.41+0.00709\ln(P_0/101325)]^{-1}$；$P_0$ 为总压。由于常用热电偶测温上限低于 1800K，因此总温探针法一般仅适用于低熔段（170K＜T_0＜1748K）。

在实际的电弧风洞测试中，总温探针可由双铂佬热电偶制成，总熔值可通过式(5-22)计算得到。具体的总温测试流程如图 5-10 所示，首先将在黑体炉内标定后的总温探针置于加热器喉道前段的混合室内测量总温 T_0，由于这一区段处于亚音速区，此时测得的总温较为精确，而喷管后区域内流场的总熔分布可由总温排架测得，该排架由多个滞止式总温探针组成。

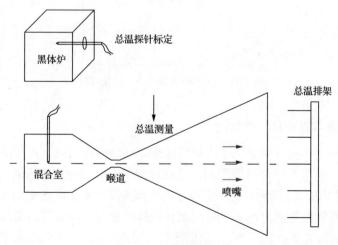

图 5-10　总温测试流程

2. 驻点热流 Fay-Riddell 公式法测焓技术

对于高温高速气流,通常采用基于 Fay-Riddell 公式法的热流/压力探针法测量总焓[4]。将热流/压力探针直接接触高温高速气流,通过测量探针驻点热流 q_0 和驻点压力 p_0,并将其带入公式(5-24)中即可计算获得总焓 h_0。

$$h_0 = \frac{q_0}{K}\sqrt{\frac{R}{p_0}} + h_w \tag{5-24}$$

式中,h_w 为壁面焓;R 为探针球头曲率半径;K 为传热计算常数。当测量高温空气且马赫数大于 2 时,K 一般取为 3.905×10^{-4}。需要说明的是,该计算驻点总焓的方法是基于层流平衡催化效应下的驻点传热理论获得的,因此应假设自由来流中不存在湍流,即探针的绕流是层流,且探针壁面完全催化。此外,该方法对范围为 2～15MJ/kg 的总焓值的测量较为准确。

为提高测量效率,可根据上述原理制作驻点热流和压力一体化探针,如图 5-11。所示探针利用塞式量热计测量驻点热流,同时借由引压孔和压力传感器测量驻点压力,然后便可根据总焓计算公式(5-24)计算来流总焓值。

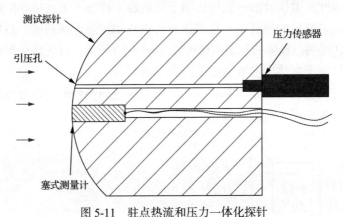

图 5-11　驻点热流和压力一体化探针

3. 质量注入型焓探针测试技术

质量注入型焓探针法是基于边界层理论计算焓值的方法,其测量条件不受来流气体组分、速度和壁面温度限制,是探针测焓方法中较为准确的一种[5]。其具体实施过程如图 5-12 所示,将一定尺寸的半球头探针置于流场中,当探针无冷气注入时,测得驻点热流为 $\dot{q}_0$;当冷气被注入探针顶部半球头时,顶部边界层热流降低,此时测得的驻点热流为 $\dot{q}$;根据冷气质量流率 $\dot{m}_w$ 和驻点热流变化便可计算来流总焓 h_0,具体计算关系如下:

$$\frac{\dot{q}}{\dot{q}_0} = 1 - 0.72B + 0.13B^2 \tag{5-25}$$

$$B = \frac{\dot{m}_w h_0}{\dot{q}} \tag{5-26}$$

式中，B 为质量转移参数。

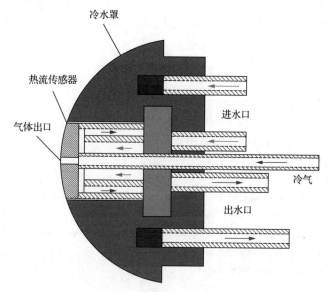

图 5-12　质量注入型焓探针

值得注意的是，质量注入型焓探针法只适用于稳态测量，且要求整个探针和水冷罩的隔热性能优越。此外，测量时候要严格控制注入冷气流量，既不能过大也不能过小。冷气流量过大会导致探针顶部产生湍流，流量过小则会降低测量的灵敏性。通常，为保证探针顶部边界层流动是层流流动，质量转移参数 B 不能超过 0.28[6]。

4. 能量平衡法测焓技术

上述介绍的高温热焓测量方法均是探针类的测量方法，此处还介绍一种操作简单的非探针类测量方法——能量平衡法测焓技术。该测焓方法可用于微小型电火炬发生器，具有操作简单，容易测量的优点，但应用在电弧风洞等大型设备中时存在偏差稍大的不足，最大可达30%左右。

在电弧加热器、等离子体发射器等高温气流发生装置中，高温气体的能量本质上来源于电能。然而电能转化为气流内能时，存在部分能量损失，一部分是由于能量转换效率引起的，另一部分则被冷却水吸收而损失[7]。根据测得的能量损失便可根据式(5-27)计算气流的平均焓值 h_0。

$$h_0 = \frac{Q_{L_1} - Q_{L_2}}{m_0} \tag{5-27}$$

式中，Q_{L_1} 和 Q_{L_2} 分别为能量转换效率引起的能量损失和冷却水的吸收热量；m_0 为气体质量流量。$Q_{L_1} = E_0 I_0 \eta$，其中 E_0、I_0 分别输入电压和电流，η 为能量转换效率，计算中通常假设为 1。$Q_{L_2} = m_{\text{water}} c_{\text{pw}} \Delta T$，其中，$m_{\text{water}}$ 为冷却水质量流量，c_{pw} 为冷却水比热容，ΔT 为冷却水温升。

参 考 文 献

[1] 戴自祝, 刘震涛, 韩礼钟. 热流测量与热流计[M]. 北京: 计量出版社, 1986.

[2] 朱新新, 杨庆涛, 陈卫, 等. 高温气流总焓测试技术综述[J]. 计测技术, 2018(5): 5-11.

[3] 颜坤志. 高温空气的热力学性质[J]. 力学进展, 1985, 15(4): 471-486.

[4] Fay J A, Riddell F R. Theory of stagnation point heat transfer in dissociated air[J]. Journal of the Aerospace Sciences, 1958, 25(2): 73-85.

[5] Löhle S, Auweter-Kurtz M, Eberhart M. Local enthalpy measurements in a supersonic arcjet facility[J]. Journal of Thermophysics and Heat Transfer, 2007, 21(4): 790-795.

[6] Park C. Injection-induced turbulence in stagnation-point boundary layers[J]. AIAA Journal, 1984, 22(2): 219-225.

[7] Herdrich G, Petkow D. High-enthalpy, water-cooled and thin-walled ICP sources characterization and MHD optimization[J]. Journal of Plasma Physics, 2008, 74(3): 391.

第6章　气液两相流的测量技术

气液两相流广泛存在于石油、冶金和环保等工业领域,现已发展成为一个完整的学科。由于气液两相流流动规律的复杂性,很难寻求某一过程的解析解,因而实验显得尤为重要。实验过程中需要获取气液两相流系统中的诸多参数,既包括单相流中的压力、温度等参数,还包括气液两相流中的空隙度、干度和液膜厚度等。关于压力、压差和温度的测量,与前面讨论的单相流体的测量基本相同。本章着重讨论气液两相流中流量、空隙率、蒸汽干度和液膜厚度的基本测量技术。除此之外,层析成像技术的迅速发展为气液两相流的测量带来了重要影响,本章最后一节将对其做简要介绍。

6.1　两相流体流量的测量

单相流中很多流量测量的仪器均可以应用到气液两相流的流量测量中,例如涡轮流量计、电磁流量计、超声波流量计、多普勒效应流量计等,在此不做赘述。其中,利用节流件,如孔板、文丘利管和 V 锥流量计,来测量两相流量是一种常用的方法(本书称之为“节流法”)。节流法依据不同的模型,推导出流体压差、含气率和两相流流量之间不同的关系式。这里,以孔板流量计为例介绍三种常见的应用节流法测量流量的经典模型[1]。另外,分离法是多相流流量测量的特有方法,在本节作为重点说明。

6.1.1　节流法

1. 均相模型

均相模型将两相流体视为两相充分混合后具有单一密度的流体,进而将其视为单相流体来处理。假定流体流经孔板时不发生相变,则通过孔板的两相流量的计算公式为

$$W = \frac{\varphi C A}{\sqrt{1-\beta^4}} \sqrt{2\rho_{\mathrm{m}}\Delta P} \tag{6-1}$$

式中,W 为流体的质量流量,kg/s;ΔP 为节流件差压,Pa;A 为节流件有效截面积($A=\dfrac{\pi d^2}{4}$,d 为工况下节流件的等效开孔直径,对于孔板是孔径,对于文丘利

管是喉径，对于 V 形内锥是等效开孔直径)，m^2；ρ_m 为混合密度，对于均相模型可采用公式 $\dfrac{1}{\rho_m} = \dfrac{x}{\rho_g} + \dfrac{1-x}{\rho_l}$ 计算，kg/m^3；x 为干度；β 为直径比(直径 d 与管道入口内径 D 之比)；C 为节流件的流出系数；φ 为被测介质的可膨胀系数(对于液体 $\varphi = 1$；对于气体、蒸汽等可压缩流体 $\varphi < 1$)。

2. 分相模型

分相模型是把两相流体看成截然分开的流动介质，各自独立处理。假定各相流体流经孔板时不发生相变，则通过孔板的两相流量的计算公式为

$$W = \frac{\varphi C A \sqrt{2\Delta P_{TP}\rho_g}}{\sqrt{1-\beta^4}\left[x + (1-x)\sqrt{\rho_g/\rho_l}\right]} \tag{6-2}$$

式中，ΔP_{TP} 为节流件总差压，计算公式 $\sqrt{\dfrac{\Delta P_{TP}}{\Delta P_g}} = \sqrt{\dfrac{\Delta P_l}{\Delta P_g}} + 1$，Pa；$\rho_g$、$\rho_l$ 分别为气体密度和液体密度，kg/m^3。

尽管分相模型仅是一个理想化模型，不具有实际的应用价值，其结果只能定性分析，作为进一步计算的参考。但是，该模型提供了理论计算两相流流量解析解的一个方向，后续很多模型都是基于这一思想演变甚至直接基于分相模型理论修正，这些后续的模型具有较高的精度和应用价值[1]。

在此基础上，假设两相流流体以分层形式流过孔板节流装置，则上述分相模型可以改写为 Murdock 关系式[2]。其两相流量测量公式为

$$W = \frac{\varphi C A \sqrt{2\Delta P_{TP}\rho_g}}{\sqrt{1-\beta^4}\left[x + 1.26(1-x)\sqrt{\rho_g/\rho_l}\right]} \tag{6-3}$$

大量实验表明，对于文丘里管流量计，系数 1.26 应对应修改为 1.5。

3. 林宗虎模型[3]

林宗虎在流经节流件的总压差计算公式中增加修正系数 θ，即

$$\sqrt{\frac{\Delta P_{TP}}{\Delta P_g}} = \theta\sqrt{\frac{\Delta P_l}{\Delta P_g}} + 1 \tag{6-4}$$

对应的流量公式为

$$W = \frac{C\varphi A\sqrt{2\Delta P_{\mathrm{TP}}\rho_{\mathrm{g}}}}{\sqrt{1-\beta^4}\left[x+\theta(1-x)\sqrt{\rho_{\mathrm{g}}/\rho_l}\right]} \tag{6-5}$$

在利用孔板流量计测量不同气液密度比的两相流实验后，总结出修正系数 θ 的经验公式：

$$\theta = 1.48625 - 9.26541\left(\frac{\rho_{\mathrm{g}}}{\rho_l}\right) + 44.6954\left(\frac{\rho_{\mathrm{g}}}{\rho_l}\right)^2 - 60.6150\left(\frac{\rho_{\mathrm{g}}}{\rho_l}\right)^3$$
$$- 5.12966\left(\frac{\rho_{\mathrm{g}}}{\rho_l}\right)^4 - 26.5743\left(\frac{\rho_{\mathrm{g}}}{\rho_l}\right)^5 \tag{6-6}$$

6.1.2　分离法

分离法又称为分流分相法，其原理是将被测两相流体流过分配器分成两部分：绝大部分两相流体维持原运动状态继续流动，该部分也被称为主流体，对应的通道称为主流体回路；少部分乃至极少部分的两相流体则进入分离器，则该部分流体为分流体，对应通道称为分流体回路。经过分离器分离的分流体，气相和液相流体分别通过各自对应的流量计进行测量，随后通过支路并入主通道与主流体合流[4]。具体原理图如图 6-1 所示。

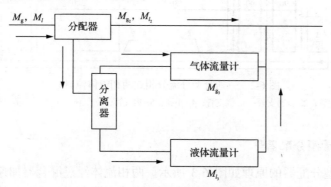

图 6-1　分流分相法原理图

被测两相流体的气相流量 M_{g} 和液相流量 M_l 分别由下面的公式计算：

$$M_{\mathrm{g}} = \frac{M_{\mathrm{g}_3}}{K_{\mathrm{g}}}$$
$$\tag{6-7}$$
$$M_l = \frac{M_{l_3}}{K_l}$$

式中，K_{g}、K_l 分别为气相分流系数和液相分流系数；M_{g_3}、M_{l_3} 分别表示分流体

的气相流量和液相流量，由各自对应的流量计测量。

在理想情况下，气相分流系数和液相分流系数应相等并且为一常数，但实际情况下，现有的分配器很难实现。因此，只要二者满足一定范围内的稳定即可认为测量相对准确。由此可知，分配器是准确测量的关键。目前，常见的分配器包含以下四种类型。

1. 三通管分配器[5]

三通管分配器原理图如图 6-2 所示。4 个平行的侧支管有三根在主管和集气管间相连接。主管和侧支管构成三通结构，故该分配器名为三通管分配器。当气液两相流体进入主管时，由主管和侧支管构成的三通管分出少部分气体进入集气管；绝大部分两相流体则保持原有状态进入直通支管并通经节流孔板成为下游主流。所分出的少部分气体依次流经集气管、气体流量计，进入侧支管与下游的主流体交汇。这种分配器构造简单且稳定性好，但被测参数只能是流量和干度两者之一，另一被测参数需要计算获得。

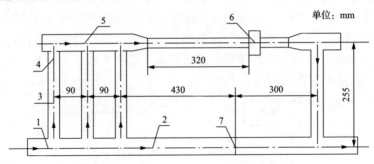

图 6-2　三通管型分流分相式两相流体流量计
1. 主管；2. 直通支管；3. 侧支管；4. 小孔；5. 集气管；6. 气体流量计；7. 节流孔板

2. 取样管型分配器[6]

取样管型分配器的原理如图 6-3 所示。两相流体经过混合器加速和混合后分成两部分，一部分流体直接进入取样管，经过分离器实现气液两相分离，气相和液相流体分别进入对应相的流量计后流入主流；另一部分则沿管道继续流动。需要注意的是，分流系数 K_g、K_l 需由实验进行标定。

3. 转鼓分配器[7]

转鼓分配器的原理如图 6-4 所示。转鼓分配器的设计理念与前两种分配器有本质区别。流体流经该分配器后，不会由一根特定的管道或支路分离流体，而是通过转鼓随机截取。转鼓由若干结构相同且互不相通的通道构成，绝大部分通道

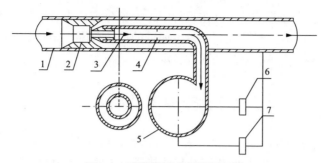

图 6-3　取样管型分配器原理图

1. 管道；2. 混合器；3. 取样管；4. 节流孔板；5. 旋风分离器；6. 气体流量计；7. 液体流量计

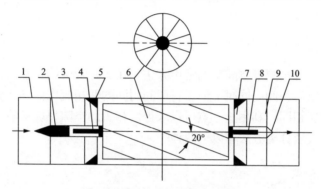

图 6-4　转鼓分配器结构示意图

1. 外壳；2、10. 轴承座；3、9. 支架；4、8. 转轴；5. 前导锥；6. 转鼓；7. 后导锥

与后续管道相连，只有少量通道直连分离器。由于转鼓在工作中处于高速旋转状态，故每一股流体进入后续管道或者分离器的机会是均等的。通过改变流入分流器的通道个数占总通道数的比例可以调节流入分离器的流量，而与其他因素基本无关，因而转鼓分配器内的分流系数可以维持稳定且为常数。

4. 旋流分配器

旋流分配器的原理图如图 6-5 所示。与转鼓分配器类似，同样具有若干结构

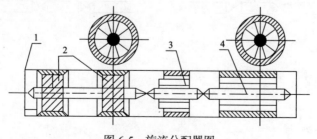

图 6-5　旋流分配器图

1. 管道；2. 旋流器；3. 整流器；4. 分流器

相同且互不相通的通道，只不过在运行中，旋流分配器内各部件稳定，流体流经旋流器和整流器后发生旋转以实现各个通道的均匀分配。与转鼓分配器类似，其分流系数与其他因素基本无关且维持稳定。

6.2　空隙率的测量

两相流道某一截面上，气相所占截面和流道总截面之比称为空隙率（空泡份额，也称截面含汽率）。它是两相流动和传热研究中的一个重要参数。到目前为止，实际用于测定空隙率方法的很多，如快关阀法、电学法、衰减法等。本节主要介绍以上三种测量技术。

6.2.1　快关阀法

快关阀法是直接测量空隙率的常用方法。在实验管两端装有快关阀，当管内两相流流动稳定后，阀门同时关闭。将两阀门间的两相流流体气液分离后，两相截面比与体积比相同，利用这一点可以求得两相流的空隙率。目前，针对不同类型的两相流，气液分离方法有以下两种[8]。

1. 放气放液法

顾名思义，本方法适用于一般的气液两相流，通过两个快关阀中间的放气阀和放液阀实现气液分离，如图 6-6 左图，其平均空隙率为

$$\alpha = \frac{V - V_l}{V} \tag{6-8}$$

该方法适用于一般的气液两相流空隙率测量。

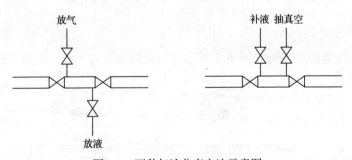

图 6-6　两种气液分离方法示意图

2. 抽气补液法

对于非牛顿流体或气固两相流可以采用本方法。如图 6-6 右图所示，通过依

次打开两个快关阀中间的抽气阀和补液阀，使得充入的液相取代原本的气相，且二者体积相等，其平均空隙率为

$$\alpha = \frac{V_{\mathrm{v}}}{V} = \frac{V_l'}{V} \tag{6-9}$$

式中，V 为两阀间的总体积；V_{v} 为原管道中气相所占的体积；V_l' 为补充的液体体积。

6.2.2 电阻抗法

通常来说，两相流中气、液两相的介电常数和电导率不相等[9]，其等效电路如图 6-7 所示。图中，$1/\omega C$、$1/\omega C_{\mathrm{s}}$ 是混合物的容抗，与混合物的介电常数成反比；R 为混合物的阻抗，与混合物的电导率成反比：

$$R = \frac{d}{kS}, \quad C = \frac{\varepsilon S}{d} \tag{6-10}$$

式中，S 为电极的极板面积；d 为两极板间的距离。

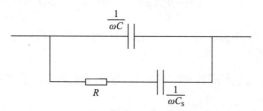

图 6-7 电阻抗法电路示意

在忽略极化电容的影响下，电极的总导纳为

$$Y = \sqrt{\left(\frac{1}{R}\right)^2 + (\omega C)^2} \tag{6-11}$$

对于气液两相流，流体的气相和液相部分均构成电介质。给定流量下所测电容值反映了不同类型的流体质量、密度以及分布结构，故通过对其输出信号分析，可以获得流型、空隙率等重要参数[10]。

6.2.3 衰减法

由核物理学可知，当 γ 射线穿过某一物质时，γ 光子将与物质发生相互作用而发生强度减弱，即衰减现象。它满足指数衰减的规律，即

$$I = I_0 \mathrm{e}^{-\mu s} \tag{6-12}$$

式中，I、I_0 分别为穿透物质后和穿透前的射线强度；μ 为物质的吸收系数；s 为物

质的穿透厚度。

　　γ射线衰减技术测空隙率的原理如图 6-8 所示。

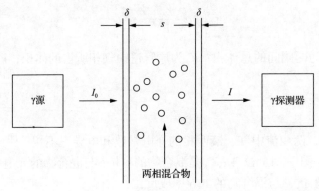

图 6-8　γ射线衰减技术原理图

　　根据式(6-12)，当流道中通过混合均匀的气液两相混合物时，有

$$I/I_0 = \exp\left\{-\mu_{\mathrm{w}}(2\delta) - \left[\alpha\mu_{\mathrm{g}} + (1-\alpha)\mu_l\right]s\right\} \tag{6-13}$$

式中，μ_{w}、μ_{g}、μ_l 分别为管壁、气相和液相的吸收系数；α 为两相混合物的空隙率。

　　假如流道中全部充满液体和气体时，也可以分别写出类似的表达式：

$$\frac{I_l}{I_0} = \exp[-\mu_{\mathrm{w}}(2\delta) - \mu_l s] \tag{6-14}$$

$$\frac{I_{\mathrm{g}}}{I_0} = \exp[-\mu_{\mathrm{w}}(2\delta) - \mu_{\mathrm{g}} s] \tag{6-15}$$

将以上两式相除，可得

$$\frac{I_{\mathrm{g}}}{I_l} = \mathrm{e}^{-(\mu_{\mathrm{g}} - \mu_l)s} \tag{6-16}$$

将上式代入式(6-13)，得

$$\frac{I}{I_0} = \left(\frac{I_{\mathrm{g}}}{I_l}\right)^{\alpha} \exp[-\mu_{\mathrm{w}}(2\delta)] \cdot \exp[-\mu_l(s)] \tag{6-17}$$

由此可得

$$-\frac{I}{I_l} = \left(\frac{I_{\mathrm{g}}}{I_l}\right)^{\alpha}$$

或

$$\alpha = \frac{\ln(I / I_l)}{\ln(I_g / I_l)} \tag{6-18}$$

将上式中射线强度换成探测器的计数率 N，则

$$\alpha = \frac{\ln(N / N_l)}{\ln(N_g / N_l)} \tag{6-19}$$

上式即为 γ 射线衰减技术测量两相混合物空隙率的计算公式。

　　通常 γ 射线源有镅（Am^{241}）和铯（Cs^{137}），测量方法有两种。第一种方法是利用单束薄而宽的 γ 射线,使其一次通过整个流道截面,读取计数,然后根据公式(6-19)确定流道截面平均空隙率。这种方法测量速度快, 装置简单, 但由于测量结果与空隙率沿截面的分布有关, 汽泡集中在管中心和分布在管道边缘时测出的结果不一样。这是由于射线束各部分通过金属壁厚不同和流道介质厚度不同造成的。当气泡集中在流道中心时, 探测器测得的射线强度较大。第二种方法是利用准直的一束 γ 射线沿着流道的整个横截面进行扫描测量, 然后用加权平均的方法求出截面的平均空隙率。测量时将流道分成等宽的几份, 测出每份的平均空隙率 α_i, 则截面平均空隙率为

$$\alpha = \frac{\sum_{i=1}^{n} \alpha_i s_i w}{A} \tag{6-20}$$

式中, w 为每份的宽度; s_i 为第 i 部分的射线束通过的平均长度; A 为流道总横截面积。用扫描法测出的空隙率比较精确, 可明显克服因空隙率分布不均所造成的误差。但是该测量装置比较复杂, 测量花费时间较长。

6.3　湿蒸汽干度的测定

6.3.1　分离法

　　干度最简单的测定方法是机械分离, 即将气液两相分离开来, 然后分别测定各自的质量。这种方法不适合于测量雾状湿蒸汽。

　　分离式干度计实际上是一个离心分离器, 如图 6-9 所示。工作时湿蒸汽在分离室中将水滴分离, 剩余的干湿蒸汽经夹套排入冷凝器中被凝结成水。若从水位计上读出分离的水量 M', 并测得同一时间内冷凝水量为 M'', 则所测湿蒸汽干度为

$$x = \frac{M''}{M' + M''} \tag{6-21}$$

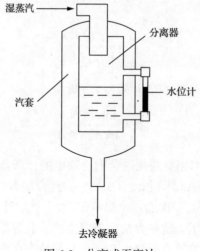

图 6-9　分离式干度计

由于湿蒸汽中总会有极小的水滴，分离时不能完全分离开来，因而测出的干度比实际值要大。

6.3.2　节流法

节流法的原理是将湿蒸汽试样通过等焓膨胀(节流)从湿蒸汽状态 1 变成过热状态 2，如图 6-10 所示。如果测得节流前的蒸汽压力 p_1、节流后的蒸汽压力 p_2 和温度 T_2，则可从水蒸气的 h-s 图上，根据 $h_2=h_1$，查得蒸汽干度 x_1。

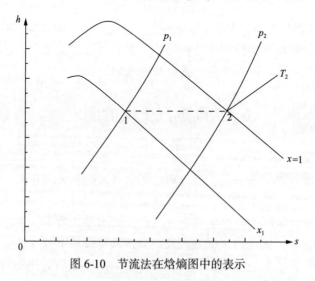

图 6-10　节流法在焓熵图中的表示

图 6-11 是节流式干度计的结构原理图。用节流法测定湿蒸汽干度时一般要求 $x>0.9$，否则节流后达不到过热状态，引起较大的测量误差。

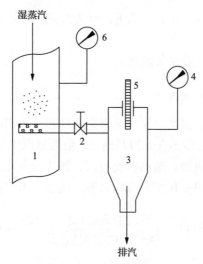

图 6-11 节流式干度计

1. 取样管；2. 节流阀；3. 汽室；4、6. 压力表；5. 温度计

6.3.3 加热法

加热法是将湿蒸汽试样加热(通常用电加热)到干饱和，然后将蒸汽全部凝结成水，求出湿蒸汽的总质量。试样加热到干饱和是用加热器下游蒸汽温度开始升高来检测的。该方法的原理见图 6-12。

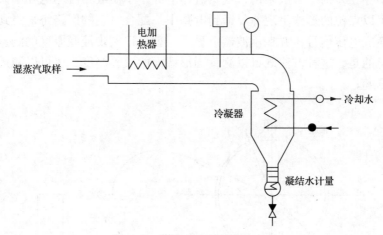

图 6-12 加热法测定湿蒸汽干度

湿蒸汽的干度可用式(6-22)求出：

$$x = 1 - \frac{Q}{Mh_{fg}}$$

(6-22)

式中，Q 为电加热器单位时间的加热量；M 为湿蒸汽的质量流量；h_{fg} 为冷凝器压力下水的汽化潜热。

加热法的测量误差一般比节流法大。

6.3.4　化学法测定蒸汽的湿度

用化学法测定湿蒸汽湿度的原理是根据锅炉水中含有一定的氯根和碱度来进行的。因为干饱和蒸汽应当不含氯根和碱度，但湿蒸汽中却含有 1%～5% 的水分，因而会有一定的碱度和氯根。蒸汽湿度越高，测出的氯根或碱度也越大。因此，可以通过滴定法化验锅炉水和湿蒸汽的氯根或碱度，求出湿蒸汽的湿度，即

$$蒸汽湿度 Y = \frac{蒸汽的氯根值(或碱度)}{锅炉水的氯根值(或碱度)} \times 100\% \tag{6-23}$$

蒸汽干度 $x=1-Y$。该法与取样有关，测量精度较差。

6.4　液膜厚度的测量

6.4.1　电导探针法

电导探针法测量液膜厚度的基本原理如图 6-13 所示。被测流体气相和液相的电导率存在差别，一般来说，气相流体电导率小而液相流体电导率大。探针将电导率以点位的形式呈现并反馈到电路中，配合一定的回路将采集到的电流信号转换成电压信号，并在示波器上显示，就可以实现液膜厚度的测量[11,12]。值得注意的是，这种方法既可以测量圆形截面的液膜厚度，也可以测量水平壁面液膜厚度。

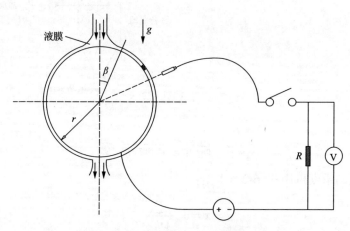

图 6-13　电导探针法原理

由于液膜自由表面的波动，所测出的液膜厚度与实际情况存在一定偏差。

6.4.2　荧光强度法

用电导探针法测出的是两电导探针之间管壁上液膜的平均厚度。随着两探针距离的缩短，其测量灵敏度也越来越低。为了精准的测定管壁上一点的液膜厚度，赫瓦特等发展了荧光法。其原理是荧光物质在激光态和基态之间的跃迁过程中会发生荧光。该测量方法基本原理如图 6-14。

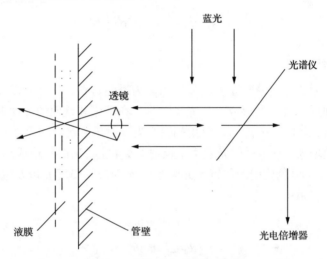

图 6-14　荧光强度法测液膜厚度

为避免采集荧光信号时被激发光影响，荧光物质所发出的荧光必须能够与激发光分离。在液膜厚度测量中，单位面积上荧光强度 I_f 为

$$I_f = I_e \varepsilon C \varphi t \tag{6-24}$$

式中，I_e 为激发光强度；ε 为荧光物质的吸光系数；C 为荧光物质浓度；φ 为荧光量子产率；t 为液膜厚度。

因此，当激发光强度和荧光物质浓度一定时，荧光强度和液膜厚度为正比关系，从而可根据荧光强度推算出液膜厚度。

荧光强度法需要激光在空间上呈现稳定、均匀的分布形式。在实际场景中，为了消除环境因素带来的偏差，往往采用添加两种荧光物质的方法。具体而言，物质 A 发出的荧光会被物质 B 吸收，此时用两台相机对 A、B 两种物质发出的信号进行捕获，采用 A、B 两种物质之比即可将上述偏差大大降低乃至消除。

图 6-15 展示了双荧光标记法原理，液膜吸收激发光后产生荧光，不同荧光剂存在发射吸收重合区域。所产生的荧光通过相机被获取，并用于测定液膜厚度。

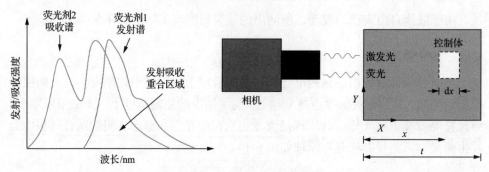

图 6-15　双荧光标记法原理图[13]

6.4.3　全反射法

使用全反射法测量液膜厚度时，壁面需为透明材料，且外侧需要喷涂白漆。激光射入壁面后，会发散形成一片光斑[14-16]。在液膜和壁面的界面上，激光会发生反射和折射，且能流分配与入射角相关。当入射角 θ 接近临界角 θ_c 时，反射光的强度会迅速增大，直至反射光发生全反射。发生全反射时会形成高亮度的光圈，如图 6-16 照片中黑色虚线的位置。光圈半径 R 与液膜厚度 h_l 以及壁面厚度 h_w 具有简单的几何关系：

$$R=R_0+2h_l\tan\theta_c$$

$$R_0=2h_w\tan\theta \tag{6-25}$$

式中，R_0 为液膜厚度为 0 时光圈的半径。

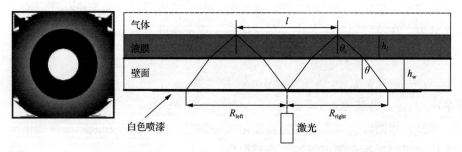

图 6-16　全反射法测量图像和光路示意图

6.5　过程层析成像技术

层析成像(computerized tomography，CT)是利用传感激励在不破坏或干扰测量对象特征的条件下获取其不同方向的投影数据，然后通过算法重建测量对象内部的图像。这与机械制图中利用投影视图重建物体的结构有一定的相似性。CT 技术首个应用案例是颅脑检查,因此一般的 CT 是指医学 CT。工业过程的 CT 技术称为过程层析成像(process tomography,PT),主要以两相流和多相流为检测对象,可以监测管道或容器内的两相流流型、相份额和流速等。

随着成像技术和硬件技术的发展,出现了多种基于不同原理的 PT 系统。根据传感激励的不同,PT 系统可分为电容成像(Electrical Capacitance Tomography,ECT)、电阻成像(Electrical Resistance Tomography,ERT)、电感成像、光学成像、超声成像、γ 射线成像、X 射线成像、核磁共振成像等[17-19]。其中,ECT 和 ERT 技术的成本低廉、实时响应速度快、安全性能佳、使用范围广,现已成功应用于两相流参数检测。本书 ECT 为例,介绍过程层析成像技术的基本原理。

6.5.1　基本原理

图 6-17 给出了电容层析成像系统原理。测量电极阵列沿管道外壁周向均匀分布,电极个数一般为 6~16。通过控制电路可以将各电极进行不同的组合,以测量不同方位的电容值。电容值的大小取决于两电极(或电极组)之间测量空间内的电介常数的分布情况,同时也与整个管内的电介常数 $\varepsilon(x,y)$ 分布有关,其基本关系可以根据电磁场理论导出:

$$C = \frac{Q}{\varphi_2 - \varphi_1} = \frac{\oiint_A \varepsilon(x,y)E\mathrm{d}A}{\varphi_2 - \varphi_1} = -\frac{\oiint_A \varepsilon(x,y)\,\mathrm{grad}[\varphi(x,y)]\mathrm{d}A}{\varphi_2 - \varphi_1} \tag{6-26}$$

$$\nabla^2\varphi(x,y) + \frac{1}{\varepsilon(x,y)}\mathrm{grad}[\varphi(x,y)]\,\mathrm{grad}[\varepsilon(x,y)] = 0 \tag{6-27}$$

式中,C 为电容值;$\varphi(x,y)$ 为电势分布函数;E 为电场强度。

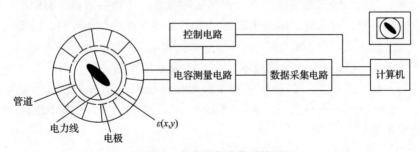

图 6-17　电容层析成像系统原理

通过测量不同方位的电容值,计算机依据一定的算法就可以重建管内电介常数 $\varepsilon(x,y)$ 的分布。由于气相和液相分别具有不同的电介常数,因而重建空间内的电介常数 $\varepsilon(x,y)$ 分布图像,即反映了管内气液两相流体的分布状态。

6.5.2 重建原理

ECT 技术图像重建的基本数学原理是 Radon 变换及其逆变换。Radon 变换是二维空间 Ω 的连续有界函数 $f(x, y)$ 沿给定直线 l 进行线积分所得到的像 $R_f(x, y)$ 的过程，即

$$R_f(x, y) = \int_l f(x, y)\mathrm{d}l \tag{6-28}$$

为确定平面中每一条直线，将笛卡尔坐标系 (x, y) 转换为以原点为极点，x 轴为极轴，t 为极径，φ 为极角的极坐标系，则 Radon 变换可以表示为

$$R_f(t, \varphi) = \int_{-\infty}^{+\infty} f(t\cos\varphi - s\sin\varphi, t\sin\varphi + s\cos\varphi)\mathrm{d}s \tag{6-29}$$

随后，Radon 提出根据 $R_f(t, \varphi)$ 亦可以实现对平面区域内任意一点 $f(x, y)$ 的唯一重建，也就是 Radon 逆变换：

$$f(r, \theta) = -\frac{1}{4\pi^2} \int_0^{2\pi} \int_{-\infty}^{+\infty} \frac{\partial}{\partial t} R_f(t, \varphi) \frac{1}{t - r\cos(\theta - \varphi)} \mathrm{d}t\mathrm{d}\varphi$$
$$\begin{cases} r = \sqrt{x^2 + y^2} \\ \theta = \arctan\dfrac{x}{y} \end{cases} \tag{6-30}$$

式 (6-30) 是 Radon 逆变换的精确表达式，$f(x, y)$ 在任意一点的取值可以由该函数的线性积分值 $R_f(t, \varphi)$ 唯一确定，即通过 $R_f(t, \varphi)$ 实现 $f(x, y)$ 的重建。这一结果的获得理论上需要无限多的观测角度，但是实际布置的传感器数量是有限的，也就是说投影的方向是有限的，因而无法通过 Radon 逆变换确定 $f(x, y)$，需要通过一些图像重建算法获得近似解。

作为 ECT 成像系统的关键技术之一，图像重建算法得到了国内外许多专家学者的深入研究与发展，目前应用的主要有线性反投影算法[20]、截断奇异值分解法[21]、Landweber 迭代法[22]、标准 Tikhonov 正则化[20,23]、代数重建技术[24]和同步迭代重建技术[25]等。

6.5.3 在两相流测量中的应用

传统的两相流测量方法建立在理论模型之上，此外，诸如节流式、容积式等方法测量会对流体流动产生一定程度的影响。因此，具有非接触特点的 ETC 方法成为流量监测的重要手段，同时也便于对数字信号进行处理。

　　通常在流体上下游放置两个相同的传感器，通过测量流体流经两个传感器的时间延迟，来计算流速，进而计算体积流量、质量流量等参数。目前，用于时延估计的算法包括相关分析、高阶统计量和小波变换等算法[26,27]。此外，电容层析成像技术可以很好地反应两相流的整体样貌特征，因此在流型测量中具有较好的应用前景。以水平管道气液两相流为例，有学者利用 ECT 技术重现了泡状流中短时间的满管流[28]，直观、实时地展现了两相流系统流动特性。

　　此外，在多相流动过程中，相界面不断变化，导致流型多种多样，单一的成像方法很难精准捕获两相流的流型，因而常常通过结合多种方法的复合成像方式解决这一问题。例如，结合电阻层析成像法和电容层析成像法的双模态电学层析成像技术（ECT-ERT）[29]，可以较好地获得水平管内水-气-油三相的流型图，如分层流、弹状流以及塞状流。ERT 可以辨别导电与不导电介质，即气和水油；ECT 可以辨别水和气油，二者结合得到清晰的流型图。此外，电学层析法还可估算气含率分布，气泡上升速度等[30]。

6.5.4　过程层析成像技术的优缺点

　　过程层析成像技术的主要优势在于可以在不影响流体流动的前提下，直接获得管道设备内两相甚至多相流体的多维（二维、三维）分布信息[31]，过程参数的测量采用了多点、截面分布式方法取代了传统技术过程中的单点、局部式方法。

　　作为一种新兴的测量方法，PT 的发展也受到很多因素的限制。首先，从 PT 系统本身而言，传感器是其关键技术难点部件，而不同类型 PT 系统存在的技术短板也正与其内部所使用传热器不同的制作工艺以及物理机理方式密不可分。因此，PT 系统根据其内部传感器的设计角度不同可主要划分为光学式、辐射式、声学式以及电学式四种。关于不同种类 PT 系统，首先，光学式中使用的介质需有透光性；辐射式成本高、速度慢，需要防辐射；声学式受声波速度限制；电学式敏感场随混合物的物理性能及成分分布而变化，因而分辨率低。其次，PT 面对的对象通常具有强非线性和高度动态性，要求测量数据采集时间要尽可能短，图像重建算法的实时性要强。除此之外，PT 还要适应恶劣的测量环境。工业过程中的多相流动带有一定的物化环境，诸如振动、声光热、电磁、粉尘及潮湿等，测量元件对于这些干扰因素的灵敏度直接影响其测量结果[31]。

参 考 文 献

[1] 许鹏. 水平管双锥流量计气液两相流参数测量实验研究[D]. 杭州：中国计量学院, 2015.

[2] Murdock J W. Two-phase flow measurement with orifices[J]. Journal of Basic Engineering, 1962, 84(4): 419-433.

[3] Lin Z H. Two-phase flow measurements with sharp-edged orifices[J]. International Journal of Multiphase Flow, 1982, 8(6): 683-693.

[4] 林宗虎. 气液两相流和沸腾传热[M]. 西安: 西安交通大学出版社, 2003.

[5] 王栋, 林宗虎. 一种新的气液两相流体流量计——三通管型分流分相式两相流体流量计[J]. 工程热物理学报, 2001, 4: 488-491.

[6] 王栋, 林益, 林宗虎. 取样管型分流分相式气液两相流体流量计[J]. 工程热物理学报, 2002, 2: 235-237.

[7] 王栋, 林益, 林宗虎. 转鼓分流分相式气液两相流体流量测量技术研究[J]. 西安交通大学学报, 2002, 5: 457-460.

[8] 郝丽, 仇性启. 两相流动测试技术方法综述[J]. 通用机械, 2006, 11: 66-68+81.

[9] 常亚. 气液两相流相含率电学测量新方法研究[D]. 杭州: 浙江大学, 2016.

[10] 李海青. 两相流参数检测及应用[M]. 杭州: 浙江大学出版社, 1991.

[11] 侯昊, 毕勤成, 马红. 水平管降膜厚度的电导探针测量方法[J]. 沈阳工业大学学报, 2011, 33(04): 476-480.

[12] 李天宇, 黄冰瑶, 廉天佑, 等. 薄层液膜厚度的点测量和空间测量方法综述[J]. 实验流体力学, 2020, 34(1): 12-24.

[13] Hidrovo C H, Hart D P. Emission reabsorption laser induced fluorescence(ERLIF)film thickness measurement[J]. Measurement Science and Technology, 2001, 12(4): 467-477.

[14] 阎维平, 李洪涛, 叶学民, 等. 垂直自由下降液膜厚度的瞬时无接触测量研究[J]. 热能动力工程, 2007, 4: 380-384, 466.

[15] Kiura T, Shedd T A, Blaser B C. Investigation of spray evaporation and numerical model applied for fue-injection small engines[J]. SAE International Journal of Engines, 2008, 1(1): 1402-1409.

[16] Hurlburt E T, Newell T A. Optical measurement of liquid film thickness and wave velocity in liquid film flows[J]. Experiments in Fluids, 1996, 21(5): 357-362.

[17] 王微微. 气液两相流参数检测新方法研究[D]. 杭州: 浙江大学, 2006.

[18] 李海青, 黄志尧. 特种检测技术及应用[M]. 杭州: 浙江大学出版社, 2000.

[19] 李海青, 黄志尧. 软测量技术原理及应用[M]. 北京: 化学工业出版社, 2000.

[20] Xie C G, Huang S M, Hoyle B S, et al. Electrical capacitance tomography for flow imaging: system model for development of image reconstruction algorithms and design of primary sensors[J]. IEE PROCEEDINGS-G, 1992, 139(1): 89-98.

[21] 王振杰. 测量中不适定问题的正则化解法[M]. 北京: 科学出版社, 2006.

[22] Yang W Q, Peng L H. Image reconstruction algorithms for electrical capacitance tomography[J]. Measurement Science and Technology, 2003, 14(1): 1-13.

[23] Tikhonov A N, Arsenin V Y. Solution of Il-Posed Problems[M]. New York: V.H. Winston & Sons, 1977.

[24] Reinecke N, Mewes D. Recent developments and industrial/research applications of capacitance tomography[J]. Measurement Science and Technology, 1996, 7(3): 325-327.

[25] Su B L, Zhang Y H, Peng L H, et al. The use of simultaneous iterative reconstruction technique for electrical capacitance tomography[J]. Chemical Engineering Journal, 2000, 77(1-2): 37-41.

[26] 邵晓寅, 冀海峰, 黄志尧, 等. 用于油气两相流空隙率测量的电容层析成像量化新算法研究[J]. 浙江大学学报, 2003, 4: 17-20.

[27] 薛倩, 王化祥, 高振涛. 基于双截面电容层析成像技术的两相流速测量[J]. 中国电机工程学报, 2012, 32(32): 82-88, 14.

[28] 杜运成. 基于电容层析成像技术的气液两相流特性分析[D]. 天津: 天津大学, 2011.

[29] Wang Q, Polansky J, Wang M, et al. Capability of dual-modality electrical tomography for gas-oil-water three-phase pipeline flow visualisation[J]. Flow Measurement and Instrumentation, 2018, 62: 152-166.

[30] Jin H, Williams R A. The effect of sparger geometry on gas bubble flow behaviors using electrical resistance tomography[J]. Chinese Journal of Chemical Engineering, 2006, 1: 127-131.

[31] 董峰, 邓湘, 徐立军, 等. 过程层析成像技术综述[J]. 仪器仪表用户, 2001, 1: 6-11.

第7章　工质的热物理性质及其测定方法

7.1　热物性学概说

热物性学是一门年轻的学科。科学技术的发展，对精确测定各类材料的热物理性质提出了越来越高的要求。针对物质(气体、液体和固体)热物理性质的研究开始于 20 世纪 30 年代。现代热物性学主要研究如何确定各类工质的热力学参数 (P、V、T) 及各种材料和物质的热物理参数，如比热、导热系数和导温系数等。研究热量在各种物体中传递的理论时，通常把这类物体看成是连续充填空间的连续介质，而不考虑物质的分子结构和分子特性。为此就需要用导热系数、导温系数、比热容、密度、黏度、扩散系数等宏观物性来表征物体的特征。因此，确定各种材料的热物理性质对于工程热物理理论的发展具有重要意义。

在热物性研究领域，除了进一步发展确定工质热力学参数的理论方法外，实验室工作主要有两方面，一是测定各种纯物质和材料的真实热物理性质，这类工作通常是在计量实验室中进行的；二是确定由纯物质构成的各类工程材料的热物理性质，包括研究各种快速有效的测试方法。除用实验方法确定材料热物性之外，利用假定材料结构的物理模型，通过理论计算获得材料热物性的理论研究工作也在逐步展开。尽管到目前为止，还未取得实质性进展，但这是一条很有希望的材料热物性研究新途径。

目前纯物质和材料的热力学性质可用理论方法确定，而工程材料的热物理性质基本上仍由实验方法确定，所使用的方法是经典的稳态法(如双平板稳态法、同轴圆筒法、热线法、量热计法)和非稳态法。稳态法的测定装置比较复杂，测试时间较长，但计算简单，准确度高；非稳态方法一般可以在很短时间内确定材料的热物理性质，测定装置也不太复杂，但计算较繁复，准确度较低。

稳态法在 19 世纪 80 年代末期开始发展，在这类方法的发展中，努塞尔做出了卓越的贡献。今天我们使用的大部分金属、合金、晶体和许多工程材料的热物理性质都是用稳态法测得的。

测定工质热物理性质的非稳态法可以分为正规状况法、准稳态法和综合法。非稳态法可以在较短的时间和较宽的测量范围内连续获取一系列的待测参数，这使非稳态法具有较大的实用价值。

在热工技术中，材料的比热容 c，导热系数 λ 和导温系数 a 是最基本的热物理参数，本章主要讨论测定这几个参数的原理和方法。

7.2　比热容的测定

比热容(比热)是物质的重要热力学性质之一。它被定义为单位质量的物质在某一过程 x 中，温度变化 1K 所吸收或放出的热量。

$$c_x = \frac{1}{M}\frac{\mathrm{d}Q_x}{\mathrm{d}T}\quad [\mathrm{J}/(\mathrm{kg\cdot K})]\tag{7-1}$$

式中，c_x 为 x 过程的比热；$\mathrm{d}Q_x$ 为质量为 M 的某物质在 x 过程中温度变化 $\mathrm{d}T$ 时所吸收的热量。

工程上最常遇见的是在定压过程中测出的比热(定压比热 c_p)和在定容过程中测出的比热(定容比热 c_v)。显然，由于定压过程会引起物质体积的变化，需要外加的能量来克服分子之间的作用力，所以必有 $c_\mathrm{p}>c_\mathrm{v}$。

比热和温度有关，是温度的某个函数，记作 $c=c(T)$。知道了比热和温度的关系，就可以求出在温度区间 (T_1, T_2) 中的平均比热：

$$c_\mathrm{m} = \frac{1}{T_2-T_1}\int_{T_1}^{T_2}c\mathrm{d}T\tag{7-2}$$

通常实验室中测出的是材料从温度 T 升高到 $T+\Delta T$ 之间的平均比热，记作

$$c(\bar{T}) = \frac{1}{M}\frac{\Delta Q}{\Delta T}\tag{7-3}$$

将材料样品升温到不同的温度，重复测出不同温度下的比热，就可以获得比热随温度的变化曲线。

由于液体和固体的体积膨胀系数很小，故常假定液体和固体只有一个比热 $(c_\mathrm{p}=c_\mathrm{v}=c)$。

测定材料比热的方法有下列几种。

7.2.1　绝热量热法

绝热量热法是直接根据比热的定义来测定的。它是先使待测样品冷却(或加热)到要测量的某一温度 T，然后使样品和环境绝热，并供给样品以一定的热量 ΔQ，待热稳定后测出样品的温升 ΔT，即可求出在 $T{\rightarrow}T+\Delta T$ 温度范围内的样品热容为

$$c = \frac{1}{M}\frac{\Delta Q}{\Delta T}$$

式中，M 为样品质量。

对于样品的加热方法可以用瞬时热脉冲法，也可以用电加热器的连续加热法。此时只要把上式中 ΔQ 和 ΔT 都变成时间的变化率，则

$$c = \frac{1}{M}\frac{\mathrm{d}Q / \mathrm{d}t}{\mathrm{d}T / \mathrm{d}t} = \frac{1}{M}\frac{P}{\dot{T}} \tag{7-4}$$

式中，P 为输入的加热功率；$\dot{T}$ 为温升速率。实际测量过程中，可以是恒定升温速率 $\dot{T}$，然后测量 P，或是恒定加热功率 P 来测量 $\dot{T}$，这也被称为连续量热法，可以直接得到 c-T 关系曲线。严格来说，这种方法要求样品在升温过程中随时达到热平衡，以保证样品温度均匀分布，这只能近似地实现。所以这种方法适合于测量尺寸较小、导热性能较好的样品热容。

图 7-1 是由 Schmidt 等提出的一个这类测量方法的装置原理图。主加热器是一个电加热的小球，外面包围着被测样品材料(液体或固体颗粒)，辅助加热器使恒温器的温度随时与量热计壳体的温度相同，以抵偿量热屏向外的热损失。根据记录下来的样品内温度随时间的变化率，可求出样品的比热，如式(7-5)。

$$c = \frac{1}{M}\left(\frac{P}{\dot{T}} - W_{\mathrm{c}}\right) \tag{7-5}$$

式中，P 为恒定的加热功率；M 为样品质量；$\dot{T}$ 为样品的升温速率；W_{c} 为量热计系统的热容，包括加热球、量热计屏和引出导线的热容。W_{c} 可以用已知比热的标准材料标定。

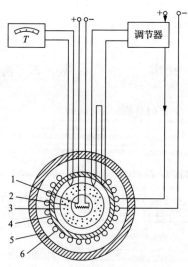

图 7-1　绝热量热计原理图

1. 主加热器；2. 被测材料；3. 量热计壳；4. 恒温器；5. 绝热层；6. 辅助加热器

测量误差来自向外界的漏热和样品材料温度的不均匀性，因而要求升温速度较慢且有很好的对外热绝缘。

7.2.2　水卡计

水卡计是一种跌落式量热计。它的工作原理是将试样在加热炉内加热到某一已知温度，然后快速地跌落到一个量热计中，这时试样迅速冷却。如果能测出试样在温度变化 ΔT 时所释放的热量，就可以求出试样的比热。水卡计就是这样一类测量比热的仪器。

图 7-2 给出了水卡计的原理结构图。被测试样(若是液体试样或固体颗粒，可利用试样筒)在加热炉中被加热到恒定的已知温度 T_0，然后迅速跌落到保温容器内的水中(水温为 T_w)，充分搅拌后，使试样的温度与水的温度达到平衡温度 T_e，则在对外绝热的条件下可写出如下的热平衡关系式：

$$c_{ps}M_s(T_0 - T_e) = c_{pw}(T_e - T_w)M_w + Q_c \tag{7-6}$$

式中，c_{ps} 为被测试样在温度 (T_e, T_0) 区间内的平均定压比热；c_{pw} 为水在温度 (T_w, T_e) 之间的平均定压比热；M_s 为被测试样的质量；M_w 为保温容器内水的质量；Q_c 为保温容器的吸热量。

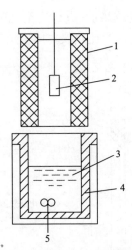

图 7-2　水卡计的原理结构

1. 加热炉；2. 试样；3. 水；4. 保温容器；5. 搅拌器

由此可以求出被测试样的比热为

$$c_{ps} = \frac{c_{pw}(T_e - T_w)M_w + Q_c}{M_s(T_0 - T_e)} \tag{7-7}$$

　　实际上在试样跌落过程中存在散热损失，搅拌器又有少量的能量输入并且容器对外有散热损失，因而公式(7-7)还需要进行一定修正。

　　通常每台水卡计都配置一块已知比热的标准试样(例如一块高纯铜)。通过对标准试样的测试，可以确定保温容器的吸热量、搅拌器输入的附加能量和设备的散热损失，这些都可以统一作为仪器常数对实验结果进行修正。

　　水卡计测定比热时的温度范围大约为 20～150℃，数据准确度可达 1%～2%。与其他各种卡计比较，水卡计结构简单，操作方便，制作成本低，因而常用于热工实验或工程材料比热测试。

7.2.3　气体定压比热测定仪

　　气体定压比热测定仪的组成如图 7-3 所示。被测空气由风机经流量计送入比热测定仪本体，经加热、均流和混流以后流出测定仪。待气体出口温度稳定后，根据比热仪进出口气体的温度 T_1 和 T_2，以及流量计出口空气的干球温度和湿球温度、流量和加热功率，由热平衡式即可求出干空气的定压比热：

$$c_{pm}\Big|_{T_1}^{T_2} = \frac{\dot{Q} - \dot{Q}_w}{G_g(T_2 - T_1)} \tag{7-8}$$

式中，$\dot{Q}$ 为电加热器单位时间放热量；$\dot{Q}_w$ 为空气中水蒸气单位时间的吸热量；G_g 为干空气的质量流量；T_1、T_2 为比热仪本体进出口处气体的温度。

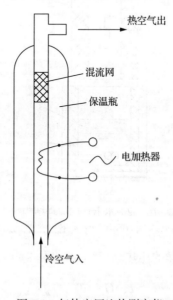

图 7-3　气体定压比热测定仪

7.2.4　非绝热量热法

非绝热量热法是通过间接测量而求得试样比热的方法。在热工实验中，常常可以利用这种方法测定材料的导热系数 λ 和导温系数 a，并根据导温系数的定义 $a = \lambda / c\rho$，最终确定样品的比热为

$$c = \frac{\lambda}{\rho a} \tag{7-9}$$

式中，ρ 为材料的密度。此外，在新材料的低温热物理性质研究中，往往需要测定小样品的比热，而小样品的漏热所引起的温升率已远远超过绝热量热法中所允许的限度。为此，人们发展了多种新的非绝热量热法。

1. 热弛豫法

1972 年，Bachmann 等最先提出了热弛豫法，该方法测量原理如图 7-4 所示[1]。支持器与热沉经由测温信号线和电加热器导线相连，同时利用导热脂将其与被测试样相黏结。对于支持器和被测试样的传热，当支持器上所受热负荷为 Q 时，其热平衡方程可表达为

$$c \frac{\mathrm{d}T}{\mathrm{d}\tau} = Q - h(T - T_0) \tag{7-10}$$

式中，c 为支持器和试样总热容；h 为支持器和热沉之间的换热系数；T、T_0 为试样和热沉的温度。

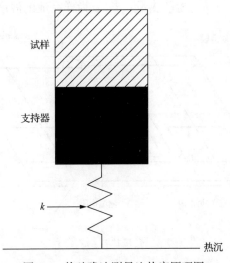

图 7-4　热弛豫法测量比热容原理图

为测量试样比热容，首先保持定加热功率使试样温度达到稳态，此时有 $h=Q/(T-T_0)$，接着关闭加热器，试样则通过与热沉间的换热降温，因而有 $c\dfrac{\mathrm{d}T}{\mathrm{d}\tau}=-h(T-T_0)$，积分得

$$T = T_0 + \Delta T \exp\left(\frac{-h\tau}{c}\right) \tag{7-11}$$

然后，通过分析试样的降温曲线来确定时间常数 $\tau = c/h$，从而得到试样的比热容。

热弛豫法的优点是有很高的灵敏度，在 pJ/K～mJ/K 的范围内精度较高，但对一阶相变及其潜热的测量较为困难[2-4]。

2. 微量热计法

对准二维结构微纳米薄膜材料来说，受薄膜材料面积较小和从衬底上分离后无法保持原有结构特性的限制，传统量热计无法测量该类薄膜材料的热容。借助 MEMS 微加工工艺的发展，California 大学物理系的 Hellman 等于 1994 年首次展示了他们的薄膜微量热计[1,5]。

图 7-5 为微量热计结构示意图，具有电绝缘性质的介质薄膜作为样品池被悬空放置，以使之具有良好的绝热性。通过加热电阻产生的焦耳热加热介质薄膜，使薄膜发生温度波动。对于介质薄膜，根据非稳态、有内热源的导热方程有

$$Q = c\frac{\mathrm{d}T}{\mathrm{d}\tau} + Q_{\text{loss}} \tag{7-12}$$

式中，Q 为加热功率；Q_{loss} 为散热量；T、c 为样品池的温度和比热容。

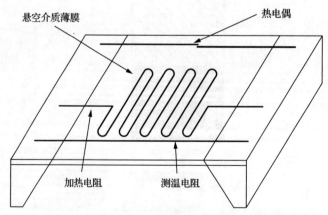

图 7-5　微量热计结构示意图

先测试无待测试样薄膜样品池的 Q、Q_{loss} 和样品池实时温度 T，根据式 (7-12)

来计算介质薄膜的比热容。然后将待测薄膜淀积到样品池上,再测试并计算载有待测试样的微量热计热容。最后,通过计算两种情况下的热容差值即可获得待测薄膜试样的热容。

3. 差热分析法

差热分析法(Differential Thermal Analysis,DTA)是一种通过建立测试样件温度 T_s 和所设定参考温度 T_r 之间的温度差值 ΔT 与温度或时间函数关系的分析技术,测量过程中温度变化均通过程序控制。该方法测量原理如图 7-6 所示,在给予试样和参比物相同热量后,因二者的热物性差异导致它们各自的升温过程不同,通过测定二者的温差便可达到热分析的目的。差热分析法的测温范围为 $-180\sim2400\,^\circ\!\mathrm{C}$,测压范围可从几百到几千个大气压。

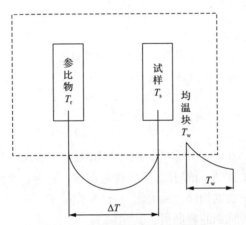

图 7-6　差热分析法原理示意图

图 7-7 为实验测得的试样与参比物温差随时间变化曲线(DTA 曲线)示意图。加热前整个系统温度分布均匀,加热后有试样和参比物的传热方程:

$$c_s \frac{\mathrm{d}T_s}{\mathrm{d}\tau} = h(T_w - T_s) \tag{7-13}$$

$$c_r \frac{\mathrm{d}T_r}{\mathrm{d}\tau} = h(T_w - T_r) \tag{7-14}$$

式中,h 为换热系数;T_w 为均温块温度;c_s 为式样的总热容;c_r 为参比物的总热容。

因为试样无热效应,所以当试样和参比物进入准稳态后,有

$$\frac{\mathrm{d}T_w}{\mathrm{d}\tau} = \frac{\mathrm{d}T_s}{\mathrm{d}\tau} = \frac{\mathrm{d}T_r}{\mathrm{d}\tau} = k \tag{7-15}$$

式中,k 为 DTA 的升温速率。

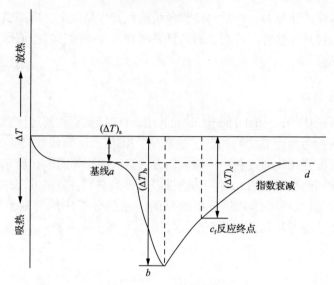

图 7-7　DTA 吸热峰曲线

由式(7-13)和式(7-14)相减，得

$$\Delta T = \frac{(c_{\mathrm{r}} - c_{\mathrm{s}})}{h}\frac{\mathrm{d}T_{\mathrm{w}}}{\mathrm{d}\tau} = \frac{\Delta c}{h}\frac{\mathrm{d}T_{\mathrm{w}}}{\mathrm{d}\tau} \tag{7-16}$$

如图 7-7 所示，在开始升温时，由于热阻效应，参比物与试样会有不同程度的热滞后，由此导致 DTA 曲线升温后出现弯曲段。随后，参比物和试样进入准稳态传热阶段，它们开始以相同速率升温，DTA 曲线趋于平直，该段称为 DTA 曲线的基线。对于初始时刻的弯曲段，其定解为

$$\Delta T = \frac{c_{\mathrm{r}} - c_{\mathrm{s}}}{h}k\left[1 - \exp\left(-\frac{h}{c_{\mathrm{s}}}\tau\right)\right] \tag{7-17}$$

代入边界条件，则有

$$\begin{cases} \Delta T = 0, & \tau = 0 \\ (\Delta T)_{\mathrm{a}} = \frac{c_{\mathrm{r}} - c_{\mathrm{s}}}{h}k, & \tau \to \infty \end{cases} \tag{7-18}$$

式中，$(\Delta T)_{\mathrm{a}}$ 为基线 a 处的温差。

当 $0 < \tau < \infty$ 时，由 $h(\Delta T)_{\mathrm{a}} = (c_{\mathrm{r}} - c_{\mathrm{s}})\dfrac{\mathrm{d}T_{\mathrm{r}}}{\mathrm{d}\tau}$ 和式(7-16)可得

$$c_{\mathrm{s}}\frac{\mathrm{d}T_{\mathrm{r}}}{\mathrm{d}\tau} = h(T_{\mathrm{w}} - T_{\mathrm{r}}) - h(\Delta T)_{\mathrm{a}} \tag{7-19}$$

若试样中有热效应发生，如相变，则式(7-13)应写为

$$c_s \frac{dT_s}{d\tau} = h(T_w - T_s) + \frac{d\Delta H}{d\tau} \tag{7-20}$$

式中，ΔH 为发生热效应产生的热焓，此时 $dT_s / d\tau \neq dT_r / d\tau$，即 DTA 曲线偏离基线。

由式 (7-19) 和式 (7-20) 相减得

$$c_s \frac{d\Delta T}{d\tau} = \frac{d\Delta H}{d\tau} - h[\Delta T - (\Delta T)_a] \tag{7-21}$$

式中，$\Delta T = T_s - T_r$，$d\Delta T / d\tau$ 为 DTA 曲线的斜率，当 $d\Delta T / d\tau = 0$ 时，即对应于峰顶。

据式 (7-20)，可得

$$(\Delta T)_b - (\Delta T)_a = \frac{d\Delta H}{d\tau} \frac{1}{h} \tag{7-22}$$

式中，$(\Delta T)_b$ 为 b 处的温差。

对于图 7-7 所示的反应终点 c_f，此时 $d\Delta H / d\tau = 0$，由式 (7-20) 可得

$$\Delta T - (\Delta T)_a = \exp\left(-\frac{h}{c_s}\tau\right) \tag{7-23}$$

式 (7-23) 表明，反应终点 c_f 以后，温差 ΔT 会按指数形式衰减到基线。

对式 (7-20) 从基线 a 点到反应终点 c_f，积分得

$$\Delta H = c_s\left[(\Delta T)_c - (\Delta T)_a\right] + h\int_a^c \left[\Delta T - (\Delta T)_a\right]d\tau \tag{7-24}$$

式中，$(\Delta T)_c$ 为 c_f 处的温差。

DTA 曲线从 c_f 返回基线的积分可表示为

$$c_s\left[(\Delta T)_c - (\Delta T)_a\right] = h\int_c^\infty \left[\Delta T - (\Delta T)_a\right]d\tau \tag{7-25}$$

将式 (7-25) 代入式 (7-24)，得

$$\begin{aligned}
\Delta H &= h\int_a^c \left[\Delta T - (\Delta T)_a\right]d\tau + h\int_c^\infty \left[\Delta T - (\Delta T)_a\right]d\tau \\
&= h\int_a^\infty \left[\Delta T - (\Delta T)_a\right]d\tau = hS
\end{aligned} \tag{7-26}$$

式中，S 为 DTA 曲线与基线之间的面积。其计算较为复杂，具体可参见刘振海的《热分析导论》。h 并不是简单的换热系数，而是与实验条件与操作、试样热导率和支持器几何形状等有关的参数，需要对其值进行标定。这样，根据式(7-25)就可以定量测量相变潜热及其他反应热。

差热分析法具有样品量少、测试速度快、适用范围广等优点，但由于影响因素众多且复杂，实验重复性差、分辨率低，因而一般难以用于准确的定量分析[1,6]。

7.3 导热系数和导温系数的测定——稳态法

导热系数是工程材料的重要热物性之一，对于研究物体的加热和冷却理论、发展新型的保温绝热系统都具有重要的意义。目前材料导热系数的测定都是建立在所研究的物体在加热(冷却)情况下温度场变化的基础上。

对于不同物质来说，导热系数值可在相当大的范围内变化，这可以用物质内部热量传输的机理来解释。气体中热量的传递是气体分子无规则热运动时相互碰撞的结果。金属导体中的导热主要靠自由电子的运动来完成，而非导电固体则是通过晶格的振动来传递热量的。通常纯金属的导热系数很大，并且随着温度升高而略有降低。大多数非金属固体的导热系数随温度成线性变化，但也有些物质，如陶瓷类材料，它们具有复杂的导热系数——温度关系曲线。液体的导热系数一般随温度的增加而降低。最差的导热体是气体，气体的导热系数随温度的增加而增加。

确定材料的导热系数的稳态法是建立在傅里叶定律的基础上，即

$$Q = -\lambda \frac{\partial T}{\partial \boldsymbol{n}} \cdot F \tag{7-27}$$

式中，$\boldsymbol{n}$ 为温度梯度法向。

式(7-27)对固体是正确的，对于液体和气体，只要不存在对流和辐射，只靠导热传递热量时也是正确的。在第一类边界条件下，求解微分方程(7-27)，可以求得各种简单几何形状物体的导热系数 λ 的计算公式。

大平板：

$$\lambda = \frac{Q}{T_1 - T_2} \frac{\delta}{F} \tag{7-28}$$

长圆筒体：

$$\lambda = \frac{Q}{T_1 - T_2} \ln \frac{d_2}{d_1} \cdot \frac{1}{2\pi l} \tag{7-29}$$

空心球体：

$$\lambda = \frac{Q}{T_1 - T_2} \left(\frac{1}{d_1} - \frac{1}{d_2} \right) \frac{1}{2\pi} \tag{7-30}$$

式中，δ 为平板厚度；F 为与热流方向垂直的传热面积；d_2、d_1 分别为圆筒体或空心球的内外径；l 为筒体长度；T_1、T_2 为平板两侧表面或圆筒内外表面或球壁内外表面的温度。

由上所知，稳态法测定导热系数的一般原理是：测定通过给定尺寸试样的热流 Q、两个等温表面的温差和有关的几何尺寸，就可以按上述各式算出导热系数。在导出上述公式时，假定了 λ 为常数，与温度无关。

采用稳态法，一次实验通常只能测得一个给定温度范围的平均导热系数。为了建立整个温度关系曲线，需要在不同的温度范围内进行多次实验。

稳态法的缺点是实验装置的电气控制线路比较复杂，要求得可靠的试样表面平均温度，需要用相当数量的热电偶，且实验时间较长。但稳态法可以得到比较可靠的结果，计算简单，因而得到广泛的应用。

导热系数测定后，如已知材料的比热和密度，就可以算出导温系数。

下面讨论基于稳态导热理论来测定导热系数的实验方法和测试装置。

7.3.1　平板法

平板法是以无限大平板的导热规律作为基础的。通常把被测材料做成比较薄的圆形板或方形板。薄板的一个表面被加热，另一个表面被冷却，并分别维持恒定的温度不变。于是在平板内部就建立起恒定的温度梯度。为了得到近似的一维热流，对于导热系数较小的物料（$\lambda \leqslant 2 \sim 3\text{W}/(\text{m·K})$），试样的尺寸要注意满足厚度 $\delta \leqslant \frac{1}{7}D \sim \frac{1}{10}D$，$D$ 为圆板的直径；此外需要对试样的侧表面进行保温。加热器通常用镍铬带制成，冷表面常用恒温水来保持恒定温度。加热器和试样之间以及试样和冷却器之间要求接触紧密无空气隙，否则会给导热系数的测量带来很大的误差。为此常采用压紧装置并对试样表面进行精细加工。

平板法不仅可以测定保温材料的导热系数，也可以用于测量金属和其他导热体的导热系数。

1. 单试样平板导热系数测试装置

图 7-8 是常用的单试样平板测试装置。被测材料做成平的圆盘形，直径 200mm，厚度 25mm。用一主加热器进行加热，一个环状补偿加热器防止试样沿径向散失热量，另一个补偿加热器用来补偿主加热器向底部的散热。在稳定工况下，主加热器释放的热量完全通过试样（一维）并被上面冷却器内的冷却水所带走。以主加热器的表面积作为计算表面。

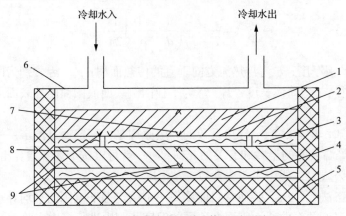

图 7-8　单试样平板测试装置原理图

1. 试样；2. 主加热器；3. 环形补偿加热器；4. 底部补偿加热器；5. 保温层；6. 冷却器；7. 热电偶；
8. 底部热防护板；9. 辅助热电偶

用两对热电偶测量被测试样的表面温度，它们分别敷设在测试装置的主加热器表面和冷却器表面上。补偿加热器根据辅助热电偶的指示进行调节(辅助热电偶在图上未画出)。在散热完全补偿的条件下，样品的导热系数由下式计算：

$$\lambda = \frac{Q\delta}{(T_1 - T_2)F} \tag{7-31}$$

式中，δ 为样品的厚度；F 为主加热器表面积；Q 为主加热器的发热量，由测量到的加热电流和电压值计算。

2. 双试样平板测试装置

双试样是对单试样的一个改进。加热器放在两个完全相同的试样中间，如图 7-9 所示。这时主加热器的热量完全通过上下两个试样(假定两者相等)，因而可以不加底部补偿加热器，样品的导热系数由下式求得：

$$\lambda = \frac{Q\delta}{(\Delta T_1 + \Delta T_2)F} \tag{7-32}$$

式中，δ 为每块样品的厚度；ΔT_1、ΔT_2 分别为上下试样内的导热温差；F 为主加热器表面积。

3. 用平板法测定液体和气体的导热系数

测定液体和气体的导热系数的平板装置与测定固体的大致类似，其困难在于液体和气体中可能会产生对流和辐射的影响。

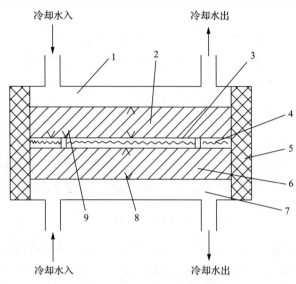

图 7-9　双试样平板测试装置

1、7. 上下冷却器；2、6. 上下试样；3. 主加热器；4. 环形补偿加热器；5. 保温层；8. 热电偶；9. 辅助热电偶

对流换热的影响主要取决于无因次准则 Gr 和 Pr。$Gr = g\beta\Delta T\delta^3 / v^2$ 为葛拉晓夫准则，$Pr = v / a$ 为普朗特准则，β 为流体的体积膨胀系数；v 为运动黏度；ΔT 为厚度 δ 的流体层中的温差；a 为导温系数。

实验表明，热板在下面时，当 $GrPr < 2000$，自然对流的影响可以忽略。当 $GrPr = 10^3 \sim 4 \times 10^5$，自然对流的影响可以用下式估计：

$$\frac{\lambda_e}{\lambda} = 0.195 Gr^{\frac{1}{4}} \tag{7-33}$$

式中，λ_e 为考虑对流以后的当量导热系数。

自然对流的影响随 ΔT 和 δ 的减小而减小，因而在实验中应当尽量选用薄层的流体样品和较小的温差。通常将热板布置在上面，冷板放在下面，就可以忽略对流传热的影响。

辐射换热的影响一般可以用计算方法估计，假定被测介质是弱吸收介质，那么通过被测介质平板层的辐射热流可由下式确定：

$$Q_r = 5.67\varepsilon\left[\left(\frac{T_1}{100}\right)^4 - \left(\frac{T_2}{100}\right)^4\right]F \tag{7-34}$$

$$\varepsilon = \frac{1}{\dfrac{1}{\varepsilon_1} + \dfrac{1}{\varepsilon_2} - 1} \tag{7-35}$$

式中，ε_1 和 ε_2 分别为两板的黑度。

在具有辐射换热的情况下，计算导热系数的热流 Q_c 应当等于总热流 Q 减去辐射热流量 Q_r。为了使辐射换热的影响减至最小，应当使测试装置的壁面具有尽可能低的发射率(黑度)。

4. 平板法测金属导热系数

平板法不仅可以用于测保温材料的导热系数，也可用于测量金属和其他导热体的导热系数。考虑到金属导热性能好，在实际中试样一般都做成纵长的细棒，以保证有足以进行可靠测量的温差。其棒径与棒长可按下式选取：

$$L=15D \sim 20D$$

棒的一端面用电加热，另一端面进行冷却，试样的侧表面需仔细进行保温，以免热量散失到周围环境中去。在这种情况下，有限尺寸的棒可看作由双表面平行的无限大平板上切出的圆柱体。当达到热稳定时，测量各有关物理量，根据无限大平板的一维稳态导热公式便可算出该平均温度时的导热系数。测定装置的示意图如图 7-10 所示。测定结果的精确度主要取决于温度测量的精确度和侧表面保温的完善程度。同时，减少接触热阻也是提高测量精确度的有效措施。

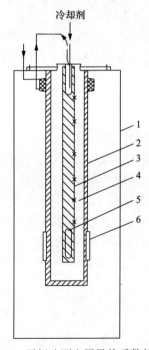

图 7-10　平板法测金属导热系数的装置

1. 容器；2. 隔热筒；3. 试样；4. 保温层；5. 棒状加热器；6. 补偿加热器；×表示热电偶位置

　　由于金属材料可以导电，因而可以采用通电直接加热的办法来代替上述平板法所用的外部间接加热，如图 7-11 所示。如果试样具有不变的横截面 f 和理想的侧表面热绝缘，那么，试样中产生的焦耳热以导热的方式传到试样的端部。在达到热稳定时，试样上的导热微分方程为

$$\lambda \frac{\mathrm{d}^2 T}{\mathrm{d}x^2} + \sigma \left(\frac{\mathrm{d}u}{\mathrm{d}x} \right)^2 = 0 \tag{7-36}$$

$$\frac{\lambda}{\sigma} \frac{\mathrm{d}^2 T}{\mathrm{d}u^2} + 1 = 0 \tag{7-37}$$

式中，λ 为试样的导热系数；σ 为试样的电导率；x 为试样上以其中点为原点的纵向坐标；T 为试样上 x 点的温度；u 为试样上 x 点的电位。

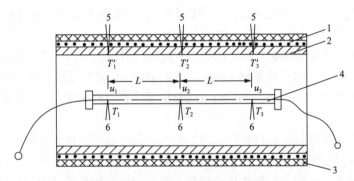

图 7-11　直接通电纵向热流法原理图

1. 加热炉；2. 均热管；3. 保温材料；4. 试样；5. 测量环境温度的热电偶；6. 测量试样温度的热电偶

边界条件 (图 7-11) 为

$$\begin{cases} T = T_1, & u = u_1, & x = -L \\ T = T_2, & u = u_2, & x = 0 \\ T = T_3, & u = u_3, & x = L \end{cases} \tag{7-38}$$

微分方程式 (7-37) 在边界条件式 (7-38) 下的解为

$$\begin{aligned} &\frac{2\lambda}{\sigma} [T_1(u_2 - u_3) + T_2(u_3 - u_1) + T_3(u_1 - u_2)] \\ &= (u_1 - u_2)(u_2 - u_3)(u_3 - u_1) \end{aligned} \tag{7-39}$$

因为试样两端的温度是相同的，所以

$$T_1 = T_3$$

又 $u_1 - u_2 = u_2 - u_3 = V$，于是，由式 (7-39) 可得下列关系式：

$$\lambda = \frac{\sigma(u_1 - u_2)^2}{2(T_2 - T_1)} = \sigma \frac{V^2}{2\Delta T} \tag{7-40}$$

根据欧姆定律：

$$\sigma = \frac{L}{f} \cdot \frac{I}{V} \tag{7-41}$$

因而

$$\lambda = \frac{LIV}{2f\Delta T} \tag{7-42}$$

式中，I 为流经试样的电流；V 为试样工作区段中点和端点间的电压降；L 为试样工作区段中点和端点间的距离；ΔT 为试样工作区段中点和端点间的温度差；f 为试样的横截面积。

实际上试样侧表面总有一定的散热，此时应对散热进行一定的修正。

直接通电法可用来测量 80～900℃ 温度范围内金属的导热系数，准确度较高，一般相对误差为 2%～3%。测试时，试材应置于真空环境中，以防金属试样表面被氧化。

测量导热系数较高的材料时，为了要使样品两端面维持必要的温差，而又不使加热器的温度太高，可使用变截面加热器，如图 7-12 所示。使用这种加热方式时，常使用比较法测定被测样品的导热系数。变截面加热器常用导热好的金属如紫铜制成，并且需要一段足够长的均热段，使工作部分保持一维热流。

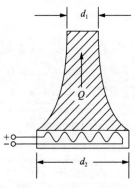

图 7-12　变截面加热器

7.3.2　圆管法

圆管法也称为径向热流法，它是以圆筒壁的导热规律为基础的。此时，被测试材要做成空心圆管，通常包在圆管加热器外面，用内侧加热的方法在被测试材中建立温度梯度，如图 7-13 所示。在这种加热方式下，加热器应沿试样的长度方向形成均匀分布的热流。根据电加热器的功率即可测出热流的大小。

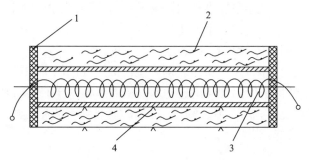

图 7-13　圆管法测试装置原理图
1. 绝缘层；2. 被测试材料；3. 加热器；4. 热电偶

　　为了使试样中部有一段足够长的均热段，以保证径向的一维热流，整个试样要求有足够大的长度直径比。采用短试样时，应在两端加装防护加热器，以补偿两端的热损失。中心加热器应当严格对中，并要考虑因加热膨胀而引起的伸长。测定试样内壁温度的热电偶可以开槽敷设在加热器的外表面上，测定试样外表面温度的热电偶紧贴在试样的表面上，外面包扎绝缘层，以减少对外的散热损失，并可提高实验平均温度。

　　被测温差可以取沿长度方向的几对热电偶的平均值。

　　被测材料的导热系数可由下式计算：

$$\lambda = \frac{Q \ln \dfrac{d_2}{d_1}}{2\pi L (T_1 - T_2)} \tag{7-43}$$

式中，Q 为加热器的发热量，按所加的电功率计算；d_1、d_2 分别为被测试样的内外直径；L 为被测试材料的长度；T_1、T_2 分别为被测试样的内外表面平均温度。

　　由此算出的 λ 是试样在温度区间 (T_1, T_2) 中的平均导热系数。

7.3.3　轴向热流法

　　轴向热流法是以圆柱体的导热规律为基础，根据待测试样热导率的范围，将其加工成大小合适的圆柱体，以保证有足够的温差。当试样均质且热流沿一维轴向时，有

$$\lambda = \frac{Q}{A} \frac{\Delta z}{\Delta T} \tag{7-44}$$

式中，A 为圆柱体截面积；Q 为通过截面的热量；z 为圆柱体长度。

　　圆柱体结构使得试样的散热面积相对较大，在非极低温下，仅用隔热材料难以完全防止热损，输入的热量总会被隔热材料导出一部分。对于测量精度要求低，温度较低和隔热材料热导率远小于试样热导率的情况，热损失可以被忽略。否则，为得到高精度的结果，通常采用下述三种方法。

　　(1)实验确定圆柱体径向的热损耗，如 Forbes 棒法。

　　(2)热保护法，如图 7-14 所示，即环绕待测试样添加带加热器的保护筒，通过控制加热功率使保护筒温度与试样相同，从而减小试样的热辐射损耗。

　　(3)在真空环境下，对于温度高于 100K 的高热导率试样测试情况，可使用理论公式进行热损失修正[1]。

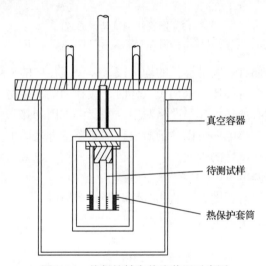

真空容器

待测试样

热保护套筒

图 7-14　热保护轴向热流装置示意图

7.3.4　圆球法

　　圆球法是以同心球壁稳态导热规律作为基础的。所用装置为直径 d_1 和 d_2 的两个同心球壳，内球中装有电加热元件，在两球壳之间为被测试材料。在稳定条件下，只要测定被测试材料两边的温度及通过的热流，就可以用下式计算被测材料的导热系数。

$$\lambda = \frac{Q\left(\dfrac{1}{d_1} - \dfrac{1}{d_2}\right)}{2\pi(T_1 - T_2)} \tag{7-45}$$

　　图 7-15 是东南大学研制的双水套球测量导热系数的装置，用于测量颗粒状散料和纤维状物料的导热系数，采用双水套可以使环境对实验的影响达到最小。由

电加热器发出的热量通过试样后由恒温器 6 中的循环水带走，而恒温器 7 中的恒温水用来补偿对外的散热损失。圆球法测试装置安装复杂，球体必须严格对中，被测物料应均匀地填充在两同心球之间，否则填充不均匀性将会给导热系数的测量带来较大的测量误差。对图示的双水套球测量装置，为使其温度达到稳定，需要较长的时间，约 3～4h。

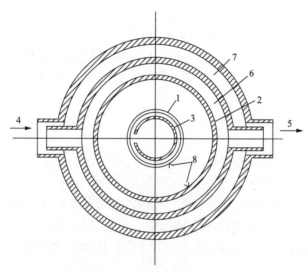

图 7-15　双水套球测试装置

1. 内球壳；2. 外球壳；3. 电加热器；4、5. 恒温水的进、出口；6. 恒温水套；7. 保温水套；8. 热电偶

7.3.5　比较法

比较法是通过将待测试样和预先知道导热系数值的标准试样在一定实验条件下进行比较，从而求出待测试样导热系数的一种方法，它常用来测定导热性能较好的金属材料的导热系数。

将待测试样与已知导热系数的标准试样，制备成相同截面的圆棒，然后把二者串联起来。串联着的圆棒，一端被加热，另一端被冷却，同时侧表面被良好保温，使同样的热流流过它们(图 7-16)。

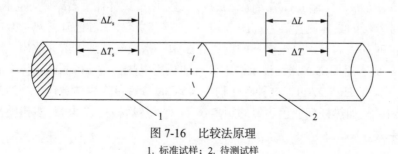

图 7-16　比较法原理

1. 标准试样；2. 待测试样

当达到热稳定状态时，根据一维稳态导热公式，则

$$Q = \lambda_s f_s \frac{\Delta T_s}{\Delta L_s} = \lambda f \frac{\Delta T}{\Delta L} \tag{7-46}$$

式中，λ_s 为标准试样的导热系数；λ 为待测试样的导热系数；f_s 为标准试样的横截面积；f 为待测试样的横截面积；ΔT_s 为沿标样轴向距离为 ΔL 的两点间的温度差；ΔT 为沿试样轴向距离为 ΔL 的两点间的温度差。

因为 λ_s 为已知数，f_s、f、ΔT_s、ΔT、ΔL_s 和 ΔL 可直接测量得到，代入上式就可求出被测试样的导热系数 λ 值。如果 $\Delta L_s = \Delta L$，考虑到 $f_s = f$，则

$$\lambda = \lambda_s \frac{\Delta T_s}{\Delta T} \tag{7-47}$$

这样，测试和计算工作就很简便了。这种方法的关键是保证 Q 值恒定，即流过标准试样的热流量 Q 也同样地流过待测试样，这就要求试样和标样的侧表面保温完善，使热流量绝大部分是沿试样和标样的轴向传递而无其他方式的漏热。

在许多场合下，虽然对试样的侧表面进行了保温，但仍有侧向漏热，这将对测试结果有直接影响，下面我们介绍一种考虑长棒侧向散热的测量金属导热系数的比较法。

将待测试样和已知导热系数的标准试样制成相同截面的细长棒，并将其涂敷以均匀而薄的石蜡膜。然后，将它们同时水平插在某一恒温热源上。这时，可以看到，棒表面的石蜡膜从靠近恒温热源的一端开始融化。由于两支棒材的导热系数不一样，热稳定时石蜡被融化的距离也不同。棒材导热系数越高，石蜡膜被融化的距离 x 越长，在棒足够长的情况下，根据长杆导热公式，可以认为棒材导热系数正比于石蜡膜融化长度的平方，即

$$\frac{\lambda}{\lambda_s} = \frac{x^2}{x_s^2} \tag{7-48}$$

式中，x 为待测试样棒上石蜡膜融化长度；x_s 为标准试样棒上石蜡膜融化长度。

这种方法的具体测量装置如图 7-17 所示。待测试样 1 和已知导热系数的标准试样 2 同时插入内有水蒸气循环的铜质柱 3 中，水蒸气从沸水器 4 放出，经冷却器 6 冷凝成水返回沸水器，沸水器中放有加热用电热器 5。待测试样棒上和标准试样棒上涂有 $HgI_2 \cdot 2AgI$，这种碘化物在 45℃时从黄色变为桔黄色。当达到热稳定时，测量从加热柱到变色边界的距离 x 和 x_s，然后按式(7-48)计算出待测试样的导热系数。

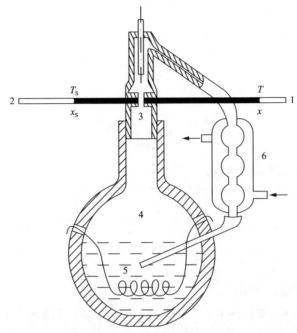

图 7-17　用比较法测定金属导热系数

1. 待测试样；2. 标准试样；3. 铜质柱；4. 沸水器；5. 电阻丝；6. 冷凝器

　　沿试样棒长的温度分布，也可用热电偶测定。选定一个温度值，测出两支试样具有该温度值的亮点距离恒温热源的距离 x 和 x_s，利用上式即可算出待测试样的导热系数。这种测定装置的准确度约为 10%。

　　严格地说，式(7-48)仅对无限长细棒才是正确的。当棒不是足够长时，测定结果将产生较大的误差，此时，采用以下比较法测定，结果更准确。

　　由传热学可知，细棒稳定导热的微分方程式为

$$\frac{\mathrm{d}^2\theta}{\mathrm{d}x^2} - m^2\theta = 0 \tag{7-49}$$

其中

$$m = \sqrt{\frac{hp}{\lambda f}} \tag{7-50}$$

$$\theta = T - T_f$$

式中，T 为细棒上 x 处的温度；T_f 为细棒周围环境温度；h 为细棒侧表面与周围环境的换热系数；λ 为细棒的导热系数；p 为细棒横截面的周界长度；f 为细棒横截面的面积。

在下列边界条件下：

$$\left.\begin{array}{l} \theta = T_1 - T_f = \theta_1,\ x = 0 \\ \theta = T_2 - T_f = \theta_2,\ x = L \end{array}\right\} \tag{7-51}$$

该微分方程式的解为

$$\theta = \frac{\theta_1 \mathrm{sh}[m(L-x)] + \theta_2 \mathrm{sh}(mx)}{\mathrm{sh}(mL)} \tag{7-52}$$

式中，sh 代表双曲线正弦函数。

式(7-52)描述了沿棒轴方向的温度分布。令 $x=L/2$，则得棒中心面的温度 $\theta_{1/2}$ 为

$$\theta_{1/2} = \frac{\theta_1 + \theta_2}{2\mathrm{ch}\left(\dfrac{mL}{2}\right)} \tag{7-53}$$

式中，ch 代表双曲余弦函数。

反过来，可由测得的棒中心面温度 $\theta_{1/2}$ 确定此时细棒的导热系数：

$$\lambda = \frac{hPL^2}{4f} \bigg/ \left[\mathrm{arch}\left(\frac{\theta_1 + \theta_2}{2\theta_{1/2}}\right) \right]^2 \tag{7-54}$$

式中，arch 代表反双曲余弦函数。

式(7-54)中除换热系数难以确定外，其余参数均可测量。为此，须将已知导热系数的标准试件制备成与待测试件相同的几何尺寸，在相同的换热条件下测定棒上对应点的温度，然后加以比较。测得待测试样的导热系数为

$$\frac{\lambda}{\lambda_s} = \left[\mathrm{arch}\left(\frac{\theta_1+\theta_2}{2\theta_{1/2}}\right)_s \bigg/ \mathrm{arch}\left(\frac{\theta_1+\theta_2}{2\theta_{1/2}}\right) \right]^2 = \left[\frac{\mathrm{arch}\,N_s}{\mathrm{arch}\,N}\right]^2 = \left[\frac{\ln\left(N_s + \sqrt{N_s^2 - 1}\right)}{\ln\left(N + \sqrt{N^2 - 1}\right)}\right]^2 \tag{7-55}$$

式中，$N_s = \left(\dfrac{\theta_1+\theta_2}{2\theta_{1/2}}\right)_s$、$N = (\theta_1 + \theta_2)/2\theta_{1/2}$ 分别为标准试样和待测试样的算术平均过余温度和中心面过余温度的比值。

测定装置的示意图如图 7-18 所示。将标准试样和待测试样加工成规格相同的细长薄壁管，将它们固定在两块被电加热的恒温体(温度分别为 T_1 和 T_2)之间，在中心面处的管壁上各开一小孔，以便敷设测温热电偶。热电偶从管内引出，其冷端置于环境中。因此，测温仪表可直接测出各点的过余温度值 $\theta = T - T_f$。电加热器的加热功率可根据需要用自耦变压器调节，测定装置可安置在不受外界干扰的各

种温度环境中。当达到热稳定时，测出各有关数据，由式(7-55)算出该平均温度时的导热系数。

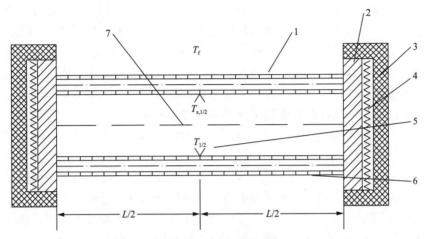

图 7-18　比较法测定金属导热系数的示意图

1. 标准试样；2. 恒温体；3. 保温层；4. 加热器；5. 测温热电偶；6. 被测试件；7. 遮热板

　　由传热学可知，在推导长杆稳定导热公式时会假设：杆侧表面与环境间的换热系数恒定；在垂直杆轴的各横截面上温度均匀。严格地说，由于沿管轴方向的壁面温度在变化，因此，沿管轴方向的换热系数也在变化。但是实验表明，由于金属材料的导热系数大，轴向温度变化并不大。因此，沿轴向的换热系数变化不大，可取其平均值进行近似分析。另外，由于杆侧表面的散热，同一横截面上的温度不会完全均匀。理论分析表明，当以管壁厚度 δ 为特征尺寸的 Bi 数满足 $h\delta/\lambda$ $\leqslant 0.1$ 时，同一横截面上的温度分布事实上已接近于均匀一致。这种近似分析的误差低于 1%。

　　在比较法中，我们假设标准试样和待测试样处在相同的换热环境中，即两者换热系数相同。因此，要选取与待测试样导热性能相近的材料做成标准试样，以便得到相近的温度分布和相近的平均换热系数，减少测定结果的误差。

　　用比较法测定金属材料导热系数的实验装置，结构简单，操作方便。但要用标准试样与之相比较，这是比较法的基础。因此，测定结果的准确度主要取决于标准试样的导热系数的可靠性。由于标准试样的导热系数往往不容易十分精确，所以用比较法测定金属材料导热系数的精确度一般不很高。

7.4　导热系数和导温系数的测定——非稳态法

　　非稳态法是建立在不稳定导热理论的基础上，根据不稳定导热过程不同阶段的规律而建立起来的测试方法。与稳态法相比，它在热源的选择上要求较低，所需的测试时间短，不需要前述稳态法所必需的热稳定时间。此外，对试样的保温要求也可以适当降低。非稳态法的缺点是很难保证实验中的边界条件和理论分析中给定的边界条件相一致，且难以精确获得所要求的温度变化规律。然而，由于非稳态方法的实用价值，故它已被广泛地应用于工程材料的物性测试上，特别是在高温、低温或存在内部物质传递过程时的材料热物性测试中具有很大优势。为此，在热工教学实验中，也常常把非稳态热物性测试列为主要的实验项目之一。本节将讨论常用的几种非稳态测定导热系数的方法。

7.4.1　正规工况法

为了说明正规工况法的测量原理，首先需要分析一个受热物体在周围介质温度 T 和物体与介质之间的换热系数 h 为常数条件下的冷却过程。

设物体的初始温度为 T_c，对于形状为无限大平板、无限长圆柱体及球体的情况，在非稳态导热条件下，一维导热微分方程有如下的形式：

$$c\rho\frac{\partial T}{\partial \tau} = \lambda\left(\frac{\partial^2 T}{\partial r^2} + \frac{k-1}{r}\frac{\partial T}{\partial r}\right) \tag{7-56}$$

式中，r 为坐标；k 为常数。对于无限大平板、无限长圆柱体及球体，k 的值分别为 1，2，3。

对于所考虑的冷却情况，有如下的初始和边界条件：

$$\begin{cases} \tau = 0, & T = T_0 \\ r = r_s, & -\lambda\left(\dfrac{\partial T}{\partial r}\right)_s = h(T - T_f) \end{cases} \tag{7-57}$$

式中，下标 s 代表在边界 s 上取值。

方程(7-56)在定解条件(7-57)时的解给出了物体内任一点的温度随时间 τ 的变化，即

$$\frac{\theta}{\theta_0} = \frac{T - T_f}{T_0 - T_f} = \sum_{n=1}^{\infty} A_n U_n \exp\left(-\frac{a\varepsilon_n^2}{R^2}\tau\right) \tag{7-58}$$

式中，A_n 为由物体初始条件及几何形状所决定的常数；U_n 为物体内任意点坐标的函数；ε_n 为与物体的几何形状、尺寸、物性和边界条件有关的常数；R 为物体的特性尺寸，对平板取半厚度，对圆柱体和球体，取半径；θ 为物体中各点的过余温度。

表 7-1 列出了式(7-58)中各个物理量的数值。表中 $Bi = hR/\lambda$ 为毕渥准则，J_0

和 J_1 分别为第一类零阶和一阶贝塞尔函数。

表 7-1　各种不同几何形状物体的相关物理量的值

物体的形状	A_n	U_n	ε_n	ε_∞
无限大平板	$\dfrac{2\sin\varepsilon_n}{\varepsilon_n+\sin\varepsilon_n\cos\varepsilon_n}$	$\cos\left(\varepsilon_n\dfrac{r}{R}\right)$	$\cot\varepsilon_n=\dfrac{\varepsilon_n}{Bi}$	$\dfrac{\pi}{2}$
无限长圆柱体	$\dfrac{2J_1(\varepsilon_n)}{\varepsilon_n[J_1^2(\varepsilon_n)+J_0^2(\varepsilon_n)]}$	$J_0\left(\varepsilon_n\dfrac{r}{R}\right)$	$\dfrac{J_0(\varepsilon_n)}{J_1(\varepsilon_n)}=\dfrac{\varepsilon_n}{Bi}$	2.4048
球体	$\dfrac{2(\sin\varepsilon_n-\varepsilon_n\cos\varepsilon_n)}{\varepsilon_n-\sin\varepsilon_n\cos\varepsilon_n}$	$\dfrac{\sin\left(\varepsilon_n\dfrac{r}{R}\right)}{\varepsilon_n\dfrac{r}{R}R}$	$\cot\varepsilon_n=\dfrac{1-Bi}{\varepsilon_n}$	π

注：ε_∞ 称 ε_n 中 n 取无穷大时的值。

令 $m_n=a\varepsilon_n^2/R^2$，称为冷却速率。由于 m_n 为递增常数，即有 $m_1<m_2<m_3<\cdots<m_\infty$，所以当时间 τ 大于某一值 τ' 以后，式(7-58)所表示的无穷级数很快就收敛了。从第二项起的级数各项均迅速地趋向于零，从而可以忽略不计。因此，物体中各点的温度随时间的变化可以用级数的第一项来表示，即

$$\frac{\theta}{\theta_0}=AU\mathrm{e}^{-m\tau} \tag{7-59}$$

一般情况下，当 $Fo=\dfrac{a\tau}{R^2}\geqslant 0.55$ 时，略去第一项以后各项所引起的误差小于 0.25%，Fo 称为傅里叶准则。

由于式(7-59)中的 A 值只和 Bi 及物体内各点的位置有关，而与时间 τ 没有关系，所以物体内任何一点的过余温度 θ 随时间的变化将服从于简单的指数规律。对式(7-59)取对数，化简后有

$$\ln\theta=-m\tau+C \tag{7-60}$$

式中，C 为常数。

将式(7-60)对 τ 求导，得

$$\frac{\partial(\ln\theta)}{\partial\tau}=-m \tag{7-61}$$

上式表明，在物体冷却过程经过一个开始阶段以后，物体中各点过余温度的对数将随时间按直线规律降低，而且物体中不同位置的点上该温度变化直线具有相同的斜率 $-m$，如图 7-19 所示。物体中这种冷却速率不随时间和空间变化的不稳定导热工况称为正规工况。正规工况经过无限长时间以后，物体与周围介质达到热平衡。

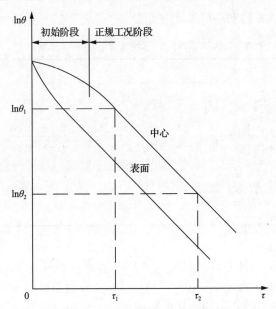

图 7-19　正规工况下物体内各点温度随时间的变化

由式 (7-61) 可得

$$m = \frac{\ln \theta_1 - \ln \theta_2}{\tau_2 - \tau_1} \tag{7-62}$$

根据 m 的定义，m 只与物体的导温系数 a、尺寸 R 和 ε 有关。由表 7-1，当满足 $Bi \to \infty$ 时，ε_∞ 趋向一定值，由此可以得到实验测定材料导温系数的计算关系式。

无限大平板：

$$a = m_\infty \left(\frac{2R}{\pi} \right)^2$$

无限长圆柱：

$$a = m_\infty \left(\frac{R}{2.4048} \right)^2$$

球体：

$$a = m_\infty \left(\frac{R}{\pi} \right)^2 \tag{7-63}$$

式中，m_∞ 为 $Bi \to \infty$ 时的冷却速率，由式 (7-62) 计算；R 为物体的特性尺寸；a 为物体材料导温系数，$a = \lambda / c\rho$，其中 λ、c、ρ 分别为材料的导热系数、比热容和密度。

通常只要满足 $Bi > 100$，就可以由任意两个时刻的过余温度根据式(7-62)计算出冷却速率 m_∞，然后由式(7-63)计算出材料的导温系数 a。知道了材料的导温系数 a 和比热 c，就可以确定材料的导热系数。

实验测定试样的导热系数时，常用一个量热计。量热计是一个圆筒形的金属壳体，内装测试材料及测温热电偶。实验开始时，将量热计在烘箱内均匀加热到比介质温度高 $10\sim15$℃的温度，然后立刻置于恒温器的介质中进行冷却。恒温器有搅拌器以维持介质温度基本不变，同时搅拌器又可以增大流体介质和试件之间的对流换热系数。按一定时间间隔测出物料内某一点的温度，当温度变化显示冷却已进入正规工况后，取任意两个时刻的温度值，就可由式(7-62)和式(7-63)计算试样的导温系数。图 7-20 是常用的正规工况法实验装置图。

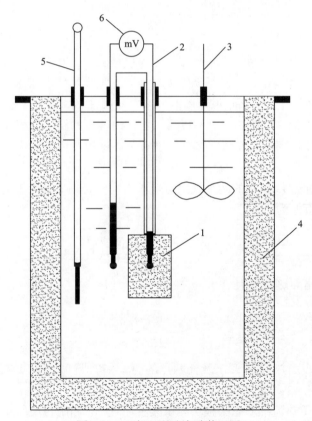

图 7-20　正规工况法实验装置图

1. 量热器(含测试材料)；2. 温差热电偶；3. 搅拌器；4. 恒温容器；5. 温度计；6. 电位差计

正规工况法的特点是实验、测试和计算都比较简单。采用这个方法时，主要测试的是冷却率。为此，只要在被测试样的任意位置上安装一对热电偶即可，而且只要热电偶的热电势与温度呈线性关系，热电偶就不需要进行标定。但是为了满足介质温度基本不变的要求，恒温容器的设计应注意要使整个恒温容器的总热容量比量热计的热容量大得多，这样在试样冷却时放出的热量，不会使恒温介质的温度发生实质性改变。

采用正规工况法，还可用来对其他物性参数进行实验研究，如导热系数、比热容、热阻、换热系数等，也可用于具有内热源的物体。

7.4.2　准稳态法

当物体表面维持恒定的热流密度 q 时，在经过一段加热时间以后，通常满足 $Fo > 0.5$ 时，导热微分方程(7-56)的解具有如下的形式：

$$\theta = \frac{qR}{\lambda}\left[kFo - \frac{k}{2(k+2)} + \frac{1}{2}\frac{r^2}{R^2} \right] \tag{7-64}$$

式中，Fo 为傅里叶准则数 $Fo = a\tau / R^2$；θ 为过余温度，$\theta = T - T_0$，T_0 为物体的初始温度；r 为坐标；k 为常数，对于无限大平板、无限长圆柱和球体，k 分别取值 1、2、3；R 为特征尺寸，对平板取厚度的一半，对圆柱和球体取半径。

由式(7-64)可知，在 $Fo > 0.5$ 以后，物体内各点的温度按线性规律随时间而变化，温度变化速率与表面恒定热流密度有关。这种非稳态导热工况称为准稳态工况。

如果在坐标为 r_1 和 r_2 的两个规定点上求出同一时刻的过余温度 θ_1 和 θ_2，则这两点的过余温度差为

$$\Delta T = \theta_1 - \theta_2 = T_1 - T_2 = \frac{q}{2\lambda R}\left(r_1^2 - r_2^2 \right) \tag{7-65}$$

从上式可以求出导热系数为

$$\lambda = \frac{q\left(r_1^2 - r_2^2 \right)}{2R\Delta T} \tag{7-66}$$

即只要知道了表面热流密度 q 及任两点的温差 ΔT，就可以算出被测物料的导热系数。

图 7-21 是恒热流准稳态平板法测试装置原理图。利用四块尺寸完全相同的被测试材，每块的厚度为 δ，如图将四块试材叠在一起并装入两个同样的薄形加热器。加热器的热容量应当很小，可以忽略不计。在第二块试材与第三块试材交界面中心和一个薄形加热器中心各安置一对热电偶。在四块重叠在一起的试材的顶面和底面上分别加上保温性能优良的保温层，然后用机械方法将它们均匀地压紧。热电偶分别接到温度自动记录仪上。如将中间两块试材看成是一块厚度为 2δ 的平

板的两半部分，则两对热电偶分别测到的是对应于平板中厚度为 0 和 δ 两处的温度，则式(7-66)变为

$$\lambda = \frac{q\delta^2}{2\delta\Delta T} = \frac{q\delta}{2\Delta T} \tag{7-67}$$

上式是准稳态平板法测定材料导热系数的基本公式。测量时要保证加热热流恒定，故常采用经电子稳压器后的直流电直接加热。为了满足准稳态工况，需要连续观察两对热电偶给出的温度变化曲线。当两条曲线呈直线变化且又相互平行时，表明试材已进入准稳态导热工况，可以对数据进行记录和计算。

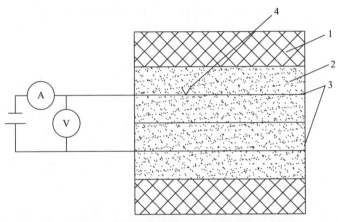

图 7-21　恒热流准稳态平板法测试装置
1. 保护层；2. 被测试材；3. 薄形加热器；4. 热电偶

由于 $Fo > 0.5$ 以后，物体内部任一点的温升速率 $dT/d\tau$ 为常数，且对各点都相等，所以如果在试样的中心点处测得在某一时刻 τ_1 时的温度为 T_1，在另一时刻 τ_2 时的温度为 T_2，则由式(7-64)可得

$$T_2 - T_1 = \frac{q\delta}{\lambda}\frac{a}{\delta^2}(\tau_2 - \tau_1) = \frac{q}{c\rho\delta}(\tau_2 - \tau_1) \tag{7-68}$$

由上式可得材料比热容的计算式为

$$c = \frac{q(\tau_2 - \tau_1)}{\rho\delta(T_2 - T_1)} \tag{7-69}$$

可见，知道了材料的导热系数和比热容，就可以算出材料的导温系数。

在较为精确的测定中，需要对薄形加热器的热容量进行修正，即需要从总加热热流中扣除加热器本身升温所需要吸收的热流量，然后再进行上述计算。此外，测量装置总会有部分热量散失到周围环境中去，会给 λ 的测量带来一定的误差。

　　准稳态法测量装置简单实用，测量时间短，因而在材料，特别是保温材料热物性的测量中获得了广泛的应用。

7.4.3　热线法

　　利用热线法测定液体、气体、固体和松散物料的导热系数和导温系数已在热物性测试中获得实际应用，特别是在现场测定松散物料的热物性方面，热线法更有其独到的优点。

　　在初始温度均匀分布的无限大物体中，放置一常功率线热源。当线热源发热时，物体内部的温度将逐步上升。显然，物体温度的变化过程和物体材料的导热性能有关。在无限大物体内部由线热源引起的温度场的变化可以由以下导热微分方程进行描述：

$$\frac{\partial \theta}{\partial \tau} = a\left(\frac{\partial^2 \theta}{\partial r^2} + \frac{1}{r}\frac{\partial \theta}{\partial r} \right)$$

$$\theta = T - T_0 \tag{7-70}$$

$$\begin{cases} \theta = 0, & \tau = 0 \\ -2\pi r_0 \lambda \dfrac{\partial \theta}{\partial r} = q & r = r_0 \end{cases} \tag{7-71}$$

式中，T_0 为物体和热线的初始温度；r_0 为热线半径。

　　当热线足够细 $(r_0 \to 0)$ 且加热时间足够长时，上述微分方程在定解条件(7-71)下的近似解为

$$\theta = \frac{q}{2\pi\lambda}\left(C - \ln\frac{r_0}{\sqrt{4a\tau}} \right) \tag{7-72}$$

式中，C 为待定常数；q 为单位长度热线的发热量。

　　如果分别测出在 τ_1 和 τ_2 两个时刻的热线表面的温升 θ_1 和 θ_2，代入公式(7-72)，然后两式相减，消去待定常数，就可以最终得到热线法计算材料导热系数的基本公式：

$$\lambda = \frac{q}{4\pi}\frac{\ln\tau_2 - \ln\tau_1}{\theta_2 - \theta_1} \tag{7-73}$$

式(7-72)中的待定常数 C 可以利用已知热物性的材料进行测试后确定。

　　当已知常数 C 和由式(7-73)计算出材料的导热系数以后，就可以根据式(7-72)来进一步确定材料的导温系数，即

$$a = \frac{r_0^2}{\tau_1} \exp\left(\frac{4\pi\lambda\theta_1}{q} - C \right) \tag{7-74}$$

图 7-22 给出了热线法测量导热系数的装置简图。

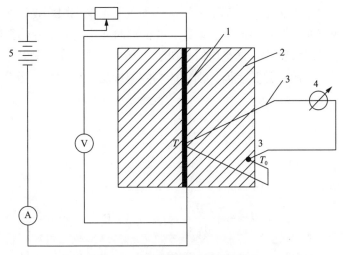

图 7-22　热线法测量装置原理图

1. 热线；2. 被测试样；3. 热电偶；4. 电位差计；5. 直流电源

　　测量时，利用两块尺寸相同的被测试样，将热线紧紧地夹住。被测试样的尺寸虽然是有限的，但是只要在给定的测试时间中导热波未传到边界上，就可以认为试样为无限大。另一方面根据式(7-72)，测试时间要求足够长，以满足测得的 θ 值在半对数坐标图上落在同一条直线上，如图 7-23 所示。一般 τ_1 约 5～15s，τ_2 约为 20～50s，视被测材料的热物性而选取。热线应很细，以满足 $r_0 \to 0$ 的条件。对于坚硬试样，热线很难与表面接触良好，热线与被测试样之间形成的空气隙将对导热系数的测量带来误差。加粗热线和热偶丝，都会引起测量误差的增大，同时还会增大热线的热惯性，使整个测量精度下降。故一般取 $r_0 = 0.1$mm 左右。

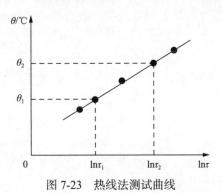

图 7-23　热线法测试曲线

利用热线法原理制成的插入式导热系数探针，常用于对颗粒状和其他松散物料的现场测试。

7.4.4　恒热流平面热源法

恒热流平面热源法是一种基于恒热流边界条件下半无限大物体内温度场变化的规律，来测定非金属材料的导温系数，并能同时测定材料的导热系数的方法。

考虑一半无限大物体，具有均匀的初始温度 T_i。从 $\tau=0$ 时刻开始，以一个恒热流密度的平面热源加热其表面，则物体内的温度场由以下导热微分方程和定解条件描述：

$$\frac{\partial \theta}{\partial \tau} = a \frac{\partial^2 \theta}{\partial x^2} \tag{7-75}$$

$$\begin{cases} \theta = 0, & \tau = 0 \\ \theta = -\lambda \left(\dfrac{\partial \theta}{\partial x} \right)_s = q_s, & x = 0 \end{cases} \tag{7-76}$$

式中，a 为物体的导温系数，m^2/s；q_s 为平面热源的热流密度，W/m^2。

方程(7-75)在定解条件(7-76)下的解为

$$\theta = \frac{2q_s}{\lambda} \sqrt{a\tau} \cdot \mathrm{ierfc}\left[x / \left(2\sqrt{a\tau} \right) \right] \tag{7-77}$$

式中，$\mathrm{ierfc}\left[x / \left(2\sqrt{a\tau} \right) \right]$ 为无量纲量 $x / 2\sqrt{a\tau}$ 的高斯补误差函数的一次积分，其值见表 7-2。

式(7-77)描写了表面恒热流条件下半无限大物体内温度场随时间的变化规律，如图 7-24 所示。

在上述非稳态导热过程中，可由式(7-77)计算 τ_1 时刻的表面过余温度 θ_{0,τ_1} 和 τ_2 时刻离表面 δ_1 处的过余温度 θ_{δ_1,τ_2}，它们分别为

$$\theta_{0,\tau_1} = \frac{2q_s}{\lambda} \sqrt{a\tau_1} \cdot \mathrm{ierfc}(0) = \frac{2q_s}{\lambda} \sqrt{a\tau_1} \frac{1}{\sqrt{\pi}} \tag{7-78}$$

和

$$\theta_{\delta_1,\tau_2} = \frac{2q_s}{\lambda} \sqrt{a\tau_2} \cdot \mathrm{ierfc}\left[\delta_1 / \left(2\sqrt{a\tau_2} \right) \right] \tag{7-79}$$

表 7-2　高斯补误差函数的一次积分值

x	ierfc(x)	x	ierfc(x)	x	ierfc(x)	x	ierfc(x)	x	ierfc(x)
		0.17	0.4104	0.35	0.2819	0.56	0.1724	0.90	0.0682
0.00	0.5642			0.36	0.2758	0.58	0.1640		
		0.18	0.4024	0.37	0.2722	0.60	0.1559	0.92	0.0642
0.01	0.5542	0.19	0.3944	0.38	0.2637			0.94	0.0605
0.02	0.5444			0.39	0.2579	0.62	0.1482	0.96	0.0569
0.03	0.5350	0.20	0.3866	0.40	0.2521	0.64	0.1407	0.98	0.0535
0.04	0.5251					0.66	0.1335	1.00	0.0503
0.05	0.5156	0.21	0.3789	0.41	0.2465	0.68	0.1267	1.10	0.0365
0.06	0.5062	0.22	0.3713	0.42	0.2409	0.70	0.1201	1.20	0.0260
0.07	0.4969	0.23	0.3638	0.43	0.2354			1.30	0.0183
0.08	0.4878	0.24	0.3564	0.44	0.2300	0.72	0.1138	1.40	0.0127
0.09	0.4787	0.25	0.3491	0.45	0.2247	0.74	0.1077	1.50	0.0085
0.10	0.4698	0.26	0.3419	0.46	0.2195	0.76	0.1020	1.60	0.0058
		0.27	0.3348	0.47	0.2144	0.78	0.0965	1.70	0.0038
0.11	0.4610	0.28	0.3278	0.48	0.2094	0.80	0.0912	1.80	0.0025
0.12	0.4523			0.49	0.2045			1.90	0.0016
0.13	0.4437	0.29	0.3210	0.50	0.1996	0.82	0.0861	2.00	0.0010
		0.30	0.3142			0.84	0.0813		
0.14	0.4352	0.31	0.3075						
0.15	0.4268	0.32	0.3010	0.52	0.1902	0.86	0.0767		
0.16	0.4186	0.33	0.2945	0.54	0.1811	0.88	0.0724		
		0.34	0.2882						

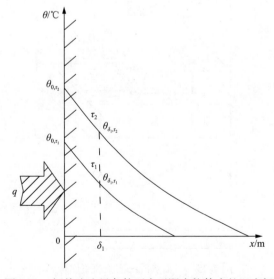

图 7-24　恒热流边界条件下半元限大物体内的温度场

将式(7-78)除以式(7-79)，整理后得

$$\mathrm{ierfc}\left[\delta_1/\left(2\sqrt{a\tau_2}\right)\right]=\frac{1}{\sqrt{\pi}}\frac{\theta_{\delta_1,\tau_2}}{\theta_{0,\tau_1}}\sqrt{\frac{\tau_1}{\tau_2}} \tag{7-80}$$

上式是平面热源法测定材料导温系数的基本公式。实验中只要测出 τ_1 和 τ_2 时刻对应的 θ_{0,τ_1} 和 θ_{δ_1,τ_1}，代入式(7-80)中便可求得 $\mathrm{ierfc}\left[\delta_1/\left(2\sqrt{a\tau_2}\right)\right]$，然后由表 7-2 查出的 $\delta_1/\left(2\sqrt{a\tau_2}\right)$ 数值，再由已知的 δ_1 和 τ_2 计算出测试样品的导温系数 a。

根据得到的 a 值，可由式(7-78)计算出试样的导热系数：

$$\lambda=\frac{2q_s}{\theta_{0,\tau_1}}\sqrt{a\tau_1}\frac{1}{\sqrt{\pi}} \tag{7-81}$$

图 7-25 是根据上述原理设计的测试装置原理图。将三块材质相同的材料Ⅰ、Ⅱ和Ⅲ叠置在一起，它们的厚度分别为 δ_1、δ_2 和 δ_3，并满足 $\delta_1+\delta_2=\delta_3$ 且 $\delta_2\geqslant3\delta_1$。通常试样的边长等于 δ_1 的 8～10 倍时，试样可视为"无限大"的平板。在试样Ⅰ和试样Ⅲ之间，放置一个很薄的平面型加热器；加热器是用厚约 10μm 的康铜箔或直径约 0.1mm 的康铜丝制作的，要求它既薄又轻，发热均匀。在试样Ⅰ和Ⅲ的交界面及试样Ⅰ和Ⅱ的交界面之中心位置上各安放一对热电偶，用以测量 $x=0$ 及 $x=\delta_1$ 处的温度。三块试样由一套特殊设计的夹具夹紧，使各试样之间接触良好。

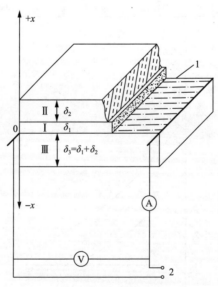

图 7-25　平面热源法实验装置原理图
1. 平面型加热器；2. 直流稳压电源

　　由于试样 Ⅰ 和试样 Ⅱ 是紧叠在一起的，因而可以将它们看成一个整体。通电加热时，加热器均等地向其两侧的试样传送热量；紧挨加热器的部分首先开始升温，然后逐渐向远离加热器的两侧方向延伸。如果在实验测量时间段内，加热作用在试样内的影响深度比 δ_1 小得多时，加热器两侧的试样都表现为事实上的"半无限大物体"，加热器所在的表面即为半无限大物体的表面。

　　恒热流平面热源法的实验条件容易满足，实验装置简单，测试时间短，通常为 15~20min，做一次实验就可以测定试样的导温系数和导热系数。但是由于加热的不均匀性以及表面之间存在接触热阻，此法误差较大，约为±6%。它适用于工程上测定块状的建筑材料、保温材料和湿材料的热物性。

7.4.5　热脉冲法

　　1961 年 Parker 等提出用热脉冲法测定小试件的导温系数和比热。其测量原理是：在 $\tau=0$ 时对小试样(薄片)的一个表面垂直地加上一个均匀的能量脉冲，此能量完全为该表面所吸收。由导热微分方程解得试样另一面(背面)的温度和时间的关系为

$$\frac{T(\delta,\tau)}{T_{\mathrm{m}}} = 1 + 2\sum_{n=1}^{\infty}(-1)^n \exp(-n^2\pi^2 a\tau/\delta^2) \tag{7-82}$$

式中，δ 为样品厚度；T_{m} 为背面温度 $T(\delta,\tau)$ 的最大值。

　　计算表明，随着时间的推移，级数很快收敛。当 $T(\delta,\tau)$ 等于 $0.5T_{\mathrm{m}}$ 时，上述无穷级数只需取第一项已足够精确，此时对应的时间为 $\tau=\tau_{1/2}$，即有

$$0.5 = 1 - 2\exp(-\pi^2 a\tau_{1/2}/\delta^2) \tag{7-83}$$

由此可以求出

$$a = \frac{1.39\delta^2}{\pi^2\tau_{1/2}} = \frac{0.14\delta^2}{\tau_{1/2}} \tag{7-84}$$

因而只要记下试件背面温度升到最大值 T_{m} 的一半时所需的时间，就可以由式(7-84)计算出材料的导温系数。

　　当试件背面温升达到了 T_{m} 以后，试件由于散热开始降温。若忽略各项损失，试件只靠辐射向外散热，则热平衡方程为

$$A\varepsilon_{\mathrm{n}}\sigma_0(T^4 - T_0^2) = -Mc\frac{\mathrm{d}T}{\mathrm{d}\tau} \tag{7-85}$$

式中，A 为试件外表面积；ε_{n} 为试件的表面黑度；σ_0 为斯蒂芬-波尔兹曼常数；T

为试件绝对温度；T_0 为环境的绝对温度；M 为试件质量；c 为试件比热。

将上式改写成

$$\frac{A\varepsilon_n\sigma_0}{Mc}\mathrm{d}\tau = \frac{1}{T_0^4 - T^4}\mathrm{d}T \qquad (7\text{-}86)$$

将上式积分后得

$$\frac{A\varepsilon_n\sigma_0}{Mc}(\tau_2 - \tau_1) = \frac{1}{4T_0^3}\left[\ln\frac{T_1 - T_0}{T_2 - T_0} - \ln\frac{T_1 + T_0}{T_2 + T_0} + 2\left(\arctan\frac{T_2}{T_0} - \arctan\frac{T_1}{T_0}\right)\right] \quad (7\text{-}87)$$

整理后得到比热 c 的计算公式为

$$c = \frac{4A\sigma_0}{M}\frac{(\tau_2 - \tau_1)\varepsilon_n T_0^3}{\ln\dfrac{T_1 - T_0}{T_2 - T_0} - \ln\dfrac{T_1 + T_0}{T_2 + T_0} + 2\left(\arctan\dfrac{T_2}{T_0} - \arctan\dfrac{T_1}{T_0}\right)} \qquad (7\text{-}88)$$

上式中 ε_n 可用已知比热的标准试件求出。这样只要从试件的温度变化曲线上测得时间 τ_1 和 τ_2 所对应的温度 T_1 和 T_2，即可算出被测试件的比热。

试件的导热系数可由已得到的导温系数和比热求出：

$$\lambda = ac\rho \qquad (7\text{-}89)$$

式中，ρ 为试件密度。

图 7-26 是热脉冲法测试装置原理图。

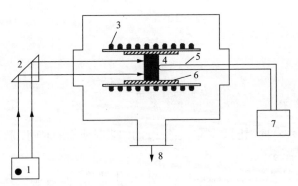

图 7-26　热脉冲法测试装置原理图

1. 激光源；2. 三棱镜；3. 加热器；4. 试样；5. 热电偶；6. 样品架；7. 温度记录仪；8. 抽真空系统

　　热脉冲法广泛用于测定金属、陶瓷、半导体等材料在中高温下的热物性，误差在 $\pm5\%\sim10\%$ 以内。此法的特点是试件小（一般为 $\Phi10\text{mm}\times0.5\text{mm}\sim\Phi10\text{mm}\times4\text{mm}$ 的小圆片，厚度视材料导热性能而定），测试时间短（环境温度升高到稳定温度的时间不计入时，测试全过程仅十几秒钟），易于实现高温测试。目前 T_0 已达到 2500℃左右。

7.4.6　3ω 法

薄膜材料具有突出的光、电、热等性能，因而在科学研究与实际生产中得到了广泛应用。与相同成分的固相材料相比，薄膜材料的特殊结构使其往往具有不同的物理特性。以导热性质为例，薄膜材料是一种各向异性的导热介质，即其热扩散率和热导率在不同方向上并不相同。并且，材料制造工艺将对薄膜材料导热性质产生显著影响，任何制造工艺上的细微差异都将使其实际导热性能千差万别。基于上述原因，为了快速辨别同一批次薄膜材料的导热性能，以获取精确的参考数据，Cahill 等在 1990 年提出 3ω 测试方法[7,8]。

图 7-27 为 3ω 法测试装置的结构示意图，该方法利用嵌入薄膜试样的金属丝作为加热器和温度传感器。由于金属丝阻值随温度升高而增大，因而输入频率为 ω 的谐波电流时，加热器上产生的加热功率为

$$P(\tau) = I_0^2 \cos^2(\omega\tau)R_{\mathrm{h}} = \left(\frac{I_0^2 R_{\mathrm{h}}}{2}\right)_{\mathrm{DC}} + \left(\frac{I_0^2 R_{\mathrm{h}} \cos(2\omega\tau)}{2}\right)_{2\omega} \tag{7-90}$$

式中，R_{h} 为加热器电阻；I_0 为加热器电流幅值。

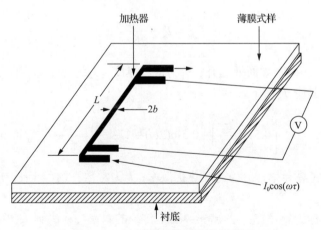

图 7-27　3ω 法测量装置结构示意图

金属丝内会产生由直流电导致的温升，同时也会产生频率为 2ω 的温度波向薄膜层扩散，即

$$T(\tau) = T_{\mathrm{DC}} + T_{2\omega} \cos(2\omega\tau + \delta) \tag{7-91}$$

式中，δ 为系统热容引起的相位差；$T_{2\omega}$ 为温度幅值。若加热器的温度电阻关系为

线性，则有

$$R_{\mathrm{h}}(\tau) = R_0 \left\{ 1 + C_{\mathrm{rt}} \left[T_{\mathrm{DC}} + T_{2\omega} \cos(2\omega\tau + \delta) \right] \right\}$$
$$= R_0 (1 + \alpha_{\mathrm{rt}} T_{\mathrm{DC}})_{\mathrm{DC}} + \left[R_0 \alpha_{\mathrm{rt}} T_{2\omega} \cos(2\omega\tau + \delta) \right]_{2\omega} \tag{7-92}$$

式中，α_{rt} 为金属加热器的电阻温度系数；R_0 为加热器在未加热条件下的阻值。则加热器上电压为

$$V(\tau) = I_0 R_0 (1 + \alpha_{\mathrm{rt}} T_{\mathrm{DC}}) \cos(\omega\tau) + \left[\frac{I_0 R_0 \alpha_{\mathrm{rt}} T_{2\omega}}{2} \cos(3\omega\tau + \delta) \right]_{3\omega}$$
$$+ \left[\frac{I_0 R_0 \alpha_{\mathrm{rt}} T_{2\omega}}{2} \cos(\omega\tau + \delta) \right]_{1\omega} \tag{7-93}$$

其中 3ω 频率电压降可以通过锁相放大器测得，故有

$$T_{2\omega} = \frac{2V_{3\omega}}{I_0 R_0 \alpha_{\mathrm{rt}}} \approx \frac{2V_{3\omega}}{\alpha_{\mathrm{rt}} V_{1\omega}} \tag{7-94}$$

式中，$V_{1\omega}$ 为施加在加热器上的电压幅值。

衬底为半无限大二维传热，将加热丝近似视为线热源，薄膜的导热视为一维且与频率无关，则有加热器温度幅值为

$$T_{2\omega} = T_{\mathrm{s}} + \frac{P_{\mathrm{l}} d_{\mathrm{f}}}{2b\lambda_{\mathrm{f}}} \tag{7-95}$$

式中，T_{s} 为薄膜-衬底界面处温升；d_{f} 为薄膜厚度；λ_{f} 为薄膜垂直向热导率，P_{l} 为线加热功率。其中 T_{s} 由下式确定：

$$T_{\mathrm{s}} = \frac{P_{\mathrm{l}}}{\pi\lambda_{\mathrm{s}}} \left[0.5\ln\left(\frac{a_{\mathrm{s}}}{b^2} \right) - 0.5\ln(2\omega) + k - \mathrm{i}\frac{\pi}{4} \right] = \frac{P_{\mathrm{l}}}{\pi\lambda_{\mathrm{s}}} f_{\mathrm{linear}} \ln\omega \tag{7-96}$$

式中，λ_{s} 为衬底热导率；a_{s} 为衬底热扩散率；k 为常数，约等于 1；f_{linear} 为 $\ln\omega$ 的线性函数关系。

上述方法称为斜率-3ω 法（slop-3ω），传统的斜率-3ω 法测试频率一般小于几千 Hz，只能用于测量材料的热导率。目前，3ω 法已成为测量薄膜热物性的重要方法，也可用于丝状和液体材料的热物性测量。

7.4.7　周期热流法

周期热流法是在外加周期性热量条件下，根据受热试样内某两点测量温度的幅值和相位关系来确定其热扩散率的一种测试方法。按照试样内热流传导的

方向，该方法又可以分为纵向热流法和径向热流法两种，通常前一种方法的应用范围较广。

1. 纵向热流法

将试样加工为一根半无限长圆柱，其侧壁作绝热处理，设圆柱体的初始温度为 θ_0，忽略圆柱体的径向温度分布。向圆柱一端施加正弦温度波，则其一维导热微分方程为

$$a\frac{\partial^2 \theta}{\partial x^2} = \frac{\partial \theta}{\partial \tau} \tag{7-97}$$

边界条件为

$$\begin{cases} \theta(0,\tau) = \theta_{\max}\sin\omega\tau \\ \theta(\infty,\tau) = 0 \end{cases} \tag{7-98}$$

式中，θ 为试样在 x 处温度与环境温度的差值；$\theta_{\max}$ 为在 $x=0$ 处，温度变化的最大幅值；ω 为温度波角频率。

上述物理模型具有定解，具体如下：

$$\theta(x,\tau) = \theta_{\max}\exp\left(-x\sqrt{\frac{\omega}{2a}}\right)\cos\left(\omega\tau - x\sqrt{\frac{\omega}{2a}}\right) \tag{7-99}$$

图 7-28 为待测试样上某两点的温度变化曲线。两点的温度波动均按波动周期 f 变化，δ 为两个温度波的相位差，两点的温度波幅度分别为 $\theta_{1,\max}$ 和 $\theta_{2,\max}$。

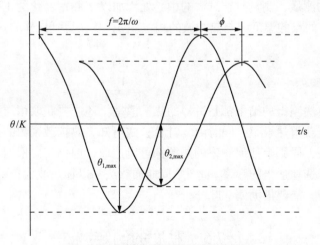

图 7-28　周期热流法温度波动曲线图

a 通过相位滞后法计算，由圆柱杆上 0 和 x 两处温度峰值出现的时间差 $\Delta\tau$，

即测定温度传播速度 $v=x/\Delta\tau$ 来确定 a。从式中可知，$x=0$ 点温度峰值出现在 $\cos(\omega\tau_0)=\pm1$，即 $\omega\tau_0=n\pi, n=0,1,2,\cdots$。而 x 点峰值出现在 $\cos(\omega\tau_x - x\sqrt{\omega/2a})=\pm1$，即 $\omega\tau_x - x\sqrt{\omega/2a}=n\pi$。因此，两处温度波的相位差为

$$\delta = \omega\tau_x - \omega\tau_0 = \omega\Delta\tau = x\sqrt{\frac{\omega}{2a}} \tag{7-100}$$

则温度传播速度可写为

$$v = \frac{x}{\Delta\tau} = \sqrt{2a\omega} \tag{7-101}$$

因此，热扩散率为

$$a = \frac{v^2}{2\omega} = \frac{1}{2\omega}\left(\frac{x}{\Delta\tau}\right)^2 \tag{7-102}$$

由上式可知，实验测量正弦温度波频率 ω，以及该波在试样内已知距离间传播的时间 $\Delta\tau$，即可求得热扩散率。

2. 径向热流法

不同于上述纵向热流法，径向热流法将正弦波温度变化施加于圆柱体试样的轴线处或圆周壁处，并监测试样径向不同测点温度的周期性变化，进而根据径向测点温度波的幅值和相位变化计算热扩散率。该方法可用于片状或膜状材料的面向热扩散率的测量，测量时在试样的中心处添加以 f 频率变化的正弦点热源，测量距该热源 r 的点的温度波与热源波的相位差 δ，从而得到试样的热扩散率

$$a = \pi f r^2 \Big/ \left(\delta - \frac{\pi}{4}\right)^2 \tag{7-103}$$

周期加热法测得的结果都是试样的热扩散率，还需要获取相同条件下的试样容积比热才能获得热导率。同时由 a 计算公式可知，热扩散系数的测量结果与温度波频率无关，原则上任何频率的热源都可以选取，但仍需要根据温度检测、记录的准确度来选择适当的频率。此外，周期加热法都以加热波为正弦形来做分析，对于其他波型，需要借助傅立叶分析[1,6,9]。

7.5　黏度的测定

黏度是实际流体的一个重要物理性质，它直接影响到流体的流动和传热性能。

由于流体有黏性，所以流体微团之间发生相对滑动时会产生切应力，也就是说切
应力是黏度的宏观效应。为了测量流体的黏度，必须使流体发生流动。

假定在流体中取一面积为单位面积，厚度为 dy 的流体层，其下层速度为 u，
上层速度为 $u+du$。由于上下层流速不同，使这块流体剪切变形，从而产生切应力。
根据牛顿内摩擦定律，单位面积上受到的应力 τ 为

$$\tau = \mu \frac{\mathrm{d}u}{\mathrm{d}y} \tag{7-104}$$

式中，μ 为流体的黏度或称黏性系数，单位为 $N \cdot s/m^2$。

服从牛顿内摩擦定律的流体称为牛顿流体。若把切应力作纵轴，将速度梯度
作横轴，则可以得到一条通过原点的直线，如图 7-29 所示。该直线与横轴夹角的
正切就是牛顿流体的黏度。

$$\tan\theta = \frac{\tau}{\frac{\mathrm{d}u}{\mathrm{d}y}} = \mu \tag{7-105}$$

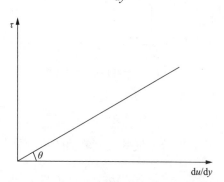

图 7-29　牛顿流体的 τ 和 $\mathrm{d}u/\mathrm{d}y$ 的关系

工程上还有一大类流体，它们不服从牛顿内摩擦定律，如塑料、油漆和血液
等黏度比较高的流体，称为非牛顿流体。它们的 τ 和 $\mathrm{d}u/\mathrm{d}y$ 的关系不是直线，而是
一条通过原点或不通过原点的曲线，各点的 $\tau/(\mathrm{d}u/\mathrm{d}y)$ 值不是常数。虽然可以通过
测定对应于某一速度梯度下的切应力而求得其比值，但此值与牛顿流体的黏度意
义不同，如图 7-30 所示。测定对应于 $(\mathrm{d}u/\mathrm{d}y)_1$、$(\mathrm{d}u/\mathrm{d}y)_2$、$\cdots$这些速度梯度下的切
应力 τ，用与牛顿流体相同的方法求黏度时，得

$$\frac{\tau_1}{\left(\frac{\mathrm{d}u}{\mathrm{d}y}\right)_1} = \mu_1, \quad \frac{\tau_2}{\left(\frac{\mathrm{d}u}{\mathrm{d}v}\right)_2} = \mu_2, \cdots \tag{7-106}$$

这些 μ 值各不相同，我们把 μ_1、μ_2、…称为非牛顿黏度或表观黏度。因此，在测定非牛顿流体时必须特别注意，所测得的 μ_i 只是在某一剪切速率下的表观黏度而已，它不能判断其他剪切速率下的流动性。由表观黏度也可以大致知道某种非牛顿流体的流动性，因而也常常利用测定牛顿流体黏度的方法和仪器，来测定非牛顿流体的表观黏度。黏度 μ 的大小与流体的种类有关，也和温度有关。测定流体黏度的方法，通常有下述几种。

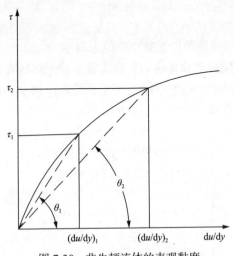

图 7-30　非牛顿流体的表观黏度

7.5.1　圆管层流法

在水平等直径圆管内，充分发展的层流流动的速度分布为抛物线，其流量为

$$Q = \frac{\pi d^4 \Delta p}{128 \mu l} \quad (\mathrm{m^3 / s}) \tag{7-107}$$

式中，d 为圆管内径，m；l 为管长，m；Δp 为流过管长 l 时产生的压力降，$\mathrm{N/m^2}$。

由此可以求得

$$\mu = \frac{\pi d^4 \Delta p}{128 Q l} \quad (\mathrm{N \cdot s / m^2}) \tag{7-108}$$

只要测定了 Q、l、d 和 Δp，即可求出某一温度下流体的黏度 μ。图 7-31 是圆管层流法测定流体黏度的实验装置。

此法的关键在于保持管内为稳定的层流，一般应满足雷诺数 $Re < 2300$。由于大部分流体黏度不大，测量管的管径必须很细，以产生一定的压力降。通常称圆

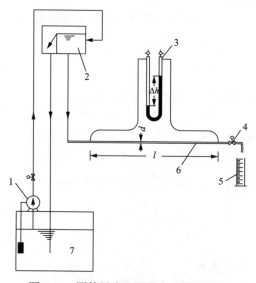

图 7-31　圆管层流法测黏度的装置简图

1. 泵；2. 高位液箱；3. 差压计；4. 调节阀；5. 量筒；6. 实验管段；7. 贮液箱

管层流法测黏度的装置为毛细管黏度计。毛细管黏度计的测量精度与管径的四次方有关，因而 d 的测量必须十分精确。但管径越细，测量越困难，故通常必须选择适当的管径对长度的比值，但该比值也仅能适用于一个小范围的黏度变化。

国际上常以精确测定的 20℃的水的运动黏度 $\nu = 2.006 \times 10^{-6} \mathrm{m^2/s}$ 作为公认的黏度基准，用以鉴定黏度计的精确度和修正值。毛细管黏度计常作为基准黏度计使用。

7.5.2　落球式黏度计

当一个直径为 d 的小球在流体中运动时，如果两者的相对速度 u_0 很小，小球的雷诺数 Re 满足

$$Re = \frac{u_0 d}{\nu} \leqslant 1 \tag{7-109}$$

则圆球受到的阻力 F 由 Stokes 公式给出：

$$F = 3\pi\mu d u_0 \tag{7-110}$$

由此得到计算黏度的公式为

$$\mu = \frac{D}{3\pi d u_0} \tag{7-111}$$

在实用上，小圆球在静止的被测流体中缓慢等速下落，u_0 即为其下落速度，

下落时间在几十到几百秒之间。阻力 F 就是圆球本身重力与流体对其浮力之差，即

$$F = \frac{1}{6}\pi d^3(\gamma_s - \gamma_f) \tag{7-112}$$

式中，γ_s 为小圆球的重度；γ_f 为被测流体的重度。

式(7-110)中除了下落速度为待测量以外，其余都是已知数，这就是落球式黏度计的测量原理。Stokes 公式适用于小球在无限广阔流体中下落的情况，如果小球是在圆管中下落时则必须考虑管壁对圆球运动的影响。经过对管壁影响的修正之后，根据测出的下落时间，流体的黏度可用下式计算：

$$\mu = \frac{d^2(\rho_s - \rho_f)g\tau}{18l}\left[1 - 2.104\frac{d}{D} + 2.09\left(\frac{d}{D}\right)^2\right] \tag{7-113}$$

式中，ρ_s、ρ_f 为小球和流体的密度，g/cm^3；τ 为小球经过上下标线间的下落时间，s；l 为标线间的距离，cm；D 为圆管的直径，cm。

图 7-32 给出了一种落球式黏度计的结构。

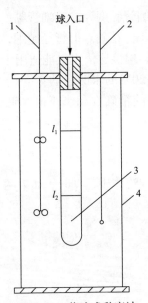

图 7-32　落球式黏度计

1. 搅拌器；2. 温度计；3. 圆管；4. 恒温槽

把放入被测流体的圆管装在恒温槽内，球从圆管的上部落下，测定落下一定距离(l_1 和 l_2 两点之间)所需的时间，就可以由式(7-113)求出流体的黏度。为使小球能从圆管的中心线处下落，在入口处装一根比球直径稍大的细玻璃管。通常 l_1 和 l_2 之间距离为 5～20cm，并且满足 $Re < 0.01$。当流体的黏度较小时则采用较小

直径的球。小球可采用钢球，下落时间可用秒表测定。

落球式黏度计适合于高黏度液体。落球式黏度计测量精度较低，不能作为基准装置。但是由于它结构简单，使用方便，所以常常用来作流体黏度之间的相互比较用。

7.5.3　旋转式黏度计

旋转式黏度计基于牛顿内摩擦定律来测定液体的黏度。在两个不同直径的同心圆筒的环形间隙 δ 中，充满待测液。一圆筒固定不动，另一圆筒以角速度 ω 旋转，由于液体有黏度，所以圆筒的运动将带动间隙间液体的运动。因为 ω 和 δ 都很小，液体在该间隙内的运动可以看作在两平板间的层流运动。与旋转圆筒相接触的液层的运动速度为

$$u = R\omega = R\frac{2\pi n}{60} \tag{7-114}$$

式中，R 为旋转圆筒的半径；n 为旋转圆筒的转速。液体因黏性而对圆筒壁产生的切应力为

$$\tau = \mu\frac{\mathrm{d}u}{\mathrm{d}y} \approx \mu\frac{u}{\delta} = \mu R\frac{2\pi n}{60\delta} \tag{7-115}$$

由此切应力对圆筒轴心产生的摩擦阻力矩为

$$M = 2\pi R\tau RH = 4\pi^2 R^3 n\mu H\frac{1}{60\delta} \tag{7-116}$$

则

$$\mu = \frac{15M\delta}{\pi^2 R^2 nH} \tag{7-117}$$

式中，H 为圆筒的高度。

图 7-33 为外筒旋转的旋转式黏度计的原理结构图。外圆筒以固定转速 n 旋转，内圆筒用扭丝悬挂并与扭矩测试机构连接。内圆筒在外圆筒通过流体的黏性内摩擦作用下扭转。

此时的黏度可由下式计算：

$$\mu = \frac{M\left(D_0^2 - D_1^2\right)}{\pi nHD_1^2 D_0^2} \tag{7-118}$$

式中，D_0 为外圆筒的内直径；D_1 为内圆筒的外直径。

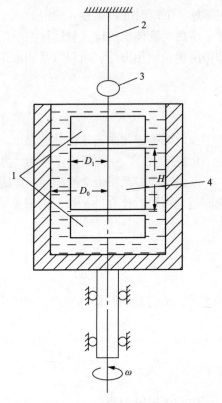

图 7-33　旋转式黏度计

1. 静止护圈；2. 悬索；3. 反射镜；4. 悬挂着的圆筒

7.5.4　恩格勒黏度计

恩格勒黏度计是一种比较式仪表。它的测量原理是将一定容积的蒸馏水通过小孔的泄流时间 τ_{H_2O} 和同样容积、温度为 T 的被测液体通过该小孔的泄流时间 τ 进行比较。恩格勒黏度的定义为

$$°E = -\frac{\tau}{\tau_{H_2O}} \tag{7-119}$$

恩格勒黏度和运动黏度 $\nu = \mu/\rho$ 的换算关系为

$$\nu = 0.0731°E - \frac{0.0631}{°E} \quad (\text{cm}^2/\text{s}) \tag{7-120}$$

在测定 τ_{H_2O} 时，通常采用温度为 $20℃$，容积为 200cm^3 的蒸馏水。图 7-34 是恩格勒黏度计的结构简图。

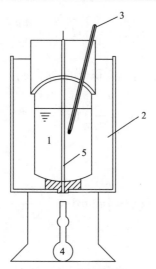

图 7-34　恩格勒黏度计

1. 被测液体容器；2. 恒温箱；3. 温度计；4. 盛筒；5. 泄流锥格

7.5.5　毛细管法

毛细管法是以一种基于哈根-泊肃叶(Hagen-Poiseuille)定律的黏度测量方法，其假设管内流体为不可压缩牛顿流体的层流流动[10]。毛细管法的示意图如图 7-35。

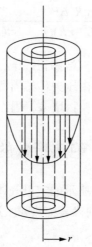

图 7-35　毛细管内层流流动

设液体在压差驱动力 $\pi R^2 \Delta P$ 的作用下，在半径为 R、长度为 L 的毛细管中产生匀速流动，此过程中毛细管两端压差为 ΔP。取半径 r 处微元液体圆筒研究，其力平衡方程为

$$\pi r^2 \Delta P = 2\pi r L \times \left(-\eta \frac{\mathrm{d}u}{\mathrm{d}r}\right) \tag{7-121}$$

根据边界条件：$r=R$，$u=0$，对上式积分的流体在管内速度分布为

$$u = \frac{\Delta P}{4L\eta}(R^2 - r^2) \tag{7-122}$$

则流量为

$$Q_V = \int_0^R u 2\pi r \mathrm{d}r = \frac{\pi R^4 \Delta P}{8L\eta} \tag{7-123}$$

液体黏度可以表示为

$$\eta = \frac{\pi R^4 \Delta P}{8LQ_V} \tag{7-124}$$

实际过程中，流体在进出口由于流束收缩或膨胀，增大了流动阻力，而在上述公式中，假设内摩擦力完全由 ΔP 来克服，因而需要对该公式进行动能修正和末端修正：

$$\eta = \frac{\pi R^4 \Delta P}{8(L+nR)Q_V} - \frac{m\rho Q_V}{8\pi(L+nR)} \tag{7-125}$$

式中，m 为动能修正因子；n 为末端修正因子，二者可以通过实验或理论的方法获得。实验中，毛细管两端压差由压力传感器测得，再结合仪器参数，即可计算出流体黏度。毛细管容易被小颗粒物堵塞，因而对样品纯度要求较高。

7.6 绝热指数的测定

该指数通过下面 p-V 图 7-36 所示的定量气体在绝热膨胀和定容加热过程中的变化测定。其中，AB 和 BC 分别代表绝热膨胀过程和定容加热过程。

在 AB 绝热膨胀过程中有

$$p_A V_A^k = p_B V_B^k \tag{7-126}$$

由于 BC 为定容过程，所以 $V_B = V_C$，而通过假设 A 点与 C 点所处的温度相同便可以得到

$$p_A V_A = p_C V_C \tag{7-127}$$

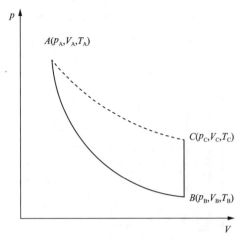

图 7-36　实验中的热力学过程

方程两边取 k 次方得

$$(p_A V_A)^k = (p_C V_C)^k \tag{7-128}$$

上式可以改写为

$$\frac{p_A^k}{p_A} = \frac{p_C^k}{p_B} \tag{7-129}$$

$$\frac{p_A}{p_B} = \left(\frac{p_A}{p_C}\right)^k \tag{7-130}$$

两边取对数，可得

$$k = \frac{\ln(p_A / p_B)}{\ln(p_A / p_C)} \tag{7-131}$$

由式(7-131)可知，空气的绝热指数 k 可以通过测量 A、B、C 三个状态下的压力 p_A、p_B、p_C 而求得。

　　其实验装置如图 7-37 所示，首先通过一个充气阀对刚性容器充气。然后打开排气阀，气体膨胀至整个容器，状态 A 时刻容器中的压力与大气压一致，而从状态 A 变化至状态 B，由于膨胀过程历时很短，故可认为是绝热膨胀。B 状态下的气体由于经历过膨胀过程，将产生能量损耗，使此状态下的气体温度低于环境温度。随之，刚性容器内的气体通过容器壁与环境进行热量交换，并最终与环境温度达成一致。此时，系统便达到了新的平衡状态 C，由于膨胀过程能量损失，气体温度低于环境温度，则刚性容器内的气体通过容器壁与环境交换热量。当容器内的气体温度与环境温度相等时，系统处于新的平衡状态 C，完成了从状态 A 到状态 C 的整个过程。

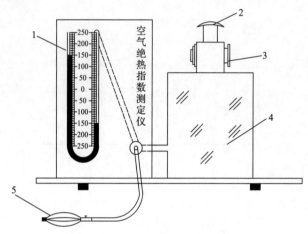

图 7-37　实验设备示意图
1. U 形管差压计；2. 防尘罩；3. 排气阀；4. 刚性容器；5. 充气阀

7.7　实际气体 p-v-T 关系的测定

确定实际气体的 p-v-T 关系，即建立实际气体的状态方程，对其传热和流动的分析和研究具有重要意义。因为有了状态方程，我们就可以不必通过测量而从热力学微分方程出发来确定工质的某些热物理性质，例如内能、熔、熵和比热等，这些参数在热工计算中具有重要用途。确定实际气体状态方程主要有两种方法：一种是理论分析方法，即根据对实际气体性质的了解，提出气体分子结构的模型，然后从理论上来建立状态方程，随着现代科学理论的发展，理论方法已成为研究实际气体状态方程的主要方法；另一种是实验方法，它对于验证理论公式的正确性以及确定某些特殊工质的 p-v-T 关系仍然具有重要价值。本节着重讨论用实验确定 p-v-T 关系的各种常用方法。

7.7.1　直接法

直接法是通过测定实验工质在各种压力和温度下的比容，然后根据实验值直接整理出 $v=f(p, T)$ 的关系式，也可以采用定温下测定 p-T 关系的途径来得到。图 7-38 是用来测定二氧化碳 p-v-T 关系的实验装置示意图。

整个实验装置由压力台、恒温水浴和实验本体三部分所组成。实验中由压力台送来的压力油进入高压容器和玻璃杯，迫使水银进入预先装了 CO_2 气体的承压玻璃毛细管中。CO_2 被压缩，其压力和容积通过压力台上活塞杆的进退来调节。气体温度由恒温水浴供给水套里的水温来调节。实验工质的压力由装在压力台上的压力表读出，温度由恒温水套中的温度计测定。CO_2 的比容根据毛细管内 CO_2 柱的高度来计算。

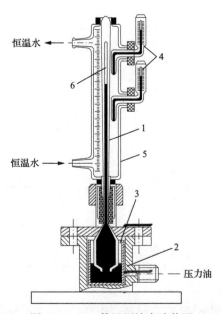

图 7-38　CO_2 等温压缩实验装置

1. 玻璃毛细管；2. 水银室；3. 压力油室；4. 温度计；5. 恒热水套；6. CO_2 空间

调节恒温水的温度，分别测定低于 CO_2 临界温度（如取 T=20℃）、临界温度（T=31.1℃）和高于临界温度（T=50℃）时各压力下的相应比容值，在 p-v 坐标图上画出三条等温线。如果实验数据足够多，就可以整理出 p-v-T 的实验关系式。

利用上述实验装置还可以观察工质在临界状态下的一些特殊物理现象。例如当超过临界压力的 CO_2 突然降压时，由于受重力场作用，会出现沿管子高度上的分子数分布不均和光散射，从而可以观察到在玻璃管内出现乳白色的闪光现象，称为临界乳光。同时，由于在临界点处液体的汽化潜热等于零，饱和汽线和饱和液线重合于一点，所以气液的相变过程不是渐变过程而是以突变的形式出现在整个容积内。在临界点附近，气液两相之间的区别不很明显，因为两相具有的参数已接近于共同的临界参数。

7.7.2　间接法

间接法是利用热力学一般理论和实验数据相结合的方法来确定物态方程，常用的有两类。

1. 利用比热的实验数据

将不同压力和温度下精确测定的比热实验值整理成函数关系式 $c_p=f(p, T)$。由热力学函数普遍关系式

$$\left(\frac{\partial c_p}{\partial p}\right)_T = -T\left(\frac{\partial^2 v}{\partial T^2}\right)_p \tag{7-132}$$

整理后得

$$\left(\frac{\partial^2 v}{\partial T^2}\right)_p = -\frac{1}{T}\left(\frac{\partial c_p}{\partial p}\right)_T \tag{7-133}$$

将上述 c_p 的实验关系式 $c_p=f(p, T)$ 对 p 求偏导 $\left(\dfrac{\partial c_p}{\partial p}\right)_T$ 然后代入式 (7-106)，经过两次积分以后得

$$v = -\iint \frac{1}{T}\left(\frac{\partial c_p}{\partial p}\right)_T \mathrm{d}T\mathrm{d}T + T\varphi(p) + \psi(p) \tag{7-134}$$

式中，积分常数 $\varphi(p)$ 和 $\psi(p)$ 是压力 p 的函数。式 (7-134) 就是所求的状态方程。$\varphi(p)$ 和 $\psi(p)$ 可以根据极限条件来确定。当压力 $p \to 0$ 时，实际气体可以看作理想气体，即满足理想气体方程

$$pv = RT \tag{7-135}$$

同时，根据理想气体性质，c_p 只是温度 T 的函教，故 $\left(\dfrac{\partial c_p}{\partial p}\right)_T=0$。由此可得

$$\frac{RT}{p} = T\varphi(p) + \psi(p) \tag{7-136}$$

$\varphi(p)$ 和 $\psi(p)$ 可展开成 p 的多项式，在 $p \to 0$ 时，比较式 (7-136) 等式两边应有

$$\varphi(p) \approx \frac{R}{p} \tag{7-137}$$

代入式 (7-134)，最后得到

$$v = \frac{RT}{p} - \iint \frac{1}{T}\left(\frac{\partial c_\mathrm{p}}{\partial p}\right)\mathrm{d}T\mathrm{d}T + \psi(p) \tag{7-138}$$

式中 $\psi(p)$ 的具体形式可以由几组不同状态下的 p、v、T 实验值及 $c_\mathrm{p}=f(p, T)$ 的关系式代入式(7-138)，经计算后求出。

2. 利用节流效应的实验数据

实际气体在绝热节流后常引起温度变化。温度的这个变化可以用绝热节流系数 a 来表示。由热力学普遍关系式

$$a = \left(\frac{\partial T}{\partial p}\right)_s = \frac{1}{c_\mathrm{p}}\left[T\left(\frac{\partial v}{\partial T}\right)_p - v\right] \tag{7-139}$$

整理绝热节流系数 a 的实验值形成函数关系式 $a=f(p, T)$，并利用 c_p 的实验关系式 $c_\mathrm{p}(p, T)$，代入上式后得

$$a(p,T) = \frac{T\left(\frac{\partial v}{\partial T}\right)_p - v}{c_\mathrm{p}(p,T)} \tag{7-140}$$

整理后得

$$T^2\left[\frac{\partial}{\partial T}\left(\frac{v}{T}\right)\right]_p = T\left(\frac{\partial v}{\partial T}\right)_p - v = a(p,T)c_\mathrm{p}(p,T) \tag{7-141}$$

在一定的压力下对上式积分，可得

$$\frac{v}{T} = \int \frac{a(p,T)c_\mathrm{p}(p,T)}{T^2}\mathrm{d}T + \varphi(p) \tag{7-142}$$

当 $p \to 0$ 时，$pv \to RT$，$a(p, T) \to 0$，有 $\psi(p) \approx R/p$。将 $\psi(p)$ 代入上式得

$$\frac{v}{T} = \int \frac{a(p,T)c_\mathrm{p}(p,T)}{T^2}\mathrm{d}T + \frac{R}{p} \tag{7-143}$$

上式就是所要求的状态方程。与利用 c_p 的实验值获得状态方程相比，此法只需一次积分，确定一次常数，故而比较实用。

热工实验中常用的蒸汽绝热节流实验装置如图 7-39 所示。从锅炉来的蒸汽进入量热计。用压力表和温度计测出节流前的压力和温度，然后让蒸汽通过装设在量热器中部的节流孔板再进入凝汽器。节流后的压力和温度可由另一压力表和温

度计测出。蒸汽在凝汽器中冷凝成水，冷凝水和冷却水的流量可分别用量筒和水箱测出。为了减少散热损失，整个装置的外部用绝热材料包裹起来。

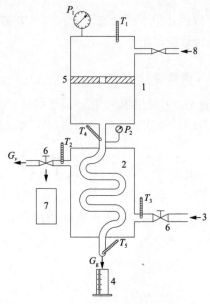

图 7-39 蒸汽绝热节流装置

1. 孔板；2. 凝汽器；3. 冷却水；4. 量筒；5. 量热器；6. 三通阀；7. 水箱；8. 蒸汽

在整个系统稳定以后，测量节流前后的温度 T_1、T_2 和压力 p_1、p_2，冷却水进出口温度 T_3、T_4，冷凝水温度 T_s，流量 G_g 和冷却水流量 G_w。

蒸汽节流后的焓可由下式计算：

$$i_2 = i_s + \frac{G_w c(T_4 - T_3)}{G_g} \tag{7-144}$$

式中，i_s 为冷凝液的焓，对水近似地有 $i_s \approx T_s$；c 为冷却水的比热。

由于绝热节流过程蒸汽不做功，节流前后蒸汽的速度变化不大，因而根据稳定流动的能量方程式有 $i_1 = i_2$。根据实验测定的 i_2，可以验证上述结果。

改变节流前的蒸汽压力 p_1 和温度 T_1，可以获得节流前后几组对应的压力和温度实验数据，然后整理出绝热节流系数的实验关系式 $a = a\left(\dfrac{\partial T}{\partial p}\right) = f(p, T)$。根据该实验关系式，就可以由式(7-143)得到所要求的 $p\text{-}v\text{-}T$ 关系式。

参 考 文 献

[1] 胡芃, 陈则韶. 量热技术和热物性测定[M]. 合肥: 中国科学技术大学出版社, 2009.

[2] Bachmann R, Disalvo F J, Geballe T H, et al. Heat Capacity Measurements on Small Samples at Low Temperatures[J]. Review of Entific Instruments, 1972, 43(2): 205-214.

[3] Graebner J E, Golding B, Schutz R J, et al. Low-temperature properties of a superconducting disordered metal[J]. Physical Review Letters, 1977, 39(23): 1480.

[4] Hatta I. Heat capacity measurements by means of thermal relaxation method in medium temperature range[J]. Review of Scientific Instruments, 1979, 50(3): 292-295.

[5] Zink B L, Revaz B, Sappey R, et al. Thin film microcalorimeter for heat capacity measurements in high magnetic fields[J]. Review of entific Instruments, 2002, 73(4): 1841-1844.

[6] 邢桂菊, 黄素逸. 热工实验原理和技术[M]. 北京: 冶金工业出版社, 2007.

[7] Cahill D G. Thermal Conductivity Measurement from 30K to 750K: The 3-Omega Method[J]. Review of Entific Instruments, 1990, 61(2): 802-808.

[8] 王照亮. 微纳米尺度材料热物性表征与热输运机理研究[D]. 北京: 中国科学院工程热物理研究所, 2007.

[9] 黄素逸, 周怀春. 现代热物理测试技术[M]. 北京: 清华大学出版社, 2008.

[10] 张健, 赵雄虎, 皮家安, 等. 黏度的测量方法及进展[J]. 中国仪器仪表, 2018, (4): 81-86.

第8章 流体流动实验研究

8.1 流 动 显 示

流体流动状态的可视化观察是进行流体力学实验研究的重要方法之一，这类直接观察技术常称为流动显示。流动显示的任务是把透明介质(如水和空气)中难以用肉眼直接观察到的流动现象和结构用图像显示，供人们理解和定性分析之用。

随着流动显示技术的不断发展，流动显示方法逐渐变得丰富多样，通常按照显示原理可以将显示方法分为示踪显示方法和光学显示方法。示踪显示方法包括了将足够小的示踪颗粒加入气态或液态流体中的所有方法，通过观察示踪颗粒的运动从而获得流体的运动规律，如雷诺显示法、烟流法、PIV 技术、激光诱导荧光技术等。光学显示方法适用于有密度变化的流场，利用光的折射或不同光线相对的相位移形成图像，显示某些流动现象，如激波、旋涡等，这些方法有阴影法、纹影法、流动层析成像技术、干涉技术等。

下面介绍热工实验室中常用的几种显示方法。

8.1.1　雷诺显示

英国物理学家雷诺于 1880 年第一次用液体着色的办法实现了流动的显示，观察到流体流动时存在着两种截然不同的流动状态，即层流和湍流。雷诺通过大量的观察和测量，提出了一个用来判别不同流动状态的无量纲数，它的物理意义是作用于流体上的惯性力和黏性力之比。其数学表达式为

$$Re = \frac{\rho u d}{\mu} \tag{8-1}$$

式中，ρ 为流体密度；u 为流体流动速度；μ 为流体的黏度；d 为圆管内径。

为了纪念雷诺对流体力学所作出的伟大贡献，这个无量纲数命名为雷诺准则。实验证明，不论何种流体，也不论在尺寸多大的管道中流动，凡雷诺准则数 $Re<2300$ 时，流动一般呈层流状态；$Re>2300$ 以后，流动进入湍流状态。

雷诺实验的装置如图 8-1 所示，由恒水位水箱、透明圆管和染色水添加机构组成。透明圆管内水速可由阀门调节。色水瓶下面的细管一直伸到透明圆管的入口中央，开启色水瓶细管上的小阀，色水就可从中心位置进入圆管中。此时便可观察到色水在其中呈现出不同的流动状态，如图 8-2 所示。

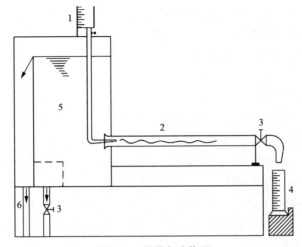

图 8-1　雷诺实验装置

1. 色水小瓶；2. 透明圆管；3. 阀门；4. 量筒；5. 恒水位水箱；6. 溢流管

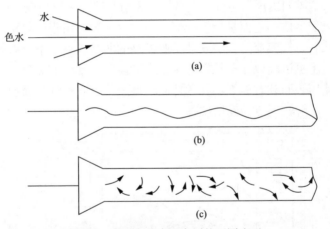

图 8-2　雷诺实验中观察到的不同流型

　　当管中水流速度很慢时，色水沿着管子中心轴线平稳地流动，成一直线，如图 8-2(a) 所示。这时，色水的形状反映出管内的水流是沿管子轴线的平稳层状流动，这种流动状态简称为层流。随着水流速度的逐渐加大，色水所形成的直线开始摆动成为波浪形，如图 8-2(b) 所示。这种摆动反映了管中水流的不稳定状态，表明水流不仅有沿轴方向的速度，也有垂直管轴的分速度。此时的管内流动开始从层流转变为另一种流态，即向湍流转变的过渡工况。当水速增大到某一数值以后，色水能够在短时间内完全和原本管内的水流混杂在一起，整个管截面上呈现均匀的色水混杂，这种混杂反映了管中各层水流间的相互渗合。此时除了沿管轴向的速度外，还产生不规则的各向脉动速度，这是典型的湍流状态，如图 8-2(c) 所示。到达湍流状态以后，如果减小水速，流动状态又会从湍流恢复到层流。

通常由层流向湍流过渡的雷诺准则数，称为临界雷诺数 Re。根据管内壁的光滑程度以及流体的物性不同，临界雷诺数会在一个不大的范围内变动。一般来说，这个变化范围约为 2000~2300。

8.1.2　烟流法—烟风洞

在气流中引入煤烟或有色气体，借助光线对烟气质点的散射，可以显示流体质点的运动，这就是烟风洞观察流动的基本原理。

通常采取将电炉加热机油或燃烧木材、卫生香、烟草等产生的烟气引入气流的方法。气流组成可以是碘、氯气等有色气体抑或是四氯化钛、四氯化锡等液体。四氯化钛等在室温下是液体，但暴露在空气中就会和空气中的水蒸气发生化学反应产生包括氯化盐、盐酸和水的小雾点。这种小雾点可悬挂在空气中数分钟之久，形成顺气流方向的一条可以被观察到的白线。

烟风洞是一种低速风洞，主要用于形象地显示绕流物体的流动图形或拍摄成流谱的照片。烟风洞由风洞本件、发烟器、风扇和照明装置组成，如图 8-3 所示。闭口直流式风洞本体的剖面呈矩形，烟气喷口处设置有由很多等距并列的细金属管组成的梳状管，气流流过其中安装实验模型的实验段后留下一条条细长的烟流线。为了使显示更清晰以便于拍摄记录，实验段后壁常漆成黑色，并用管状的电灯来照明。使用表面装有放烟小孔的特制模型还可以观察到附面层从层流到湍流的转变过程，了解转捩点的确切位置。

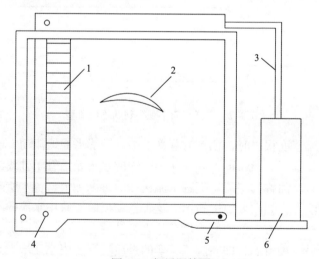

图 8-3　烟风洞简图

1. 梳状管；2. 实验段；3. 管道；4. 烟气调节器；5. 电源开关；6. 烟气发生器

烟风洞可以得到完整细致的流动图，方法也很简单实用。但是，当风速大于 2m/s 或有旋涡产生时，烟流便会被冲散；当风速太小时，由于烟气质点重于空气，会导致其沉降的影响过大，从而不能正确地反映流体的真实流动状态。要注意的是当采用氮化物时，须考虑人身安全问题。

8.1.3 粒子图像测速技术

作为一种现代流场测量技术，PIV（粒子图像测速）技术是以流动显示技术和图像互相关分析算法为基础而发展起来的。该技术兼具单点测量和显示测量技术的优点，不仅能够显示所测流场的整体结构，而且测量精度较高，具有多点、瞬态、无接触等特点。因此，该技术可以在不干扰被测量流场的力学性质的前提下，实现瞬态流场的定量测定。

PIV 技术实现所需的测量装置主要包括粒子发生器、激光器、CCD 相机及计算机。具体来说，该技术通过粒子发生器向流场中均匀散布示踪粒子；由此借助激光器发射脉冲激光照射待测流场，形成片光平面，继而激发流场内的示踪粒子产生反射或荧光显示；随后，由布置于片光平面垂直方向上的 CCD 相机通过同步器在激光的脉冲时刻曝光并捕捉示踪粒子图像，而后将图像信息传输并存储至计算机；最终，由计算机根据光流算法或互相关算法计算示踪粒子在两次拍照时间间隔 Δt 内产生的位移，进而基于速度的基本定义得出整个测量流场的速度矢量图，如图 8-4 所示。目前，该技术已经成为流场测量实验中应用最为广泛的技术之一，适用于各种情形下瞬态流场的有效测量[1,3]。

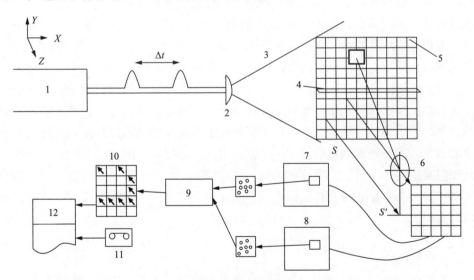

图 8-4 PIV 测速原理图

1. 双脉冲激光器；2. 圆柱形透镜；3. 探测区；4. 光片；5. 目标区；6. 光学成像器件；
7. 图像帧1；8. 图像帧2；9. 相关器；10. 矢量图；11. 数据存储；12. 数据分析

示踪粒子的浓度和直径大小的选择对计算结果具有一定影响。示踪粒子的浓度过小，则会因系统捕捉到的有效粒子数目过少而不能准确反映被测流场的真实特征，浓度过大则会因有效粒子数目过多而出现成像重叠现象。另外，粒子直径过大，则示踪粒子不能反映流场中流速较为微弱的情形，但是一定程度上有利于流场图像的捕捉。因此，在实际选择中我们应该尽可能确保较小的示踪粒子直径和适当的浓度选择，以保证获得的计算结果能够精确反映实际流场情况。

8.1.4　激光诱导荧光技术

作为一种新型非接触式测试技术，激光诱导荧光(laser induced fluorescence，LIF)技术借助能量密度高、单色性好的激光光源，有针对性的获得流场信息，能够大幅提高测量的信噪比，且不干扰流场的力学性能，同时还具有响应速度快的优点。该技术可以通过定量地测量待测流体浓度场、温度场等流场信息的空间分布来准确显示流场，其适用于液相(或气相)流动的流场结构可视化研究，是一种传热传质研究领域的高端测试技术[4,5]。

激光诱导是指在激光的作用下，有着某种特定分子结构的荧光染料剂粒子(即示踪粒子)吸收光子由基态跃迁至激发态又迅速退激发回到基态从而发射光子的过程。示踪粒子发射光子这一过程即表现为发出荧光。荧光染料剂粒子吸收光子和发射光子的能量就是其基态和激发态两个能级之间的能量差，所以特定的荧光物质能够吸收和发射的光子的波长在一个比较确定的范围内。荧光光子在常温下能级较低，其波长通常大于入射光子的波长，即入射激光的光子能量大于荧光光子的能量，其差值被称为斯托克斯位移(Stokes Shift)。另外，一旦激光停止照射，荧光现象会快速的衰减直至结束，该过程通常在1μs以内完成。

受上述特性启发，采用滤光片将激发光和荧光分离，只检测并通过CCD相机接收荧光信号，同时利用计算机对荧光粒子的运动特征进行分析，就可以获得观测对象的流场特性。除此之外，由于荧光粒子的荧光光强不仅与激光及荧光粒子浓度相关，还受到观测对象温度、压强、组分等的影响，因而还可以通过分析荧光光强与温度、压强、浓度等的关系，获取被测空间内的温度、压强、浓度等的分布。图8-5为典型的LIF测试系统，主要包括激光器、示踪剂和用于捕获荧光信号的相机。

8.1.5　纹影技术

光线在通过非均匀的透明介质时会发生偏移折射现象，传统纹影技术正是利用这一点，并通过刀片调节光线的通过量，从而形成投影的明暗条纹，如图8-6所示。因此，纹影技术也是一种非接触式光学测量方法。由于光线的偏折与被测对象的折射率有关，而介质的折射率与其密度、温度、压力、组分等因素相关，

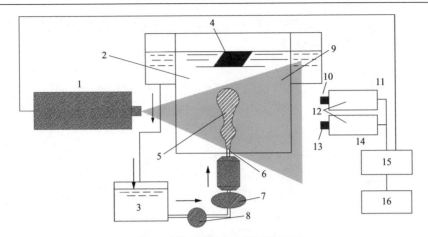

图 8-5　激光诱导荧光测试装置图

1. 双脉冲 Nd:YAG 激光器；2. 测试水槽；3. 水槽；4. 镜面(用于横截面测量)；

5. 混合区域；6. 喷嘴；7. 泵；8. 流量计；9. 片光源；10. 高通滤镜；11. LIF 测量；

12. CCD 相机；13. 低通滤镜；14. PIV 测量；15. 同步器；16. 电脑

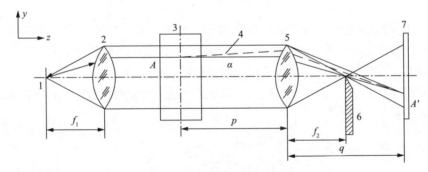

图 8-6　纹影仪的原理光路图

1. 光源 S；2. 透镜 L_1；3. 测试段；4. 偏转光线；5. 透镜 L_2；6. 刀口；7. 观察屏幕

因而可以通过观察光的折射形成的明暗相间条纹来对介质对象的折射率分布进行测量，进而获取对象的压力、密度、浓度、流动结构等信息。经过不断发展，纹影技术已经形成了黑白纹影、彩色纹影和干涉纹影等多个分支，并得到了广泛应用[1,6]。

　　此外，将粒子图像测速(PIV)技术和纹影技术相结合可以发展背景纹影技术，后者同时拥有 PIV 技术和纹影技术的优点，一方面改进了传统纹影在面对较大视场的流场测量需要大量精密光学仪器(如光阑和透镜)的缺点，更好地适应了工程需要；另一方面，背景纹影技术通过粒子图像处理克服了传统纹影中环境光线或流场自发光的干扰，可以完成对火焰等自发光流场的测量。

　　同传统纹影技术相似，背景纹影技术也通过光线的偏移折射量来对流场中的密度变化进行测量，不同的是，背景纹影技术不是使用刀口切割光线来改变光线通过量，而是通过比较光线经过和不经过测量场的两幅图像来量化分析光线偏折角，实验原理如图 8-7 所示[7]。

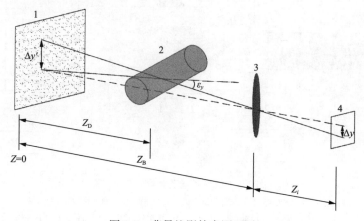

图 8-7　背景纹影技术原理图
1. 斑点背景；2. 测量流场；3. 镜头；4. CCD

图中虚线和实线分别表示背景斑点光线在待测量流场加入前后所形成的投影，由于光线会在流场中发生偏折，通过比较 CCD 获得的两幅背景图案中的斑点会发现存在位移量 Δy，将斑点位移量乘上相机分辨率得到 $\Delta y'$，同时基于被测流场与相机间距离 Z_B 及镜头与相机间距离 Z_D，可通过 $\Delta y'$ 来表示光线的偏折角，如下式所示：

$$\varepsilon_y = \left(1 + \frac{Z_D}{Z_B - Z_D}\right)\frac{\Delta y'}{Z_B} = \frac{\Delta y'}{Z_D} \tag{8-2}$$

斑点投影偏移的大小直接受流场分布影响，通过 PIV 粒子图像位移量计算软件对两幅图进行互相关性分析便可以得到被测流场的流速及区域密度变化等信息。

8.1.6　流动层析成像技术

医学 CT 技术可以利用断层扫描技术得到相对静止对象的分布信息，流动层析成像技术类似于医学 CT 技术，但是其可以应用于流动状态的对象并观测某一截面上的分布信息，尤其适用于多相流对象[8]。图 8-8 为流动层析成像技术结构图，在激励单元的作用下，被测对象截面信息经采集转换之后在计算机中通过图像重建算法对所得数据进行对象重建，得到被测对象中各组分的空间位置排布，从而实现对多相流动过程的可视化观测和流场特征参数的获取。

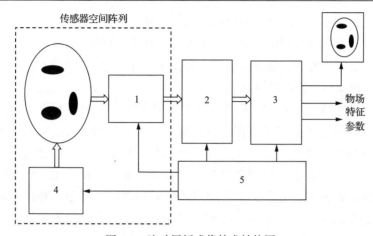

图 8-8 流动层析成像技术结构图

1. 信号转换单元；2. 数据采集；3. 图像重建；4. 激励单元；5. 计算机

根据信号及其获取方法的不同，流动层析成像技术方法主要分为光学层析成像技术、电容层析成像技术及超声波层析成像技术等。

光学层析成像技术：此技术在管道和被测介质均为透明或半透明物体的情况下适用，通过包含两对发射器、一个接收器和一个光敏元件的传感器将光强信号转化为电信号，在控制测量单元的驱动下，将此电信号转化成被测介质的边界信息，从而得到某个方向上吸收系数的投影值，计算机通过一定的成像原理程序对所得数据进行图像重构。该方法具有成本低、速度快和安全性好的优点[9]。

电容层析成像技术：此技术适用于各相介质具有不同介电常数的多相流体，利用多相流体中各项含量及分布的变化对介电常数的影响，通过使用电容传感器捕获流道截面上的介电常数分布来重构空间相分布图像。此技术具有结构简单、适用范围广的优点，但是对电容传感器的灵敏度和抗扰能力要求较高[10]。

超声波层析成像技术：由于超声波传播速度较慢，其数据采集频率较小，此技术适用于大多数流体速度较小的多相流动过程参数的检测。超声波层析成像技术利用反射、衍射、透射和多普勒响应等造成的多相流内部介质对声波传播的影响，使用超声波接收器检测被测介质对超声波的反射信号，通过图像重构算法得到被测介质像分布图像并以此实现对流动过程的观测。此技术成本可控且安全性高，但是超声波流动层析成像技术的重构算法主要为反投影重构算法，重构图像的分辨率及质量有待提高。

8.1.7 全息干涉技术

全息干涉计量技术通过将发射光波的振幅和位相信息进行同步采集记录，从而对物体进行非接触式三维测量，其适用于被测流体折射率会随温度、密度、浓度和压力变化而变化的流体。与纹影仪相似，该技术通过分析干涉条纹的变化来获取流场流动过程中折射率的演化及分布，进而获取密度、温度、压力和浓度等物理量，并反馈流场的流动结构特性。此技术具有精度高、非接触、条纹对比度好且对被测对象形状宽松的特点[11-13]。

全息干涉和普通干涉的区别在于采用不同的方法来获得相干光。普通干涉通过分振幅法或分波前法获得相干光，例如采用分振幅法的迈克尔逊干涉仪是将一束光的振幅分成两部分甚至更多部分来获得相干光，采用分波前法的双缝干涉是将一束光的波前分成两部分甚至更多部分来获取相干光。而全息干涉则是采用时间分割法在一片全息板上记录不同时刻的同一光束，并让不同时刻光束的波前在全息板上发生干涉以此来获得相干光，所以全息干涉具有消除系统误差的优点。

目前，发展比较完善的全息干涉方法有实时全息干涉法、双曝光全息干涉法、均时全息干涉法等。其中，实时全息干涉法的基本原理是先记录一张位相物体未变化时物光波的全息图。经显影、定影处理后，实现该全息图在光路中原来位置的准确复位。然后，用位相物体变化后的被测试物光与参考光同时照射该全息图，使直接透过全息图的被测物光波面与全息图所再现的原始物光波面发生干涉，从而得到实时全息干涉图，可依据干涉图上的条纹变化对物体的变形或者位移进行观察表征。此方法的优点是仅需一次曝光记录未变形物体的波面便可实现观察位相物体形变或位移的目的。但全息图在全息干板、光导热塑料等记录材料上的精确复位目前较难实现。为了达到更好的观察效果，常常需要将实时全息干涉法与 CCD 摄影机配合使用，光路布局如图 8-9 所示，首先通过分束器将激光器发出的激光束分成两束，其中水平通过分束器的光束作为参考光束经过反射镜直接投射到全息干板上，另一条光束作为物光穿过位相物体经反射镜反射到全息记录介质上。

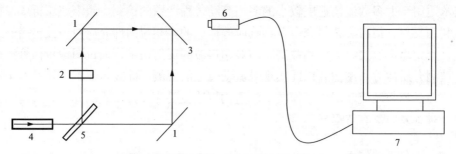

图 8-9　实时全息干涉技术光路示意图

1. 反射镜；2. 样品；3. 屏；4. 氦氖激光器；5. 分光屏；6. CCD；7. 计算机

8.1.8 粒子纹影一体化流动显示技术

粒子纹影一体化流动显示技术是从传统 PIV 实验系统和纹影实验系统中衍生出的新型观测技术，它将 PIV 技术和纹影技术有机集成到同一个实验系统上，可以在粒子测速模式和纹影观测模式之间自由切换，从而实现流场和密度场(浓度场)的双观测。粒子纹影一体化流动显示技术的实验系统如图 8-10 所示，主要包括 LED 冷光源、光学狭缝、平凸透镜、非荧光示踪粒子、双凸透镜、刀口、图像采集系统以及数据处理系统。

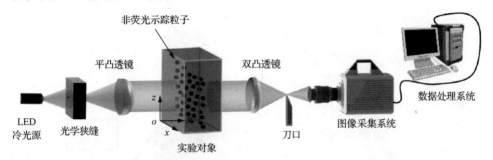

图 8-10　粒子纹影一体化流动显示技术实验系统示意图

粒子测速模式采用的是 DPIV 系统，LED 冷光源发出的发散光先经光学狭缝变为点状光，再由平凸透镜转换成平行光，当平行光线穿透预先混有普通示踪粒子的实验对象后先由一面双凸透镜会聚再被 CCD 图像采集系统拍摄与记录。粒子测速模式的主要原理是将非荧光示踪粒子(如 PSP 微球等)分散在被测流体中，因粒子和实验流体间的透光率不一样，可以在实验对象的另一侧清晰地观测到每一个时刻下的粒子位置图像。又由于粒子跟随性好、分散性好，可以用粒子运动来替代真实的流场运动，还可以利用互相关方法解析连续拍摄的粒子图像来定量化真实的流场信息(流速、涡量等)。值得注意的是，粒子测速模式下刀口不做任何光线切割动作，双凸透镜与 CCD 配合起到调节拍摄图像比例的作用。

纹影观测模式采用的是会聚式纹影系统，该模式下的光路系统和粒子测速模式大致相同，不同的是纹影观测模式下的双凸透镜起到会聚光线作用，而且需通过改变刀口进给量来切割光线，以此获得高对比度、高清晰度的纹影图像。其主要原理是利用平行光线在非均匀介质传播时因各处折射率不同会发生不同程度偏折的特性，通过刀口在会聚点处切割的方式获得清晰的明暗不一的纹影图像。由于流体的密度(浓度)与流体的折射率息息相关，所得纹影图像上的灰度值对应着不同数值的密度(浓度)，故可依此进行密度(浓度)变化的可视化甚至定量化研究。

粒子纹影一体化流动显示技术的优势在于利用一套实验系统便能实现流体运动和密度分布(浓度分布)的双观测，大大简化了实验操作过程，有利于流场和密度场(浓度场)的耦合研究。并且，相比于传统 PIV 系统(见图 8-11)，粒子纹影一体化流动显示系统不仅可以使用 LED 冷光源代替脉冲激光片光,还可以使用相对普通的微观粒子来代替价格昂贵的荧光粒子,这大大降低了速度测量的实验成本;而较于传统纹影系统(见图 8-12),粒子纹影—体化流动显示技术将系统的光源替换成 LED 冷光源,减少了聚光透镜的使用,也同样降低了实验成本。此外,由于激光光源热效应显著,LED 冷光源的应用使得粒子纹影—体化系统更适用于那些实验参数对温度非常敏感的实验工况,比如气-液蒸发传质过程和液-液萃取传质过程。通过粒子纹影—体化系统可以直观的获取多相流传质过程中浓度场以及流场动态演化过程,促进微尺度多相流传质机理研究。

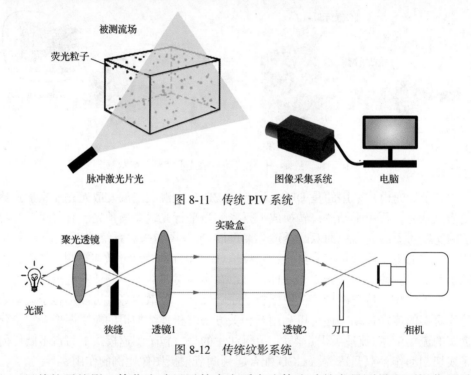

图 8-11　传统 PIV 系统

图 8-12　传统纹影系统

目前粒子纹影—体化流动显示技术在瞬态流体流动的定量测量和可视化显示方面已显示出重要应用前景。为此,本书给出了作者基于此技术开展的有关液-液两相流动测试显示的三个典型实验案例。

1. 实验案例一:双组分液滴蒸发过程的流场定量化研究

液滴蒸发过程是常见的气液传质过程,广泛应用于精馏提纯等化工生产中。如"水-乙酸"双组分液滴的蒸发过程,由于乙酸在液相和气相中的分压力不同,导致其易从液相析出并扩散到气相中。在该蒸发传质过程中,液相内组分浓度动态分布情况很复杂,并且浓度的不均匀分布可以产生 Rayleigh-Bénard 效应和 Marangoni 效应,进而诱发复杂的流体运动形成 Rayleigh-Bénard-Marangoni 对流,而流体运动又会反作用于传质过程影响体系传质速率。因此，研究液滴蒸发过程的流场演变规律以及内在动力学机理有助于液滴蒸发过程的传质机理的研究，对促进精馏提纯等化工生产的生产效率具有重要指导意义。但是，液滴蒸发过程对温度敏感度很高，很难用传统的 PIV 系统进行观测，于是，对于这种受温度影响较大的复杂流体运动与传质过程，可以借助粒子纹影一体化实验系统"水-乙酸"双组分液滴的蒸发过程进行可视化研究，通过流场观测和定量化深入地认识传质与流动耦合机理。

由于液滴相为水溶液，所以选择与之密度匹配的 PSP 粒子作为示踪粒子，该粒子直径 d_p = 5μm，密度 ρ = 1.04g/cm^3，不溶于乙酸、甲苯等有机溶剂。实验时将粒子纹影一体化系统调整至粒子测速模式。先将 PSP 示踪粒子以质量比 0.05%的比例分散在水溶液中，取 8g 的水和 2g 乙酸配制成溶液。待其混合均匀后用针筒吸取少量，并在两面透镜之间的实验对象区域中，通过注射泵(LSP01-1BH)于针头处形成一个悬挂的球形液滴，注液体积为 1mL，注液速率为 10mL/h。然后开启设备进行拍摄并记录整个"水-乙酸"双组分液滴的蒸发过程。CCD 的拍摄频率为 60fps。具体实验光路系统如图 8-13 所示。

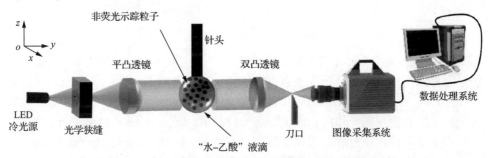

图 8-13 "水-乙酸"双组分液滴的蒸发过程的实验系统图

所得研究结果如图 8-14 所示。图 8-14(a)给出了某一时刻下液滴内部流场粒子位置信息图，图中黑色的颗粒状物体为 PSP 粒子，粒子周围颜色偏淡的区域是水-乙酸混合溶液，强烈的色差使得粒子的位置清晰可见。由于粒子跟随性很好，粒子的流动能够很精准的反应流场的状态。通过 CCD 的实时拍摄画面，就可以很直观地观察到液滴内部流体的运动过程。通过互相关方法对粒子位置数据进行处理可以得到整个流场的详细数据，具体的瞬态流场分布图像如图 8-14(b)所示。由图可知，当乙酸向外界传质时，液滴内部的乙酸浓度是在不断减小的，而乙酸浓度的变化可以导致密度和界面张力的变化。乙酸浓度越大，乙酸水溶液的密度越大，界面张力越小。因此，在乙酸向外界传质过程中，液滴的表层区域由于先传质，乙酸浓度相对较小，密度相对较小。这样，在液滴的中心和边界间形成了密度梯度，在重力作用下，液滴底部低密度流体支撑高密度流体，这种不稳定状态会产生 Rayleigh-Bénard 效应，促使液滴底部流体向上运动，从而形成如图 8-14(b)

所示的大涡流。通过 CCD 的连续拍摄，粒子的实时运动可以被记录成动态视频，方便定性直观地了解流体的运动。并且，通过对相邻时刻图片的处理分析，还可以获得详细的流场信息。

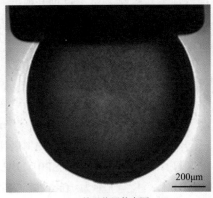

(a) 粒子位置信息图   (b) 流场运动图(t=20s)

图 8-14 "水-乙酸"双组分液滴的蒸发过程的实验观测结果

2. 实验案例二：液层间液-液传质过程的浓度场与流场耦合研究

液层间液-液传质体系作为化工萃取生产中的一种常见的传质体系，其传质过程也容易因传质不均匀性产生竖直方向的密度梯度和沿着界面切线方向的界面张力梯度，然后由此诱发 Rayleigh-Bénard 效应和 Marangoni 效应。由于这两种效应往往相互影响相互耦合作用于流场形成独特的 Rayleigh-Bénard-Marangoni 对流，并作用于体系的传质过程，因此，研究液层间液-液传质体系的 Rayleigh-Bénard-Marangoni 对流特性有助于提高萃取单元工业化生产效率。由于液层间液-液传质体系受温度影响较大，且传质会导致浓度和流速呈现规律性变化，为此，以丙酮从水层向甲苯液层传质过程为例，利用如图 8-15(a)所示的粒子纹影一体化系统进行可视化实验研究。采用的实验盒的具体尺寸如图 8-15(b)所示。实验盒透光面为两块透光性很好的正方形光学玻璃(玻璃边长：100mm，厚度 1mm)，利用 U 型硅胶垫片密封实验盒底部和两侧，从而形成一个尺寸为 80mm×95mm×1mm 的半封闭的 U 型内部空间。由于实验盒的间隙仅为 1mm，远小于长度和高度方向的尺寸，因此可近似是准二维的实验体系。

实验前，先在去离子水中加入质量比 0.01%的示踪粒子，利用超声设备使之均匀分散，然后用混有粒子的去离子水配置一定体积浓度的丙酮-水混合溶液，充分振荡保证混合均匀。实验时先注入下层液体，在注入上层液体。具体的，先通过注射泵和针头沿着实验盒边沿处向内注入体积量 1.6mL 的丙酮-水混合溶液形成下层，注液完毕后等待下层界面平稳，由于上层一旦注入就开始传质，需先打开高速 CCD 进行正式监控和记录再开始上层进液，即利用两台注射泵同时从实验盒两边沿处注入甲苯。

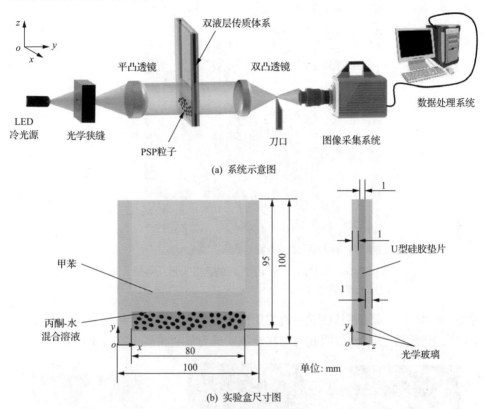

(a) 系统示意图

(b) 实验盒尺寸图

图 8-15　粒子纹影一体化技术的实验系统图

　　所得实验结果表明羽状流及其周边区域存在羽流区和涡流区。如图 8-16 所示，从数量上看，一个羽流区对应两个涡流区；而从位置和流动状态上看，羽流区位于中间位置，其内流体自上而下运动，而两个涡流区分布在羽流区两侧且运动方向相反，如左侧涡流区作顺时针涡旋运动，右侧作逆时针涡旋运动。更重要的是，漩涡区内涡量绝对值要高于羽流区，并且羽流区流体流速明显高于涡流区流体流速，这种流动强度上的相对差异使涡流区形成高静压而羽流区形成低静压。

　　而羽状流的产生机制与流场运动状态密切相关，正是这两者的压差使得羽状流颈部受到挤压作用而变细。另外，在羽流区流体运动的协作下，此压差会迫使颈部的流体运动到羽状流的末端，而水相主体流体对下降的羽状流，特别是羽状流末端有较大的阻碍作用，会减缓羽状流末端的下降速度。这样，在颈部两侧压差、水相主体流体阻碍的耦合作用下，羽状流末端体积会增大且逐渐呈现扁平化的趋势。尤其是当水层溶液的丙酮初始浓度较高（如 $\varphi_{w0} = 15\%$，$\varphi_{j0} = 0\%$）时，羽状流的下降速度很快，这不仅会增强羽流区和涡流区间的压差，还会相对增强水层主体流体对羽状流末端的阻碍作用，进而导致上述两种因素的耦合作用增强。

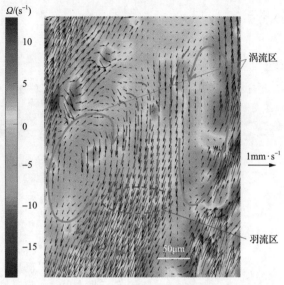

图 8-16　羽状流及其周边区域的速度矢量及涡量云图
（水层初始丙酮浓度 φ_{w0}=15%，甲苯层初始丙酮浓度 φ_{j0}=0%）[14]

此时，羽状流末端能够从柱状一直发展成宽扁的弧形帽状，从投影图像上看整个羽状流形似倒蘑菇状，说明此时羽状流演变成为强羽状流，如图 8-17 所示。

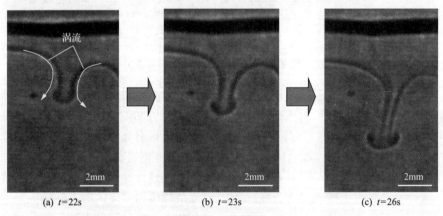

(a)　t=22s　　　　　　　(b)　t=23s　　　　　　　(c)　t=26s

图 8-17　强羽状流的演变过程[14]（φ_{w0}=15%，φ_{j0}=0%）

3. 实验案例三：单液滴液-液传质过程的浓度场与流场耦合研究

静止单液滴液-液传质过程常见于微液滴萃取工艺和液体污染物处理工艺的生产过程中。由于静止单液滴液-液传质过程和液层一样也会因传质不均匀性而产生 Rayleigh-Bénard-Marangoni 对流，并且 Rayleigh-Bénard-Marangoni 对流会增强体系的传质强度。因此，研究静止单液滴液-液传质过程的 Rayleigh-Bénard-

Marangoni 对流对促进微液滴萃取工艺和液体污染物处理工艺发展具有重要意义。单液滴液-液传质过程的 Rayleigh-Bénard-Marangoni 对流是浓度场和流场的耦合产生的,且同样受温度影响较大,利用传统的 PIV 技术和纹影技术很难进行研究。为此,利用粒子纹影一体化技术观测了静止"水-乙酸"双组分液滴在乙酸丁酯中的传质过程,展示传质过程中各个时刻的浓度分布以及速度信息,通过对比分析总结浓度分布与流场之间的耦合关系,深入研究单液滴液-液传质过程的 RBM 对流特性以及其内在的流体力学机理。实验系统如图 8-18(a)所示,所用透明实验盒主平面(透光面)使用光学玻璃以保证高透光性,侧边和底面利用 U 型硅胶片和胶水密封以形成 66mm×21mm×0.5mm 的半封闭空间,具体如图 8-18(b)所示。值得注意的是,实验盒的间隙仅为 0.5mm,远小于液滴直径。因此,液滴可视为三维液滴的二维切片,传质过程只发生在二维平面上。

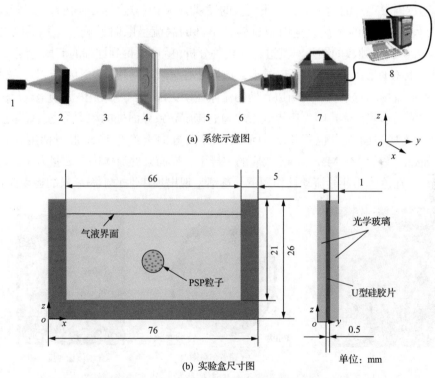

(a) 系统示意图

(b) 实验盒尺寸图

图 8-18　粒子纹影一体化技术的实验系统图[15]

1. LED 冷光源；2. 光学狭缝；3. 平凸透镜；4. 实验盒；5. 双凸透镜；
6. 刀口；7. 图像采集系统；8. 数据处理系统

实验前,先在去离子水中加入质量比 0.06% 的 PSP 示踪粒子,利用超声设备使之均匀分散,然后用混有粒子的去离子水配置一定质量浓度的乙酸-水混合溶液,充分振荡确保混合均匀。实验时,预先用注射器向实验盒狭缝中注入 1mL 的乙酸丁酯，静置片刻待其平稳。启动 CCD 进行正式拍摄和记录，然后用注射泵通过直径为 0.4mm 的针头将配制好的乙酸溶液缓慢注入乙酸丁酯中，形成尺寸可控的扁平液滴并悬浮在乙酸丁酯的中心区域，注液完毕移出针头。

所得实验结果表明传质过程中浓度场和流场的演变过程是对应的。由于乙酸浓度的不同，乙酸和水的混合工质的折射率会不一样，这种细微的折射率差异会在光线照射下显现出来。纹影图像可以定性地反映组分浓度的分布，由于乙酸浓度越高，乙酸溶液的折射率越大，所以在纹影图像中，亮区代表高浓度区，暗区代表低浓度区。从图 8-19(a) 可以明显地发现液滴边界处图像的明暗差异，说明边界处的浓度差异更大，这与传质从边界处开始的普遍认知相符。图 8-19(b) 为利用粒子测速模式拍摄到的单帧图像，图中黑色小点是粒子，较浅的灰色区域为流体。这种灰度差异使得粒子的位置清晰可见，通过连续图片的快速播放，肉眼就能观察到流体的运动。通过肉眼观察的简单对比，很明显的发现图 8-19(b) 边界处存在着一对相反运动的涡流，上部的涡流呈逆时针旋转，下部的涡流呈顺时针旋转。然后结合与图 8-19(b) 相邻帧数的图片对其进行互相关分析，就可以得到详细的流场速度云图，如图 8-19(c) 所示。从图中可以看出，边界处有三组运动相反的小涡流组，而液滴中心处的流场相对平稳，说明边界处的流体运动更加的剧烈，整体流场呈现出多涡胞状的流场形貌。这是因为边界处不均匀的传质导致界面处的浓度不均，而浓度不均的溶液其界面张力也不均，因而导致界面方向上产生界面张力梯度，诱发 Marangoni 效应。在 Marangoni 效应的主导下，界面某处流体因界面张力小，向两侧流动，在流体的连续流动性作用下，逐渐呈现出规律性的小涡流状的运动模式。

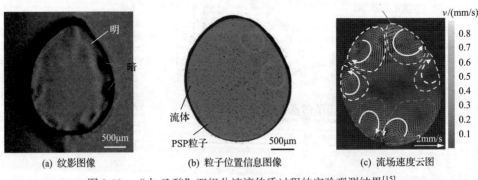

(a) 纹影图像   (b) 粒子位置信息图像   (c) 流场速度云图

图 8-19 "水-乙酸"双组分液滴传质过程的实验观测结果[15]

此外，所得的实验结果还表明：Rayleigh-Bénard 对流确实存在，并与 Marangoni 对流在当前的液滴传质过程中紧密耦合。实验中，在液滴的传质过程中观察到三种典型的 RBM 对流模式，即 Marangoni 效应主导模式(简称 MEDM)、过渡模式(简称 TM)和 Rayleigh-Bénard 效应主导模式(简称 REDM)，分别如图 8-20(a)、(b)

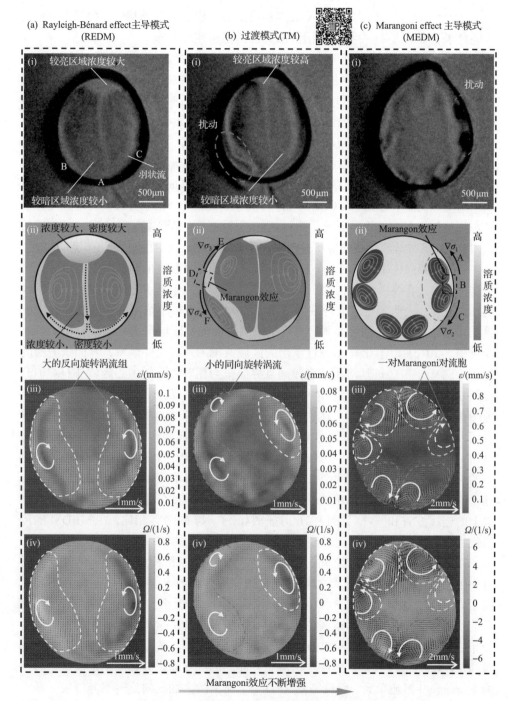

图 8-20 液滴传质过程中的对流模式[15](彩图扫二维码)

(i)纹影图像；(ii)速度幅度云图和速度矢量；(iii)涡度云图和速度矢量；(iv)对流模式示意图

和(c)所示。此外，为了定量地反映三种典型对流模式的流动特性，根据 DPIV 的实验结果，在图 8-21 中绘制了沿液滴界面的切向速度分布。

由于浮力的限制，通常发生在液滴初始溶质浓度较低或传质过程后期的 REDM，液滴内部的顶部区域相对于其他区域几乎没有流体流动。因此，在该区域发生弱质量转移，导致该区域具有更大密度的乙酸的局部较高浓度(参见图 8-20(a)的插图(i)和(ii))。从而得到了出现在液滴中的 Rayleigh-Bénard 对流的典型形成条件，即密度较小的较低区域(即图 8-20(a)插图(i)和(ii)中浓度较低的较暗区域)支撑密度较大的顶部区域。因此，在重力作用下，顶部较重的流体向下流经中心狭窄区域，撞击底部界面，并沿液滴的两侧回流。因此，形成两个大的反向旋转涡，液滴中出现"羽流"(见图 8-20(a))。相应地，沿 REDM 下液滴界面的切向速度分布呈现出类似于具有一个波谷和一个峰值的正弦曲线的典型轮廓(参见图 8-21(a)的插图(i))。这种对流模式的传质过程中，浮力/重力控制着液滴中的流体流动。

当液滴界面传质剧烈时，通常在液滴初始溶质浓度较大的初期发生 MEDM。对于这种模式，在纹影图像中，液滴表面内交替出现几个亮斑和暗斑(参见图 8-20(c)的插图(i))，表明该处乙酸的浓度分布不均匀。由于较小浓度的乙酸诱导较大的界面张力系数，几对强界面张力梯度沿液滴界面局部区域形成，如 $\nabla\sigma_1$ 和 $\nabla\sigma_2$。参见图 8-20(c)插图(ii)中示意性示出的区域 A-B-C。在这些区域，界面张力梯度的正方向 $\nabla\sigma_1$ 和 $\nabla\sigma_2$ 从溶质浓度较高且界面张力相对较小的中心区域(图 8-20(c)插图(ii)中的区域B)指向溶质浓度较低且界面张力相对较大的两侧区域(图 8-20(c)插图(ii)中的区域 A 和 C)。在这两个局部界面张力梯度的驱动下，中心区域液滴表面内的流体流向两侧区域，在界面附近产生一对反向旋转的小涡(即一对典型的 Marangoni 对流胞，见图 8-20(c))。此外，通过 DPIV 的实验结果表明，MEDM 下的液滴中总是随机出现两个以上的 Marangoni 对流单元(参见图 8-20(c)的插图(iii)和(iv))。因此，沿 MEDM 下液滴界面的切向速度分布不规则波动，有两个以上的连续波谷和波峰(见图 8-21(a)插图(iii))。与 REDM 相比，在 MEDM 的传质过程中，液滴内的流体流动主要受界面张力梯度的影响。

在 REDM 和 MEDM 之间，TM 揭示了在 REDM 和 MEDM 之间的相互作用过程中浮力/重力和界面张力之间的竞争，TM 揭示了在传质过程中浮力/重力和界面张力之间的竞争，如图 8-20(b)所示。从图中可以看出，与 REDM 相比，TM 下的纹影图像中的亮区和暗区在液滴中变得随机扰动，这意味着界面周围的浓度分布更加不均匀(参见图 8-20(b)中的插图(i))。然而，浓度不均匀性的强度并不像 MEDM 下那样强烈。因此，沿液滴界面的局部界面张力梯度不足以产生典型的 Marangoni 对流单元，而只是将 REDM 下典型的大的反向旋转涡分裂成一些小的同向旋转涡(即图 8-20(b)所示的小的同向旋转涡)。注意，在 TM 下，共转涡的数量也大于两个。相应地，在上象限或下象限中沿液滴界面的切向速度波动上有两个以上的连续波谷和波峰(见图 8-21(a)的插图(ii))。

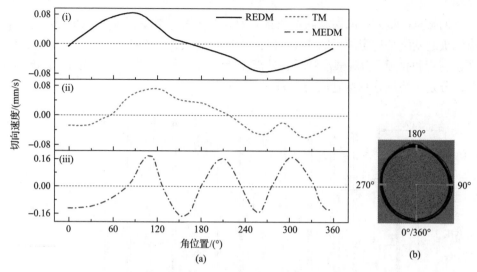

图 8-21　图 8-20 所示液滴中不同对流模式下沿液滴界面的典型切向速度分布[15]

图 8-21(a)中的插图(i)～(iii)分别对应于图 8-20(a)～(c)

8.2　流体在管内的流动

理想不可压缩流体在重力场中沿管线作定常流动时，流体流动遵循伯努利能量方程：

$$Z + \frac{p}{\gamma} + \frac{u^2}{2\boldsymbol{g}} = 常数 \tag{8-3}$$

式中，Z 为位置水头，表示单位重量流体从某一基准面算起的势能；$\dfrac{u^2}{2\boldsymbol{g}}$ 为速度水头，表示单位重量流体的动能；u 为流体速度；p/γ 为压力水头，表示单位重量流体的压力势能；p 为流体的静压力；γ 为流体重度。

实际流体都是有黏性的，在流动过程中会由于摩擦而造成能量损失。此时的能量方程变为

$$Z_1 + \frac{p_1}{\gamma} + \frac{u_1^2}{2\boldsymbol{g}} = Z_2 + \frac{p_2}{\gamma} + \frac{u_2^2}{2\boldsymbol{g}} + h_{\mathrm{w}} \tag{8-4}$$

式中，h_{w} 为单位重量流体从位置 1 流到位置 2 时的能量损失，它由沿程摩擦损失 h_{f} 和局部能量损失 h_{j} 两部分组成，即

$$h_{\mathrm{w}} = h_{\mathrm{f}} + h_{\mathrm{j}} \tag{8-5}$$

伯努里能量方程的实验演示装置如图 8-22 所示。水通过水泵压至稳压水箱，溢流板起到维持稳定液面的作用，以保证管内流动是定常的。实验管上装有弯头、文丘利管和孔板。为观察沿管长各处流体能量的变化，在管道上开有 12 个静压测孔，分别用测压管测量它们的压力。

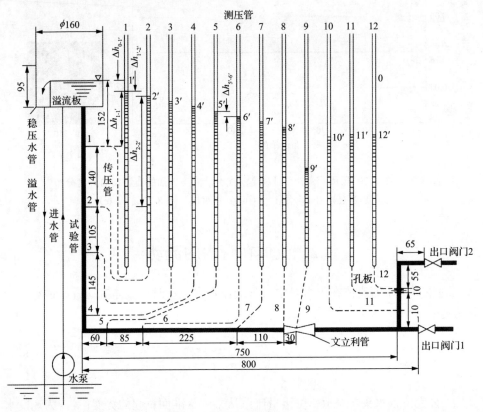

图 8-22　实验装置(单位：mm)

当出口阀门 1 或 2 分别打开时可以观察到位置水头、压力水头和速度水头沿途的变化规律及沿程损失水头 h_{f} 和局部损失水头 h_{j}(在弯头、孔板等处的)变化。

局部能量损失可以表达成

$$h_{\mathrm{j}} = \zeta \frac{u^2}{2g} \tag{8-6}$$

式中，ζ 为局部阻力系数。经实验测出局部能量损失 ζ 和管内流体平均流速 u 后可计算出各局部阻力系数 ζ，通常 ζ 也可以从手册上查得。

流体沿管道流动时，沿程摩擦损失 h_f 常表达为

$$h_f = \lambda \frac{l}{D} \frac{u^2}{2g} \tag{8-7}$$

式中，λ 为沿程阻力系数；l 为流体流过的管长；D 为管子直径。在实验中测出管内流体的平均流速 u 和通过该段实验管的沿程损失 h_f 就可以由式 (8-7) 来计算 λ。沿程损失 h_f 可以采用 U 形差压计来测量。

结合实验结果来获得沿程阻力系数 λ 的实验关系式，通过改变流速 u，以获得不同雷诺数 Re 下的沿程阻力系数，然后可以整理成如下的经验公式：

$$\lambda = \frac{C}{Re^n} \tag{8-8}$$

式中，C 和 n 是待定的常数。由流体力学理论分析可知，圆管中发生层流流动时，其沿程阻力系数可由下式计算：

$$\lambda = \frac{64}{Re} \tag{8-9}$$

即管内层流流动时，沿程阻力系数只和雷诺数 Re 有关，而与管子表面粗糙度无关。实验可以证实上述结论。

对于湍流区，在雷诺数 $Re=5 \times 10 \sim 10^5$ 的范围内，管子粗糙度的影响只发生在层流底层内，所以阻力系数 λ 也只与 Re 数有关，称为水力光滑区。在水力光滑区，阻力系数由勃拉休斯公式给出：

$$\lambda = -\frac{0.3164}{Re^{0.25}} \tag{8-10}$$

当进一步提高流速使湍流发展到相应程度后，对于给定管壁相对粗糙度 ε 的管道，其阻力系数 λ 与 Re 无关而只是粗糙度的函数。此时沿程摩擦损失 h_f 与流速 u 的平方成比例，故而常称该流动区域为阻力平方区。在该区域内，阻力系数可由下式计算：

$$\lambda = \left(1.74 + 2\lg \frac{d}{2\varepsilon}\right)^2 \tag{8-11}$$

式中，管壁相对粗糙度 ε 可以从有关手册上查出。

实验中可以根据在不同的雷诺数 Re 和相对粗糙度 ε 下测得的沿程阻力损失 h_f，来获得不同区域内阻力系数经验公式 (8-8) 的具体形式。通常得到的管内流动时 λ 的实验曲线如图 8-23 所示。

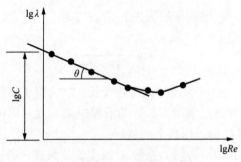

图 8-23　沿程阻力系数的实验曲线

8.3　风　洞　实　验

　　风洞是一种产生人工气流的特殊管道。在这个管道内，速度最大且最均匀的一段称为风洞的实验段，要进行实验的模型通过特殊的支架安放在风洞中。风洞是航空工业和其他工业上研究空气动力学问题的关键设备。

　　风洞的特点是空气的参数可以很准确地被控制，不受天气条件的影响。而且由于实验模型固定，测量数据所用仪器比较简单，也可把实验对象分成各个部件进行单独的实验。

　　热工实验室用的风洞属于低速风洞，它的最大速度在 100m/s 以下，可以不考虑马赫数 Ma，只计雷诺数 Re。在这种风洞中对流动起主要作用的是气流的惯性力和黏性力，可压缩性的影响可以不计。为了使风洞结构尽量简单，作为流体力学实验使用的低速风洞一般设计成开路式，如图 8-24 所示。

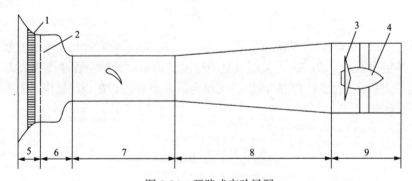

图 8-24　开路式实验风洞

1. 蜂窝器；2. 阻尼网；3. 风扇；4. 整流罩；5. 静流段；6. 收缩段；7. 实验段；8. 扩散段；9. 动力段

　　对收缩段的基本要求是气流沿收缩段流动时，流速单调增加，避免在洞壁上分离；收缩段出口处气流分布均匀且稳定；收缩段不宜太长，否则投资太大。收缩段出口处常设有一段长度为 $0.4R$ 的平直段，R 为实验段的半径。实验段是风洞安放模型进行实验的地方。对实验段的要求是：气流各个参数在其任一截面上能均匀分布且不随时间变化；气流方向与风洞轴线之间的偏角要尽可能小，湍流度要满足实验要求；模型易于装卸。实验段长度一般为 $L=(1\sim1.5)D_0$，D_0 为收缩段的出口直径。扩散段的作用是把气流的动能转变为压力能。因为风洞损失与气流速度的三次方成比例，故气流通过实验段后应尽量减低它的流速以减少气流在风洞非实验段中的能量损失。蜂窝器(整流器)由许多方形、圆形、六角形等截面的小格子组成，它的作用是将大旋涡变成小旋涡并对气流进行导向和整流。阻尼网的作用是降低气流的湍流度。

风洞实验项目主要有下述二大类。

8.3.1　绝流物体表面的压力分布

理想流体平行绕圆柱体作无环量流动时，圆柱体表面的速度分布为

$$u_r = 0$$
$$u_\theta = -2u_\infty \sin\theta \tag{8-12}$$

圆柱表面上任一点压力 p 可由伯努利方程得出：

$$\frac{p}{\gamma} + \frac{u_\theta^2}{2g} = \frac{p_\infty}{\gamma} + \frac{u_\infty^2}{2g} \tag{8-13}$$

式中，u 为无穷远处流体速度；p 为无穷远处流体的静压力；θ 为与水平轴线的夹角。

工程上常用无量纲的压力系数 C_p 来表示流体作用在绕流物体上任一点处的压力。由式(8-12)和(8-13)可得到绕圆柱流动时理想流体理论压力系数的表达式：

$$C_p = \frac{p - p_\infty}{\frac{1}{2}\rho u_\infty^2} = 1 - 4\sin^2\theta \tag{8-14}$$

实际流体是有黏性的。由于内摩擦作用，在流动特性准则数雷诺数达到某一值以后，在圆柱体后部就会出现旋涡，形成尾涡区。尾涡区的存在使得柱体前后的压力分布不再对称，出现压力差，从而产生形状阻力，这就是物体在流体中运动形状阻力的来源。

实际流体的压力系数可按式(8-14)由实验测定。如果 h_0、h_∞ 和 h 分别代表来流的总压、静压和圆体体表面任一点的压力所对应的水柱高度(mmH$_2$O)，则式(8-14)可改写成

$$C_p = \frac{p - p_\infty}{\frac{1}{2}\rho u_\infty^2} = \frac{h - h_\infty}{h_0 - h_\infty} \tag{8-15}$$

测定压力系数 C_p 的实验可以在风洞实验系统中(图 8-25)进行，圆柱体安装在风洞的实验段里，圆柱体的轴线与来流垂直。圆柱体的表面上开有一测压孔，测

压管从与圆柱体相垂直的实验段壁面上引出。圆柱体可以绕自身轴转动，侧压孔的角度可以由刻度盘读出。实验时每隔 10°测一点压力值以获得沿圆柱体表面的压力分布。在圆柱体上游截面装有一支总压管，以测量来流的总压 p_0，同时在这个截面处的实验段整四周开测压孔以测量来流的静压 p_∞。根据测得的 p_0 和 p_∞值可以算出来流的速度 u_∞。

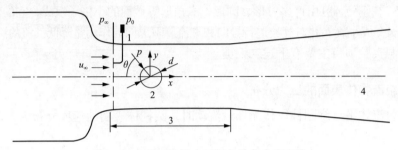

图 8-25　绕圆柱体表面压力分布实验系统

1. 皮托管；2. 圆柱；3. 实验段；4. 低速风洞

知道了圆柱体表面的压力分布后，就可以用下式计算圆柱体单位长度上受到的形状阻力为

$$F_{\mathrm{p}} = \int_0^{2x} pR\cos\theta \mathrm{d}\theta \tag{8-16}$$

式中，R 为圆柱半径。

测出各个 θ 角的圆柱体表面压力 p 后按式(8-15)计算出各点的压力系数 C_{p}，就可以画出沿物体表面的压力分布曲线 $C_{\mathrm{p}} = f(\theta)$，并与理想流体绕流的压力分布曲线进行比较。图 8-26 给出了绕圆柱体流动时圆柱体表面的压力分布曲线，图中的虚

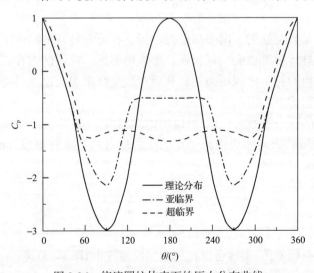

图 8-26　绕流圆柱体表面的压力分布曲线

线和点划线分别表示雷诺数大于或小于临界雷诺数$(Re_c=5\times10^5)$的实验条件。

根据 C_p 的定义，若 $C_p>0$，表明圆柱体表面上该点的压力大于来流的压力（静压力）而速度小于来流速度；反之，$C_p<0$，表明该点的压力小于来流的压力而速度大于来流速度，此时该点受到的力称为吸力。若 $C_p=0$，说明该点压力和来流压力相等，速度也等于来流速度；若 $C_p=1$，则该点速度为 0，压力等于来流的总压，该点称为驻点。在不可压缩流体流动中，压力系数的最大值为 1。

绕二元机翼流动时，机翼表面压力分布的实验通常在低速二元风洞中进行。翼型模型两端与风洞两侧板相贴，与壁面之间不留间隔。机翼模型可以绕轴转动以改变机翼的冲角 α。在翼型模型的上下表面上垂直地钻有许多测压孔，压力通过模型内开设的孔引出风洞壁外后按编号一一对应地接到多管差压计上，如图 8-27 所示。风洞开启之后，多管差压计上各支管水柱高度的分布情况，反映了翼型模型表面上压力的分布情况，图 8-28 则给出了压力系数沿机翼的分布。

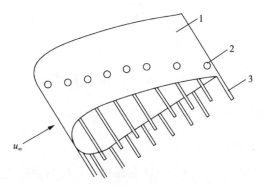

图 8-27　二元风洞中的翼型测压模型
1. 翼型模型；2. 测压孔；3. 传压导管

根据压力系数分布曲线可以求出翼型模型的升力。设作用于机翼上的升力为 F_l，机翼的升力系数定义为

$$C_l = \frac{F_l}{\frac{1}{2}\rho u_\infty^2} \tag{8-17}$$

式中，l 为机翼的弦长。升力系数 C_l 由图 8-28 中从上下翼面 $C_p=f\left(\dfrac{x}{l}\right)$ 曲线所包围的面积求出。该面积的计算式为

$$\int_0^l \left(C_{pl}-C_{pu}\right)\mathrm{d}\left(\frac{x}{l}\right) = \int_0^l \left(\frac{p_l-p_\infty}{\frac{1}{2}\rho u_\infty^2}-\frac{p_u-p_\infty}{\frac{1}{2}\rho u_\infty^2}\right)\mathrm{d}\left(\frac{x}{l}\right) = \frac{\int_0^l (p_l-p_u)\mathrm{d}x}{\frac{1}{2}\rho u_\infty^2 l} = \frac{F_l}{\frac{1}{2}\rho u_\infty^2 l} = C_l$$

$$\tag{8-18}$$

式中，C_{pu}、C_{pl} 分别为机翼上下表面的压力系数；p_u、p_l 分别为机翼上下表面的压力。

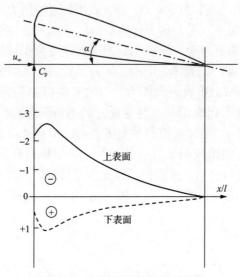

图 8-28　机翼表面上的压力分布

这就是通过风洞实验测定机翼升力的基本原理。

8.3.2　平板附面层的速度分布

实际流体绕物体流动时，由于流体有黏性，直接与物体表面接触的流体速度为零。速度增长区域集中在物体边界附近的一层很薄的流动区域内，即通过该速度梯度较大的一薄层流体，速度 u 从零增加到层外势流速度 u_∞ 的流体薄层称为附面层，如图 8-29 所示。

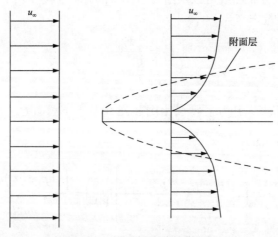

图 8-29　沿平板流动的附面层

　　附面层的厚度随着实际要求的准确度会有所不同。例如在平板中是这样来定义附面层厚度的：从平板沿轴法线方向到流体速度达到来流速度的 99%处的距离取作附面层厚度，以 δ 表示。附面层外的流动可直接用理想流体的势流理论进行处理，不计黏性的影响。

　　气流绕平直的光滑板作定常流动时，附面层沿流动方向在平板上的变化如图 8-30 所示。附面层沿平板逐渐增厚，开始时流动是层流，经过一段距离之后，层流变为湍流。表示这种转变的特征参数就是临界雷诺数 Re_c，它的定义为

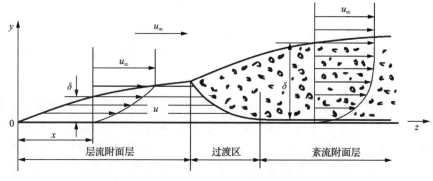

图 8-30　沿平板附面层的发展

$$Re_c = \frac{u_\infty x}{v} \tag{8-19}$$

式中，x 为从平板前缘点算起的平板长度，平板的临界雷诺数一般在 $5\times10^5 \sim 3\times10^6$ 范围内。

　　在作出距离平板前缘点不同距离 x 处的附面层速度分布曲线后，即可看出附面层厚度 δ 随 x 的变化规律。如果把距离平板表面同一高度 y 而不同 x 处的附面层相对速度 u/u_∞ 的变化曲线画出来，就很容易找出附面层由层流变到湍流的过渡区。

　　图 8-31 是测定平板附面层厚度的实验设备简图。在低速风洞的实验段中，垂直于两侧壁面安装有一块带尖壁前缘的光滑平板。实验段上部放置的导轨使坐标仪可以沿实验段的轴向滑动，滑动距离由导轨上的刻度指示。测速管可以沿 y 方向移动以测定离开平板表面某一距离 y 处的速度 u，平板是经过磨削加工的光滑平板。当测速管靠近平板表面时，在平板上出现测速管的映象。开始测量时要使测针和它的映象相碰，表示测针刚好触到平板表面。也可以用一低压电源，当两者一接触，电路就接通发出讯号。

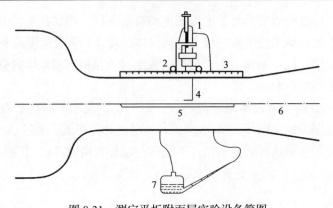

图 8-31　测定平板附面层实验设备简图

1. 螺旋测微计；2. 坐标仪；3. 导轨；4. 测针；5. 光滑平板；6. 低速风洞；7. 倾斜微压计

　　实验中固定风速和离板前缘点的某一距离 x，从平板表面开始，调节螺旋测微计，用测速管测出附面层内 y 方向上各点的速度值，直到速度值达到主流速度 u_∞ 为止。然后，改变 x 重复上述测量。在另一组测量中，保持距离 x 不变，改变来流的速度进行类似上述测量可获得附面层厚度随雷诺数的变化规律。根据实验数据，在图上作出不同 x 处的附面层内的速度分布曲线，从曲线可以确定相应 x 处的附面层厚度。另外，维持一定高度 y，作出沿 x 方向的速度分布曲线就可以确定由层流附面层到湍流附面层的过渡区。

8.4　气体在喷管中的流动

　　喷管是使气流加速的一种特殊管道，是一些热工设备的重要部件。例如蒸汽轮机及燃气轮机中都需要安装喷管，以获得高速气流推动叶片做功。观察气流在喷管中的流动，测定沿喷管的压力变化、流量曲线和临界压力比等均是喷管实验的基本内容。常见的喷管有渐缩喷管和渐缩渐扩喷管(拉线尔喷管)两类，如图8-32所示。

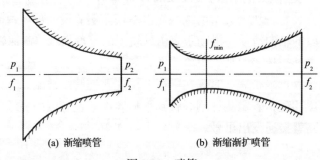

(a) 渐缩喷管　　　　　　(b) 渐缩渐扩喷管

图 8-32　喷管

　　由热力学分析可知，气体在渐缩喷管中稳定流动时能够达到的出口最大流速
为当地的音速，称为临界流速，对应的出口截面压力 p_c 称为临界压力。气体在渐
缩喷管内绝热流动时，临界压力只与气体的绝热指数 k 和进口压力 p_1 有关。临界
压力的计算公式为

$$p_c = \left(\frac{2}{k+1} \right)^{\frac{k}{k-1}} p_1 \qquad (8\text{-}20)$$

　　当喷管的背压 p_2 低于上述临界压力 p_c 时，气体在喷管中不能继续膨胀到 p_2；
只能在出口截面处膨胀到 p_c，此时出口截面处的气流速度仍为临界流速。当气流
一离开出口截面以后就会发生突然膨胀，压力立即降到 p_2。图 8-33(a) 给出了渐
缩喷管中压力的变化曲线。

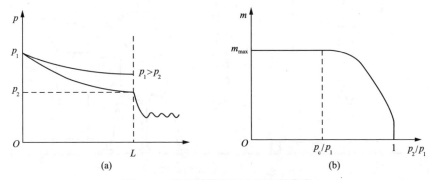

图 8-33　渐缩喷管的压力和流量曲线

　　通过渐缩喷管的气体质量流量 m 可以由气体的连续性方程求出。经计算后得
到的流量计算公式为

$$m = f_2 \sqrt{\frac{2k}{k-1} \frac{p_1}{v_1} \left[\left(\frac{p_2}{p_1} \right)^{\frac{1}{k}} - \left(\frac{p_2}{p_1} \right)^{\frac{k+1}{k}} \right]} \, (\text{kg / s}) \qquad (8\text{-}21)$$

式中，p_1、p_2 分别为喷管进、出口压力，Pa；f_2 为喷管出口截面积，m^2；v_1 为进
口截面上气体的比容，m^3/kg。式 (8-21) 中，当 $p_2 \leqslant p_c$ 时，用 p_2 代替 p_c。图 8-33(b)
给出了渐缩喷管的流量曲线，由图可知，当出口压力 p_2 达到临界压力 p_c 时，流量
达到最大值 $m_{\max}$，再降低出口压力，流量保持不变。气体流经渐缩渐扩喷管时，
能够在喷管最小截面处(喉部)达到临界流速，之后在渐扩段发生超音速流动，流
量仍可用式 (8-21) 计算。但是此时式中的 f_2 应当用喉部的最小截面积 $f_{\min}$ 代替，p_2
用 p_c 代替，亦即用喉部参数计算流量。

　　测定喷管各截面处的压力及流量的实验装置如图 8-34 所示。空气自吸风口 1 进入风管，经孔板流量计测定流量后进入喷管实验段。喷管可以用有机玻璃制造。喷管各截面上的压力可用测压探针 4 测量。测压探针可以沿喷管轴线移动，移动的距离可用手轮-螺杆机构实现。在喷管后的排气管上，装有测背压的压力表 5。稳压罐 6 的作用是稳定背压。改变调节阀 7 的开度可以达到改变背压的目的。实验中改变背压 p_2，测出喷管各截面处的压力，就可以作出喷管中压力和流量曲线。如果将压力讯号通过传感器转换成电讯号，则可以在示波器上显示压力变化曲线。

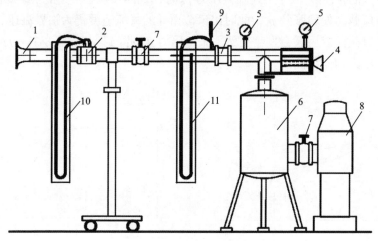

图 8-34　喷管实验装置

1. 吸风口；2. 孔板；3. 喷管；4. 可移动测压探针；5. 压力表；6. 稳压罐；7. 调节阀
8. 引风机；9. 温度计；10. 差压计；11. 压力机

参 考 文 献

[1] 唐洪武. 现代流动测试技术及应用[M]. 北京: 科学出版社, 2009.

[2] 赵庆国, 陈永昌, 夏国栋. 热能与动力工程测试技术[M]. 北京: 化学工业出版社, 2006.

[3] 孔维波. PIV 技术的应用与发展[J]. 山东化工, 2019, 48(6): 115, 10, 12.

[4] 骆培成, 赵素青, 项国兆, 等. 激光诱导荧光技术及其在液体混合与混合反应流中的应用研究进展[J]. 化工进展, 2012(4): 742-748.

[5] 张会书, 袁希钢, Kalbassi Mohammad Ali. 激光诱导荧光技术测量规整填料内的液体分布[J]. 化工学报, 2014, 65(9): 3331-3339.

[6] 汤红, 侯宏录, 李炜龙, 等. 一种流场温度的测量方法[J]. 自动化仪表, 2018, 39(4): 96-98.

[7] 周昊, 吕小亮, 李清毅, 等. 应用背景纹影技术的温度场测量[J]. 中国电机工程学报, 2011(5): 63-67.

[8] 李清平, 吴应湘, 王密. 流动层析成像技术在多相流流型识别与计量中的应用研究[J]. 中国海上油气(工程), 2004, 16(6): 426-432.

[9] 邹恒. 基于时域和频域的光学相干层析成像系统的研究[D]. 南京: 南京航空航天大学, 2010.

[10] 王小鑫, 王博, 陈阳正, 等. 基于电容层析成像技术重构图像的两相流流型识别[J]. 计量学报, 2020, 191(8): 48-52.

[11] 尹娜. 基于 CCD/LCD 的双曝光全息干涉术[D]. 长春: 长春理工大学, 2008.

[12] 何保红. 实时全息干涉测量技术用于内燃机进气道流场的研究[D]. 昆明: 昆明理工大学, 2003.

[13] 王秋芬. 利用激光全息干涉测量梁的微小位移[J]. 物理实验, 2006, 26(8): 8-12.

[14] 陈俊, 沈超群, 王贺, 等, 液-液两相液层间传质过程的 Rayleigh-Bénard-Marangoni 对流特性[J]. 物理学报, 2019, 68(7): 074701.

[15] Chen J, Wang J, Deng Z, et al. Experimental study on Rayleigh-Bénard-Marangoni convection characteristics in a droplet during mass transfer[J]. International Journal of Heat and Mass Transfer, 2021, 172: 121214.

第9章 热 辐 射

热辐射是以电磁波的形式进行热能传递和交换的最基本的传热方式之一。它与对流换热和导热有着明显的区别，是一种非接触式的传热方式。在研究辐射换热特性时，参与辐射的各种材料表面的发射率(黑度)、反射率、吸收率及物体之间的辐射角系数都是十分重要的基础数据。由于这些热辐射的特性参数取决于材料的种类、性质、表面状况和表面温度及辐射体系的几何参数和光学性质，因而除了少数极光滑、无污染的理想表面和理想辐射体系外，热辐射的主要特性参数需要由实验测定。同时，红外与遥感技术也是基于热辐射而发展起来的近代测试手段。用于非接触测温的辐射式高温计、红外测温仪和热像仪也是在热工实验中常用的基于热辐射原理的测温仪表。

本章着重讨论热辐射基本参数的实验测定方法及各种基于热辐射原理的热工测量仪表。

9.1　物体的黑度及其测定方法

实际物体向外的辐射力和同温度下黑体的辐射力之比称为实际物体的黑度，它是表征物体辐射特性的一个重要参数。黑度取决于物体的性质、物体的温度、表面状态、射线波长和方向等。

测量黑度的主要方法有辐射法、量热计法和正规工况法。辐射法建立在以被测物体的辐射和绝对黑体或其他黑度已知的物体的辐射相比较的基础上，量热计法则是根据被测物体直接发出的辐射能流和表面温度来测定黑度的，以上两种方法都是稳态法。正规工况法属于非稳态法，这种方法不需要测量辐射能流和表面温度，而需要确定的主要物理量是冷却速率。下面先对量热计法和正规工况法做一些简单的叙述，然后对测试中应用较广泛的辐射法进行具体讨论。

9.1.1　量热计法

图9-1所示的是利用量热计法测量在100～900℃温度下金属丝黑度的实验装置简图，d为被测金属丝直径；l为被测金属丝长度。实验段是用自来水冷却的双层玻璃容器，容器中焊有一根细金属丝。利用来自整流器的直流电对金属丝直接加热，加热功率可以根据实验需要进行调节。加热功率通过测量金属丝的电流和金属丝两端的电压降进行计算，电流通过标准电阻上的压降进行测定，电压降采用经分压箱

接入的电位差计测量。金属丝温度是根据金属丝的电阻随温度的变化关系来确定的，这个关系可以通过预先的实验来得到，也可以从有关物性手册中查得。

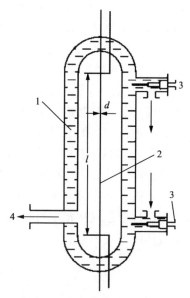

图 9-1　量热计法测量金属丝的黑度的实验装置
1. 双层玻璃容器；2. 被测金属丝；3. 热电偶；4. 至真空系统

　　冷却水在玻璃容器的夹层内流过，容器的内表面温度取等于冷却水的温度，冷却水温度利用热电偶进行测量。为了消除容器中由于空气导热和对流而产生的热量传递，需要将玻璃容器内部抽真空，使内部压力大约保持在 10Pa 的水平。

　　实验中调节加热功率，使金属丝达到预定温度，待整个装置稳定以后，测量各有关数据。金属丝的黑度由下式计算

$$\varepsilon = \frac{Q}{C_0 F\left[\left(\dfrac{T}{100}\right)^4 - \left(\dfrac{T_{\mathrm{c}}}{100}\right)^4\right]} \tag{9-1}$$

式中，F 为金属丝表面积，m^2；Q 为辐射总能流，W；T、T_{c} 为金属丝的表面温度和容器内表面的温度，K；C_0 为绝对黑体的辐射系数，$\mathrm{W/(m^2 \cdot K^4)}$。金属丝的表面温度可近似取截面的平均温度。在进行精确计算时，必须根据内热源导热公式求出金属丝的表面温度。

　　上述直接通电加热金属丝试样的方法，同样也适用于管状试样黑度的测试。如果试样为非金属材料时，须采用试样中插入电加热棒的间接加热方式。

9.1.2　正规工况法

正规工况法是一种非稳态法，可以分为相对法和绝对法两种。相对法的实验是在气体介质内进行的，绝对法的实验是在真空条件下进行的。

利用相对法测定物体黑度时，需要使用一个标准试样。被测试样做成实心圆柱体或空心圆柱体的形状，圆柱体的外径为 40mm，长度为 60mm，如图 9-2 所示。沿试样的中心线敷设热电偶，热电偶的结点应与试样有紧密的接触。标准试样可以用石墨和各种已知黑度的涂层(铝、银)制成，被测试样和标准试样应有相同的形状和尺寸。实验是在双室炉中进行的，炉子的直径约为 300mm，高度 310mm，两室之间的温差控制在 10～25℃ 范围内。其中一个室对被测试样进行预热，在另一个室中进行冷却实验。被测试样安装在一个摇臂机构上，可以从一个炉室转移到另一个炉室，试样从炉底下面的开孔中伸入加热炉中。也可以使一个炉室位于另一个炉室上面，这样可以把试样悬挂在一根垂直移动的导杆上，通过导杆的移动，使被测试样从当前炉室转移到另一炉室。

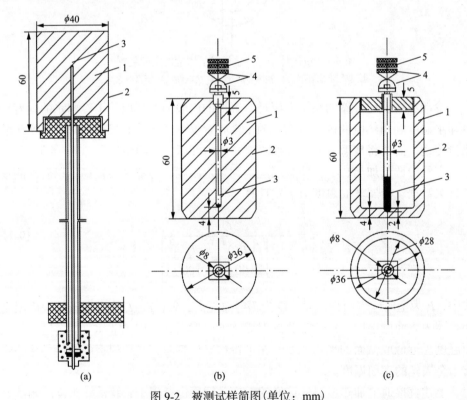

图 9-2　被测试样简图(单位：mm)

1. 基体材料；2. 涂层；3. 热电偶；4. 金属丝；5. 小瓷珠

(a)固定在摇臂上的被测试样；(b)带挂钩的空心被测试样；(c)带挂钩的实心被测试样

也可以采用光辐射加热的方法来加热试件,此时只需要用一个具有透光孔的加热空腔就可以代替上述加热炉。

实验开始后要记录试样的温度随时间的变化,同时还要控制炉温,使炉温始终精确地保持不变,炉内空气温度用热电偶测量。实验持续时间在 10~40min。根据实验结果可以算出被测试样和标准试样的冷却率,再算出黑度。

在满足傅立叶数 $Fo \geqslant (0.3 \sim 0.5)$,毕渥数 $Bi \leqslant 0.1$ 及炉温 T_f 为常数的条件下,被测试样和标准试样的冷却率可以写成

$$m = \frac{hF}{C}$$
$$m_s = \frac{h_s F_r}{C_s}$$

(9-2)

式中,m、m_s 为被测试样和标准试样的冷却率,等于单位时间内温度的相对变化 $m = \mathrm{d}T/[(T-T_f)\mathrm{d}\tau]$;$h$、$h_s$ 为被测试样和标准试样的总换热系数;C、C_s 为被测试样和标准试样的热容量;F 为试样的表面积。

总换热系数中的辐射换热分量,可以利用总的辐射能流密度和两物体相应的温度差 (T_1-T_2) 来表示。被测试样和标准试样的辐射换热系数分别为

$$h_r = \frac{q_r}{T_1 - T_2} = \varepsilon C_0 \theta$$
$$h_{r,s} = \frac{q_{r,s}}{T_1 - T_2} = \varepsilon_s C_0 \theta$$

(9-3)

式中,q_r、$q_{r,s}$ 为被测试样表面的和标准试样表面的辐射能流密度;ε_1、ε_s 为被测试样和标准试样的黑度;θ 为温度系数,由下式计算:

$$\theta = \frac{\left(\dfrac{T_1}{100}\right)^4 - \left(\dfrac{T_2}{100}\right)^4}{T_1 - T_2}$$

(9-4)

在同样的对流换热条件下,被测试样和标准试样总换热系数之差可以表示为

$$h - h_s = h_r - h_{r,s} = (\varepsilon - \varepsilon_s) C_0 \theta$$

(9-5)

由式(9-2)可得

$$h - h_s = \frac{mC - m_s C_s}{F}$$

(9-6)

联立式(9-5)和式(9-6),可以解得被测物体的黑度为

$$\varepsilon = \varepsilon_s + \frac{1}{C_0}\left(\frac{mC - m_s C_s}{F\theta}\right) \tag{9-7}$$

利用绝对法测定被测试样的黑度时，要使用真空炉，在这种情况下就不需要使用标准试样了。绝对法测量时，被测试样的黑度由下式计算：

$$\varepsilon = \frac{mC}{F\theta C_0} \tag{9-8}$$

与相对法一样，冷却率是实验中最主要的被测量。此外，试样的热容量应当是已知的。如果被测试样表面上存在各种涂层，则在计算中应当计及涂层的影响。为了得到黑度随温度的变化关系，可以在不同的炉温下进行黑度的测定。

9.1.3　辐射法

辐射法是确定物体黑度的一种比较法，其基本原理为：在相同的条件下比较一个辐射吸收面对被测试样和已知黑度的标准试样热辐射能的大小，从而求出被测试样的黑度。下面介绍的固体法向全辐射黑度的测定装置，就是这种方法的一个实际应用。

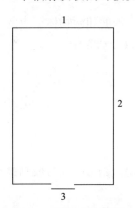

图 9-3　固体法向黑度测试装置原理图

我们来分析图 9-3 所示的由三个物体所组成的一个封闭系统。图中 1、2 和 3 分别表示被测表面、恒温水套管的内壁面和给定的辐射吸收面。三个表面的温度分别为 T_1、T_2、T_3，且 $T_1 > T_3 > T_2$。实验前对表面 2 和 3 进行处理，使之近似黑体表面。考虑到吸收表面 3 远小于被测表面 1，可以忽略被测表面 1 的有效辐射热流中吸收面 3 所给予的贡献。这样，吸收面的净辐射热流可表示为

$$Q_3 = \varepsilon_1 E_{b_1} F_1 X_{13} + \rho_1 E_{b_2} F_2 X_{21} X_{13} + E_{b_2} F_2 X_{23} - E_{b_3} F_3 \tag{9-9}$$

式中，E_{b_1}、E_{b_2}、E_{b_3} 为与物体 1、2、3 温度相同的黑体辐射力；ε_1、ρ_1 为被测表面 1 的黑度和反射率；X_{13}、X_{21}、X_{23} 为角系数；F_1、F_2、F_3 为物体 1、2、3 的辐射面积。

当物体 1 和物体 2 的温度 T_1 和 T_2 相差不大时，可认为表面 1 的反射率 $\rho_1 = 1-\varepsilon_1$，利用角系数的相对性和完整性，即

$$F_2 X_{23} = F_3 X_{32}$$
$$X_{21} = \frac{F_1}{F_2} X_{12} = \frac{F_1}{F_2} = (1 - X_{13}) \tag{9-10}$$

式 (9-9) 可以改写为

$$Q_3 = \varepsilon_1 E_{b_1} F_1 X_{13} + (1 - \varepsilon_1) E_{b_2} F_1 \left(X_{13} - X_{13}^2 \right) + E_{b_2} F_2 X_{23} - E_{b_3} F_3 \qquad (9\text{-}11)$$

由于吸收面远小于被测表面 1, $X_{13} \ll 1$, 所以 X_{13}^2 为二阶小量可以不计, 这样上式简化成

$$Q_3 = \varepsilon_1 F_1 X_{13} \sigma_0 \left(T_1 - T_2^4 \right) - F_3 \sigma_0 \left(T_3^4 - T_2^4 \right) \qquad (9\text{-}12)$$

式中, σ_0 为斯蒂芬-玻尔兹曼常数, $\sigma_0 = 5.67 \times 10^{-8} \text{W}/(\text{m}^2 \cdot \text{K}^4)$。当 $\Delta T = (T_3 - T_2) \ll T_2$ 时, 有下列近似式 $T_3^4 - T_2^4 \approx 4 T_2^3 (T_3 - T_2)$, 代入式 (9-12), 得

$$Q_3 = \varepsilon_1 T_1 X_{13} \sigma_0 \left(T_1 - T_2 \right) 4 \sigma_0 F_3 T_2^3 \left(T_3 - T_2 \right) \qquad (9\text{-}13)$$

在热稳定状态下, 吸收面 3 吸收的净辐射热流必定等于它向温度为 T_2 的环境散失的热量, 即

$$Q_3 = F_3 h (T_3 - T_2) \qquad (9\text{-}14)$$

式中, h 为吸收面 3 对环境的对流换热系数。比较式 (9-13) 和式 (9-14), 可得

$$\left(T_3 - T_2 \right) = \frac{\varepsilon_1 F_1 X_{13} \sigma_0 \left(T_1^4 - T_2^4 \right)}{F_3 h + 4 \sigma_0 F_3 T_2^3} \qquad (9\text{-}15)$$

如果将热电堆的热端置于吸收面 3 上, 将其冷端置于表面 2 上, 则热电堆的输出电势 $E_{3,2}$ 可写成

$$E_{3,2} = K (T_3 - T_2) \qquad (9\text{-}16)$$

式中, K 为热电堆热电势比例常数。因此, 式 (9-15) 改写为

$$E_{3,2} = \varepsilon_1 A \left(T_3^4 - T_2^4 \right) \qquad (9\text{-}17)$$

式中

$$A = \frac{K F_1 X_{13} \sigma_0}{F_3 h + 4 \sigma_0 F_3 T_2^3}$$

若在被测表面 1 处放置一温度亦为 T_1 且已知黑度 ε_1 的标准物体以代替被测表面, 在其他条件不变的情况下, 热电堆的输出电势将变为

$$E_{3,2}^s = \varepsilon_s A \left(T_3^4 - T_2^4 \right) \qquad (9\text{-}18)$$

测定这两种情况下的热电堆输出电势并加以比较，则可以由标准物体的已知黑度求出被测试样的黑度：

$$\varepsilon_1 = \varepsilon_s \frac{E_{3,2}}{E_{3,2}^s} \tag{9-19}$$

若以人工黑体作为标准黑体时，$\varepsilon_s \approx 1$，则被测试样的黑度就是两次测得的热电势之比，即

$$\varepsilon_1 = \frac{E_{3,2}}{E_{3,2}^s} \tag{9-20}$$

图 9-4 为法向黑度测量仪简图，该测量仪上部为黑体腔、零点校正腔和被测试件腔，下部为放置在滑板上的热电堆感温元件腔。它可以左右移动以分别对准上部三个腔。当对准温度相同的零点校正腔时，热电堆输出信号应为 0。对准黑体腔时输出电势为 $E_{3,2}^s$，对准被测试件腔时其输出电势为 $E_{3,2}$。由此可以计算出被测试件的法向黑度。

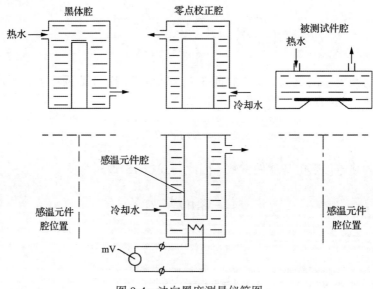

图 9-4　法向黑度测量仪简图

黑体腔由紫铜制成，腔壁涂以无光黑漆，可视为人工黑体。热水温度为 60～70℃，先经黑体腔后再流过被测试件腔。辐射法测量物体的黑度，具有简单、快速的优点，但是由于散热损失及方法本身的近似性，测试精度不高，常常用作大量试件的粗测。

9.2 角系数的测定方法

角系数在辐射换热计算中是一个重要的几何特性参数。除了对于简单几何关系的辐射系统可以通过计算方法来求出角系数以外，对于大部分几何关系比较复杂的辐射换热系统，不可能用理论公式计算出角系数，通常需要用实验方法来测出系统的角系数。

设想有两个微元面 1 和 2，它们的面积分别为 $\mathrm{d}F_1$ 和 $\mathrm{d}F_2$。两个微元表面被任意地安放，彼此之间的间隔距离为 r。两个微元表面的中点连线与法线 n_1、n_2 之间的夹角等于 φ_1 和 φ_2，如图 9-5 所示。

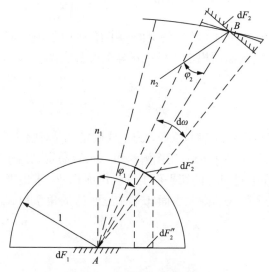

图 9-5　角系数的几何意义

对于服从兰贝特定律的微元表面 $\mathrm{d}F_1$ 和 $\mathrm{d}F_2$ 而言，它们之间的辐射换热量为

$$\mathrm{d}Q_{1,2} = \left(E_{b_1} - E_{b_2}\right)\frac{\cos\varphi_1\cos\varphi_2}{\pi r^2}\mathrm{d}F_1\mathrm{d}F_2 = \left(E_{b_1} - E_{b_2}\right)X_{\mathrm{d}F_1\mathrm{d}F_2}\mathrm{d}F_1$$
$$= \left(E_{b_1} - E_{b_2}\right)X_{\mathrm{d}F_2\mathrm{d}F_1}\mathrm{d}F_2 \tag{9-21}$$

式中

$$X_{\mathrm{d}F_1\mathrm{d}F_2} = \frac{\cos\varphi_1\cos\varphi_2}{\pi r^2}\mathrm{d}F_2$$
$$X_{\mathrm{d}F_2\mathrm{d}F_1} = \frac{\cos\varphi_1\cos\varphi_2}{\pi r^2}\mathrm{d}F_1 \tag{9-22}$$

分别为两微元表面之间的辐射角系数。

角系数 X 是个纯粹的几何参数，可以通过图解法求得。在图 9-5 上，通过微元表面 dF_1，画其切平面。从 dF_1 的中心点用单位长度作半径画半个球面，然后从球心把微元表面 dF_2 投影到该球面上，得到投影面积

$$dF_2' = \frac{dF_2}{r^2}\cos\varphi_2 \tag{9-23}$$

再把这种面积投影在通过 dF_2 的切平面上，得到投影面积 dF_2''，它等于 dF_2' 乘以 dF_1 法线和连线之间夹角的余弦，即

$$dF_2'' = dF_2\frac{\cos\varphi_1\cos\varphi_2}{r^2} \tag{9-24}$$

通过 dF_1 的切平面与半径为 1 的球的交面为半径为 1 的圆截面，它的面积等于 π。投影面积 dF_2'' 和这圆截面面积之比显然就等于角系数 $X_{1,2}$，即

$$\frac{dF_2''}{\pi} = \frac{\cos\varphi_1\cos\varphi_2}{\pi r^2}dF_2 = X_{dF_1dF_2} \tag{9-25}$$

这就是投影法确定角系数的基本原理。为了要确定 dF_1 对整个辐射表面 F_2 的角系数，需要将式(9-25)对 F_2 积分。用图解法可以很容易得到这个角系数，如图 9-6 所示。只要把 F_2 在通过 dF_1 的切平面上的投影面积 F_2'' 求出来，然后与面积为 π 的圆面积相比，就是所求的微元表面 dF_1 对表面 F_2 的角系数 X_{dF_1,F_2}。

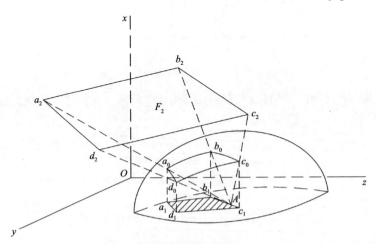

图 9-6　角系数图解法

下面以一个具体例子来说明上述图解法的应用。设微元面积 dF_1 和面积为 F_2 的矩形面 ABCD 相互平行，并且 dF_1 正处于矩形面一个角的下方，如图 9-7 所示。

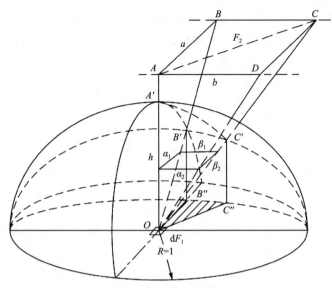

图 9-7 矩形与微元表面之间角系数的图解法

现在来确定 dF_1 对矩形 F_2 的角系数。首先用直线 AC 把矩形分成两个三角形，图中给出的几何投影关系是针对三角形 ABC 的，三角形 ABC 在通过 dF_1 的平面上的投影为 OB"C"。由图可知，它等于 $0.5\beta_1\sin\alpha_1$。同理，三角形 ACD 在通过 dF_1 的平面上的投影面积为号 $0.5\beta_2\sin\alpha_2$。对整个矩形 ABCD 的角系数为

$$X_{dF_1,dF_2} = \frac{\beta_1\sin\alpha_1 + \beta_2\sin\alpha_2}{2\pi} \tag{9-26}$$

因为

$$\sin\alpha_1 = \frac{a}{\sqrt{a^2+h^2}}, \quad \sin\alpha_2 = \frac{b}{\sqrt{b^2+h^2}}$$

$$\beta_1 = \arctan\frac{b}{\sqrt{a^2+h^2}}, \quad \beta_2 = \arctan\frac{a}{\sqrt{b^2+h^2}} \tag{9-27}$$

所以最后可得角系数为

$$X_{dF_1,F_2} = \frac{1}{2\pi}\left[\frac{a}{\sqrt{a^2+h^2}}\arctan\frac{b}{\sqrt{a^2+h^2}} + \frac{b}{\sqrt{b^2+h^2}}\arctan\frac{a}{\sqrt{b^2+h^2}}\right] \tag{9-28}$$

这种图解法可以用光学投影仪来代替。在半球中心处安放一个点光源，如图 9-8 所示。需要确定角系数的面积 F_2 用硬纸板做成，并放在需要确定角系数的位置上。

利用光源将面积 F_2 投影到一个乳白色玻璃的半球上，并形成影子。当远离半球并按箭头方向摄取半球照片时，硬纸板影子的面积与代表该玻璃球投影的圆面积之比值，就是微元面积 dF_1 对表面 F_2 的角系数。

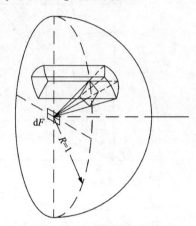

图 9-8　角系数的投影解法

为了求得整个表面 F_1 对 F_2 的系数，可以分成若干个微元表面，针对每个微元表面 dF_1 进行这种投影作图，找出对应的 X_{dF_1,F_2}，用总和的方式代替对面积 F_1 的积分。这在图解时就是要找出所有以面积 dF_1 为底，以其对应的 X_{dF_1,F_2} 为高的空间总体积，最后把这个总体积除以面积 F_1，就可得到 F_1 对 F_2 的平均角系数 X_{F_1,F_2}。图 9-9 给出了一种简易的角系数测量仪结构图。立竿 1 垂直表面 MN 于 B 点，并可以 B 点的垂直线为轴旋转。滑杆套管 4 通过长度为 r 的两平行连杆 2 和 6 始终与表面 MN 保持垂直。套管中的滑杆 3 与套管之间是滑动配合，因而滑杆既始终垂直于表面 MN，滑杆端头的记录笔 5 又可始终保持和 MN 接触。上平行连杆 2 也是一个扫描镜筒，内有瞄准十字线和圆圈，用于扫描目标的轮廓。扫描过程中，A 点即为假想的球心（即微元面 dF_1 所在处）。C 点的轨迹总是在以 A 为

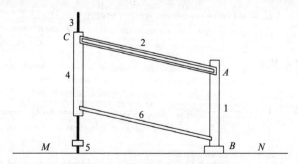

图 9-9　角系数测量仪原理结构图

1. 立竿；2、6. 平行连杆；3. 滑杆；4. 滑杆套管；5. 记录笔

球心，以 R 为半径的半球面上，而滑杆下端的记录笔可同时画出半球壳上 C 点轨迹在底面的投影。扫描完毕，底面上即可画出一个封闭图形，其面积即为被扫描的目标(表面 F_2)在 A 点(即 dF_1)所在平面上的投影面积。知道了该投影面积 F_2''，再除以白纸上的圆面积 πR^2，即为所求的角系数 X_{dF_1,F_2}。

9.3 辐 射 测 温

利用物体的热辐射来测量其温度的原理，可以构成一大类测温仪表。这种利用辐射来测量温度的方法，其最大的优点是测温仪表可以不与被测介质相接触，故而也称为非接触式测温法。利用辐射原理制成的测温仪表常被称为辐射高温计，因为它们常用来测量高于 700℃的温度。而近年发展起来的红外测温技术，其测量下限可达到 100℃或更低的温度。

9.3.1 热辐射测温的物理基础

由传热学可知，绝对黑体的单色辐射力 $E_{b\lambda}$ 与波长和温度 T 的关系已由普朗克定律所确定，即

$$E_{b\lambda} = C_1\lambda^{-5}\left(e^{\frac{C_2}{\lambda T}}-1\right)^{-1} \ (W/m^3) \tag{9-29}$$

式中，λ 为波长，m；T 为黑体的绝对温度，K；C_1 为普朗克第一辐射常数，C_1=$3.743\times10^{-16}W\cdot m^2$；$C_2$ 为普朗克第二辐射常数，C_2=$1.4387\times10^{-2}m\cdot K$。

在温度低于 3000K 时，可用维恩公式近似地代替普朗克定律，其误差不超过 1%。维恩公式为

$$E_{b\lambda} = C_{1\lambda}l^{-5}\,e^{\frac{C_2}{\lambda T}} \ (W/m^3) \tag{9-30}$$

$E_{b\lambda}$ 与 λ 和 T 的关系曲线见图 9-10。由此图及式(9-29)、式(9-30)可以看出，一定波长的单色辐射力与温度之间有单值函数关系。温度越高，单色辐射力越强。

对单色辐射力在 $\lambda=0\sim\infty$ 区间内积分，可以得到黑体的辐射力 E_b 为

$$E_b = \int_0^\infty E_{b\lambda}d\lambda = \sigma_0 T^4 \ (W/m^2) \tag{9-31}$$

上式说明了黑体的辐射力与其温度的单值关系。温度越高，辐射力越大，而且是以四次方的关系增加。

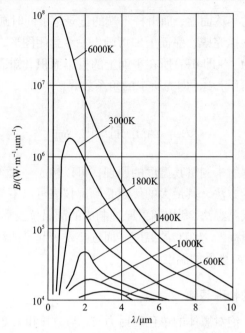

图 9-10　黑体单色辐射力与波长及温度的关系

在同温度下，实际物体的辐射力低于绝对黑体。它的单色辐射力 E_λ 和辐射力 E 都比绝对黑体的小，它们之间有如下关系：

$$E_\lambda = \varepsilon E_{b\lambda} = \varepsilon_\lambda C_1 \lambda^{-5} \left(e^{\frac{C_2}{\lambda T}} - 1 \right)^{-1} \ (\mathrm{W} / \mathrm{m}^3) \tag{9-32}$$

$$E_\lambda = \varepsilon_\lambda E_{b\lambda} = \varepsilon_\lambda C_1 \lambda^{-5} e^{-\frac{C_2}{\lambda T}} \ (\mathrm{W} / \mathrm{m}^3) \tag{9-33}$$

$$E = \varepsilon E_b = \varepsilon \sigma_0 T^4 (\mathrm{W} / \mathrm{m}^2) \tag{9-34}$$

式中，ε_λ、ε 为物体的单色辐射黑度和全波辐射黑度，简称黑度，它们均是小于 1 的数。灰体的黑度不随波长而变化。实际物体的黑度随波长而变化。但一般工程物体的黑度随波长变化并不显著，可以近似看作灰体。各种实际物体的黑度大小不一，由物体的性质、温度和表面状况所决定。

热辐射测温主要是利用被测物体的辐射力与温度的关系，通过测量接收到的辐射能的大小来显示被测物体的温度高低。当绝对黑体分度的测温仪表应用于近似灰体的实际物体时，可按式(9-31)～式(9-34)进行修正。

9.3.2　辐射式高温计

根据热辐射能量和温度之间的单值关系，可以制作辐射式高温计。以普朗克公式或维恩公式为基础的测温仪表，称为单色辐射高温计。单色辐射高温计可以分成两类：一类是通过测量被测物体发射的某个波长的单色亮度而求得被测温度，这类测温仪表称为亮度式温度计，实用的亮度式温度计有光学高温计和光电高温计两种。另一类是通过比较测得的两个波长的单色辐射力而求出被测温度，称为比色高温计。除了单色辐射高温计外，根据全波辐射定律制作的温度计称为全波辐射高温计。下面对这些辐射测温仪表分别进行讨论。

1. 光学高温计

光学高温计是使用非常广泛的一种非接触式温度计，它的测温原理是基于物体受热后发光与温度的关系。我们知道，物体在高温状态下会发光，也就是说具有一定的亮度。物体的亮度和它的辐射力成正比，即

$$B_\lambda = KE_\lambda = K\varepsilon_\lambda C_1 \lambda^{-5} e^{-\frac{C_2}{\lambda T}} \tag{9-35}$$

式中，B_λ 为物体的单色亮度，$W/(sr \cdot m^3)$；E_λ 为物体的单色辐射力，W/m^3；K 为比例系数，$1/sr$。

由于 B_λ 和温度有关，所以受热物体的亮度可以反映出其温度的高低。但是由于各类物体的黑度 ε_λ 不相同，所以即使它们的亮度相同，它们的温度也可能是不相同的。为了解决这个问题，首先需要引入亮度温度的概念。亮度温度的定义是：当物体在辐射波长 λ、温度为 T 时的亮度 B_λ 和黑体在辐射波长为 λ、温度为 T_g 时的亮度 $B_{b\lambda}$ 相等，则称 T_g 为该物体在波长为 λ 时的亮度温度。由式(9-35)可得

$$K\varepsilon_\lambda C_1 \lambda^{-5} e^{-\frac{C_2}{\lambda T}} = KC_1 \lambda^{-5} e^{-\frac{C_2}{\lambda T_g}} \tag{9-36}$$

化简后得到

$$T = \frac{C_2 T_g}{\lambda T_g \ln \varepsilon_\lambda + C_2} \tag{9-37}$$

因此，只要测出被测物体的亮度温度 T_g，且物体的黑度 ε_λ 已知时，就可以用式(9-36)计算出物体的真实温度 T。假如被测物体为黑体，则 $\varepsilon_\lambda=1$，$T=T_g$。由于一般物体满足

$$\lambda T_g \ln \varepsilon_\lambda + C_2 < C_2$$

所以测出的物体亮度温度总是低于物体的真实温度。

测量物体亮度温度的光学高温计的结构如图 9-11 所示。物镜 1 和目镜 2 都可

以沿轴向移动。调节目镜的位置，使从目镜中看去可以清晰地观察到灯丝 4。调节物镜 1 的位置，使在灯丝平面上能清晰地看到被测物体的像。目镜前放着红色滤光片 3，灯丝和变阻器 6、毫安计 8 和电源串联。调整变阻器可以调整流过灯丝的电流，也就调整了灯丝的亮度。对于给定的灯丝加热电流，对应着一定的灯丝亮度。

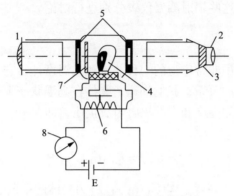

图 9-11 灯丝隐灭式光学高温计

1. 物镜；2. 目镜；3. 红色滤光片；4. 灯丝；5. 光阑；6. 变阻器；7. 吸收玻璃；8. 毫安

实际测量时，将光学高温计对准被测物体，在辐射热源(即被测物体)的发光背景上可以看到弧形灯丝(图 9-12)。假如灯丝亮度比辐射热源亮度低，灯丝就在这个背景上显现出暗的弧线，如图 9-12(a)所示。反之，如灯丝的亮度比背景亮度高，则灯丝就在较暗的背景上显现出亮的弧线，如图 9-12(b)所示。假如两者的亮度一样，则灯丝就隐灭在热源的发光背景里，如图 9-12(c)所示。这时灯丝的温度和被测物体的亮度温度相等，由仪表读出的指示数就是被测物体的亮度温度。使用一块灰色吸收玻璃的作用是减弱热源进入仪表的亮度，保证在灯丝不过热的条件下加大光学高温计的测量范围。因为通常灯丝的温度不能超过 1400℃，否则将由于过热氧化而损坏。同时高温下钨丝的升华沉积，将改变灯泡的亮度特性。在被测物体的温度超过 1400℃时，不宜继续加大灯丝电流，而是加装吸收玻璃，以减弱被测热源的辐射亮度。在测量时，用已经减弱的热源亮度和灯丝亮度进行比较，显然这时光学高温计的亮度平衡是灯泡电流和吸收玻璃的综合结果。因此一

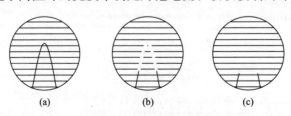

图 9-12 灯丝亮度调整图

般光学高温计有两档刻度，一个是 800~1400℃，这是不加灰色吸收玻璃时的刻度；另一个是1400~2000℃，这是加了灰色吸收玻璃后使用的刻度。

在比较亮度时，为了造成窄的光谱段，采用了红色滤光片。图 9-13 展示了红色滤光片的光谱透过系数 τ_λ 曲线和人眼的相对光谱敏感度 ν_λ 曲线。显然，透过滤光片后人眼能感觉到的光谱段就仅是两条曲线下面积的共同部分。该波段的波长为 $\lambda = 0.62~0.7\mu m$，称为光学高温计的工作光谱段。工作光谱段重心位置的波长为 $\lambda = 0.65\mu m$，称为光学高温计的有效波长。这样红色滤光片下我们能看到的是波长为 $0.65\mu m$ 的单光。

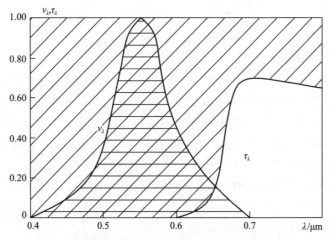

图 9-13　光谱敏感度 ν_λ 曲线和光谱透过系数 τ_λ 曲线

国产准确度级为 1.0 级的 WGG-202 光学高温计，测温范围为 800~2000℃。第一档量程为 800~1500℃，基本误差±13℃，第二档量程 1200~2000℃，基本误差为±20℃。

在使用光学高温计时，如果被测物体与仪表之间存在吸收介质(如烟雾、灰尘等)，将影响测量结果的准确度，使读数偏低，这种情况应尽量避免。有时必须通过玻璃窗口进行测量时(如真空炉温度)，应先求出玻璃的吸收系数，再加以适当修正后，测得的温度才是准确的。

2. 全辐射高温计

全辐射高温计亦称辐射高温计，是根据全辐射定律制作的温度计。由式(9-29)可知，当知道黑体的全波辐射力 E_b 后，就可以知道温度 T。图 9-14 是全辐射高温计的原理图。

物体的全辐射能由物镜聚焦后，经光阑使焦点落在装有热电堆的铂箔上。热电堆是由四支(或更多)镍铬-考铜热电偶串联而成，四支热电偶的热端被夹在十字

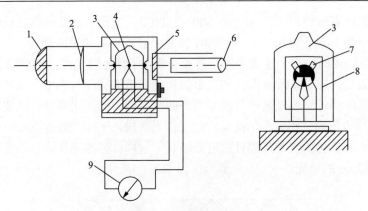

图 9-14　全辐射高温计

1. 物镜；2. 光阑；3. 玻璃泡；4. 热电堆；5. 灰色滤光片；6. 目镜；7. 铂箔；8. 云母片；9. 二次仪表

形的铂箔内，铂箔涂成黑色以增加其吸收系数。当辐射能被聚焦到铂箔上时，热电堆热端被加热，热电堆输出热电势至二次仪表，指示被测物体的温度。热电堆的冷端夹在云母片中，这里的温度比热端低得多，在瞄准被测物体的过程中，观察者可以在目镜处观察。目镜前加有灰色玻璃以削弱光的强度，保护人眼。整个外壳内壁面涂成黑色以减少杂光的干扰，营造黑体条件。

全辐射高温计也是以黑体作为被测对象进行测量的。当被测物体不是黑体时，假定其真实温度为 T，如果它的全波辐射力 E 等于黑体在温度 T_r 时的全波辐射力 E_b，则温度 T_r 称为被测物体的辐射温度，即

$$\varepsilon \sigma_0 T^4 = \sigma_0 T_r^4 \tag{9-38}$$

由此得到被测温度为

$$T = T_r \left(\frac{1}{\varepsilon} \right)^{1/4} \tag{9-39}$$

由于被测物体黑度都是小于 1 的数，因此 T_r 总是小于 T。在实际测量时，高温计的读数是 T_r，然后再用式(9-39)计算出被测物体的真实温度 T。

由于黑度随物体成分、温度、表面状态而发生变化，所以实际使用时，为了准确测温，应当首先测出被测对象的 ε 值。测量可采用对比法即在被测物体上焊上热电偶，将它的示值作为真实温度，同时用辐射温度计瞄准热电偶测量端进行示值比较，求出该条件的物体黑度，并进行修正。此外，由于环境中存在中间吸收介质而使感温件接收的辐射能减少，也会造成测量误差。在通常条件下，空气对辐射能的吸收是很少的，但它随着空气中水蒸气及 CO_2 含量增加而增大。为了减少这个误差，被测对象与物镜之间的距离最好不超过 1m。

3. 比色高温计

比色高温计利用了物体的单色辐射现象，把同一被测物体在两个不同辐射波长下的单色辐射力之比随温度变化这一特性作为其测温原理的。

按照维恩公式，可以写出温度为 T 的黑体在波长为 λ_1 和 λ_2 时的单色辐射力分别为

$$E_{b\lambda_1} = C_1\lambda_1^{-5}e^{-\frac{C_2}{\lambda_1 T}} \tag{9-40}$$

$$E_{b\lambda_2} = C_1\lambda_2^{-5}e^{-\frac{C_2}{\lambda_2 T}} \tag{9-41}$$

两者之比为

$$\frac{E_{b\lambda_1}}{E_{b\lambda_2}} = \left(\frac{\lambda_2}{\lambda_1}\right)^5 \exp\left[\frac{C_2}{T}\left(\frac{1}{\lambda_2} - \frac{1}{\lambda_1}\right)\right] \tag{9-42}$$

令 $R = E_{b\lambda_1} / E_{b\lambda_2}$，对上式两边取对数，化简后有

$$T = \frac{C_2\left(\dfrac{1}{\lambda_2} - \dfrac{1}{\lambda_1}\right)}{\ln R - 5\ln\dfrac{\lambda_2}{\lambda_1}} \tag{9-43}$$

上式中 λ_1、λ_2 是预先给定的值。因此，只要测得对应两波长下的亮度比 R，就可以求出黑体的温度 T。

对于实际物体，比色高温计显示的温度是比色温度 T_c。所谓比色温度就是指实际物体与黑体在某一光谱区域内的两个波长 λ_1 和 λ_2 的单色辐射亮度比相等时，该黑体的温度 T_c 就是实际物体的比色温度。由维恩公式可以导出物体的实际温度和比色温度之间的关系为

$$\frac{1}{T} - \frac{1}{T_c} = \frac{\ln\dfrac{\varepsilon(\lambda_1, T)}{\varepsilon(\lambda_2, T)}}{C_2\left(\dfrac{1}{\lambda_1} - \dfrac{1}{\lambda_2}\right)} \tag{9-44}$$

式中，$\varepsilon(\lambda_1, T)$、$\varepsilon(\lambda_2, T)$ 为物体在 λ_1、λ_2 时的单色黑度。测量时，由测出的比色温度 T_c 及已知的 λ_1、λ_2、$\varepsilon(\lambda_1, T)$ 和 $\varepsilon(\lambda_2, T)$，由式(9-44)便可求出物体的真实温度 T。

对于灰体，$\varepsilon(\lambda_1, T) = \varepsilon(\lambda_2, T)$，所以 $T = T_c$。用比色温度计测量灰体的温度时，可以不考虑黑度的修正，这是比色高温计最大的优点。由此可以看出，波长的选择对仪表测量精度有重要影响。如果所选定的两个波长，其单色黑度在数值上非常接近，则仪表的测量精度很高。相反，若一个波长与周围介质的吸收峰相对应，或受反射光的干扰，则比色高温计测量结果会有很大误差。

比色高温计按照它的分光形式和信号接收方式，可分为单通道与双通道两类。被测对象的辐射光束经分光后，分别射到两个接收元件上，再依据两个元件测出的亮度比确定温度值，这类仪表称为双通道式。只有一个接收元件的称为单通道式。图 9-15 展示出一种单通道自动比色高温计的原理图。

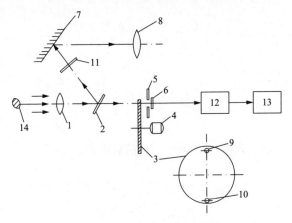

图 9-15　比色高温计原理图

1. 物镜；2. 平行平面玻璃；3. 调制盘；4. 同步电动机；5. 光阑；6. 光电检测器；7. 反光镜；8. 目镜；
9. 滤光片 (λ_1)；10. 滤光片 (λ_2)；11. 分划板；12. 比值运算器；13. 显示装置；14. 被测物体

比色高温计只要波长选择合适，可以使被测物体表面黑度变化的影响减至最小。它可以在较恶劣的环境下工作，尤其适用于测量黑度较低的光亮表面，或者光路上存在着烟雾、灰尘等场所。

4. 三色光学高温计

三色光学高温计是基于维恩公式和三色测温传感器设计制作的一种应用于高温领域的温度计[1-3]。对于待测的高温物体（800～1600℃），可通过测量其热辐射的波长和辐射量，接着采用维恩公式来求得待测物体的温度。此外，光的波长又决定了光的颜色，即为色温理论。RGB 三基色作为工业界常用的颜色标准，其利用三个基色分量：红光 (R)、绿光 (G)、蓝光 (B) 的相对值和组合方式的变化来表现所感知的颜色。因而，在实际的高温测量中，依据色温理论，可采用三通道 (RGB) Si 光电二极管来测量三基色分量值，随后对分量值进行分析并处理得到色温参数，最后利用色温参数反推物体温度[1]。

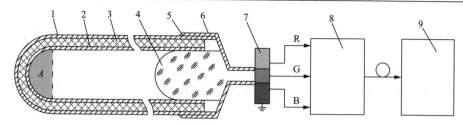

图 9-16 三色高温计系统

1、2. 外层、内层刚玉管；3. 避光层；4. 透镜；5. 黏胶；6. 连接件；
7. 三色探测器；8. 光电数据处理器；9. 温度显示与远传单元

图 9-16 给出了三色高温计系统测温原理，如图所示，三色探测器通过光电转换并进行放大与模数处理（AD 值），可将接收到的热辐射转换并输出为 R、G、B 分量数据。综合考虑 R、G、B 各分量 AD 值对 β 的影响，色温参数 β 可用如下表达式计算：

$$\beta = \frac{1/2 R_{AD} + G_{AD} + B_{AD}}{3} \tag{9-45}$$

在不同温度下，通过上式计算获得色温系数，从而获得色温系数与被测温度的关系，在实际应用中即可通过测算色温系数值获得被测点的实际温度。

5. 紫外辐射高温计

紫外辐射高温计是利用紫外短波波段来测温的辐射式温度计[4-8]。

由普朗克公式

$$M_m(\lambda,\ T) = \varepsilon(\lambda,\ T)\frac{C_1}{\lambda^5}\frac{1}{e^{-C_2/\lambda T} - 1} \tag{9-46}$$

式中，$M_m(\lambda,\ T)$ 为实际物体辐射强度；$\varepsilon(\lambda,\ T)$ 为物体发射率；λ 为波长；T 为热力学温度；C_1 为第一辐射常数；C_2 为第二辐射常数。因此，根据式（9-46）获知物体发射率并测得辐射强度后，即可获得物体实际热力学温度。

将普朗克公式的辐射出射度对波长求极值，便可获得峰值波长与绝对温度之间的函数关系，即维恩定律，它可表达为

$$\lambda_m T = b \approx 2898\mu m \cdot K \tag{9-47}$$

式中，λ_m 为峰值波长。由维恩位移定律可知，当满足条件 $\lambda T \leqslant 3000\mu m \cdot K$ 时，可以得到下式：

$$M_m(\lambda,\ T) = \varepsilon(\lambda,\ T)\frac{C_1}{\lambda^5}e^{-C_2/\lambda T} \tag{9-48}$$

对上式取对数然后求微分，可以近似得到下式：

$$\frac{\mathrm{d}M}{M} = \frac{\mathrm{d}\varepsilon}{\varepsilon} + \frac{C_2}{\lambda T}\frac{\mathrm{d}T}{T} \tag{9-49}$$

从式(9-49)可知，当发射率不变时，由于紫外波段的波长更短，相同温度变化引起的辐射能量变化更大，即波长越短测量灵敏度越大，因此紫外辐射高温计的测量精度更高。

9.4　辐射热流计

辐射热流计是用来测定单位时间内投射到单位面积上的辐射能量，也就是用来测定热辐射强度的一种仪表。辐射热流计的基本原理是通过一定方式，把投射辐射的能量收集起来，然后经过计算求得热流的值。下面讨论几种常见的辐射热流计。

9.4.1　板式辐射热流计

板式辐射热流计的工作原理是将辐射热流转换成热电偶的电势信号来进行测量，其原理图如图 9-17 所示。

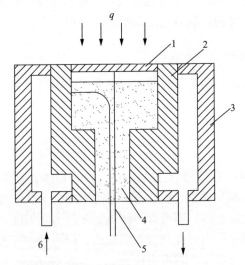

图 9-17　板式辐射热流计

1. 康铜板；2. 紫铜柱；3. 水冷夹套；4. 填料；5. 铜康铜热电偶；6. 冷却水入口

由上部来的辐射热流，投射到康铜板上。康铜板边缘焊接在紫铜柱上，下面留有空气间隙。康铜板接收的辐射热向四周的紫铜柱传递，紫铜柱由冷却水冷却。

忽略康铜板上下两表面的散热损失(图 9-18)，可以列出热平衡方程为

$$q\pi r^2 = \lambda 2\pi r \delta \frac{\mathrm{d}T}{\mathrm{d}r} \tag{9-50}$$

式中，q 为辐射热流；r 为径向坐标；δ 为康铜板厚度；λ 为康铜板导热系数。

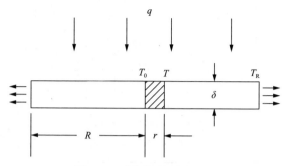

图 9-18　康铜板的导热过程

设康铜板半径为 R。将上式对 r 从 $0 \rightarrow R$ 积分，得

$$q = \frac{4\lambda\delta}{R^2}(T_0 - T_R) = K(T_0 - T_R) \tag{9-51}$$

式中，T_0 为康铜板中心点处的温度；T_R 为康铜板边缘处的温度；K 为热流计灵敏度系数。

由此，只要测出康铜板中心与边缘的温度差 $T_0 - T_R$，就可以算出辐射热流量。该温差的测定可以利用安装在康铜板中心和紫铜柱上的一对铜-康铜热电偶来进行。

实际上，康铜板的导热系数是一个变量，随温度而变化，且康铜板还有对外的反射热流。因此，按公式(9-41)计算会有误差。实际使用时，要把板式热流计放在热流已知的黑体炉中进行标定，求出热流计灵敏度系数 K，然后按式(9-41)进行计算。

为了保证测量的稳定，常在康铜板上涂以接近绝对黑体的选择性涂层，使表面的黑度稳定。此外还可以在康铜板上方加装热辐射透过率稳定的单晶硅滤光片。

9.4.2　光电式热流计

光电式热流计是一种将热辐射能通过光电变换来测量热辐射能量大小的热流计，它的敏感元件是硅光电池。其结构原理图如图 9-19 所示，当被测的辐射热流经透镜聚焦到硅光电池上时，硅光电池产生一定的电压信号。根据该电压的大小，就可以换算出辐射热流的大小。其换算关系式可查阅仪表的说明书。

9.4.3　空心椭球式全辐射热流计

图 9-20 给出了椭球式热流计的示意图。落到小圆孔 O 上的全部辐射，由椭球形反射镜聚焦到差动热电偶上，由此产生一个与辐射能成线性函数关系的电势。

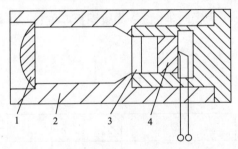

图 9-19　光电式热流计

1. 物镜；2. 外壳；3. 光阑；4. 硅光电池

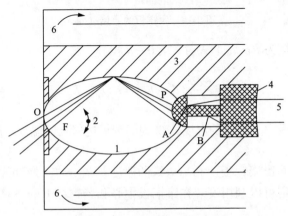

图 9-20　空心椭球式全辐射热流计

1. 椭圆；2. 氮气；3. 铜块；4. 不锈钢块；5. 康铜线；6. 冷却水

入射孔 O 是薄边的，无论多大入射角的辐射都能没有附加反射地进入椭球内。半球形的接收小球 P 和后面的不锈钢块 4 是一个整体，都用不锈钢做成。小球 P 表面被氧化和涂黑，从而可以吸收投射来的 95%～98% 的所有波长的辐射能。焊接到 A 点和 B 点的康铜导线和不锈钢柱体一起组成差动热电偶，它产生的热电势和 P 所接受的能量成正比。偏心率 $e=\dfrac{1}{2}$ 的椭球反射镜是用铜做成的，里面覆盖着一层 (0.05mm) 抛光的金薄膜，它的反射率接近 1。经过分布在椭球短轴平面上的 2～8 个小孔，向出口方向喷射干燥氮气流，流量约 12.5cm³/s。其作用一方面消除检测器受到的对流传热，保证只测量辐射热；另一方面防止高温气和杂质进入装置中。进氮气口要很小，不影响反射镜的效率。仪器用水冷却，可以测量高达 1600℃ 高温条件下的辐射热流。

椭球式热流计使用时，要首先利用已知温度的黑体辐射为标准进行热流校对。它的测量精度取决于校对的精心程度，通常情况下，仪表的测量误差 ≤±5%。此热流计响应时间较慢，不适用于火焰辐射变化太快的场合。

9.4.4　瞬态辐射热流计

目前常用的辐射热流计采用热平衡原理设计而成，适用于测量稳定的辐射热流，但无法准确测试变化的辐射热流。而瞬态辐射热流计具有响应时间短的优点，可用于测量非稳态辐射热流密度[9,10]。该型辐射热流计的探头一般为上表面涂黑且背面绝热处理的薄铜片。铜片上方加有石英玻璃罩，以减小大气环境对流传热引起的波动。不过，由于石英玻璃本身具有一定波段热辐射吸收的能力，因此当辐射热流计用于测量地面真空环境或空间卫星辐射热流量时可取消石英玻璃罩，降低石英玻璃罩对测量精度的影响[3]。瞬态辐射热流计探头结构参见图 9-21。

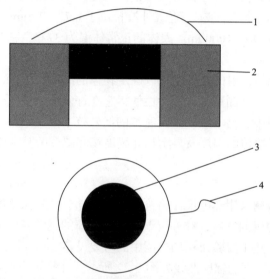

图 9-21　瞬态辐射热流计探头结构图
1. 石英玻璃罩；2. 隔热套；3. 测头铜片；4. 热电偶

受到辐照后，热流计探头铜片 2 的能量平衡方程为

$$\alpha q''_{\text{Sun}} A = mc \frac{\mathrm{d}T}{\mathrm{d}t} + q_{\text{L}} = mc \frac{\mathrm{d}T}{\mathrm{d}t} + \varepsilon \sigma A (T^4 - T^4_{\text{Sun}}) + hA(T - T_\infty) + kA(T - T_{\text{b}}) \quad (9\text{-}52)$$

式中，q''_{Sun} 为太阳辐射热流密度；α 为铜片吸收率；ε 为铜片发射率，这里表面涂黑的小铜片视为漫灰表面，其发射率与吸收率认为是相等的；A 为薄铜片的面积；m 为质量；c 为比热容；T 为温度；σ 为斯蒂芬-波尔兹曼常数，$\sigma=5.670\times 10^{-8}\text{W}/(\text{m}^2\cdot\text{K}^4)$；$q_{\text{L}}$ 为铜片的换热损失，包括 3 部分，对温度为 T_{Sun} 的背景辐射换热，与铜片周围温度为 T_∞ 空气的对流换热及通过铜片背面隔热层和吊线的对温度 T_{b} 底面的传导换热；h 为对流换热系数，应预先进行标定；k 为隔热层热导率。

对式(9-52)进行移项处理，得到瞬态辐射热流密度测量式为

$$q''_{\text{Sun}} = \frac{1}{\alpha} \left[\frac{mc}{A} \frac{\mathrm{d}T}{\mathrm{d}t} + \varepsilon(T^4 - T_{\text{Sun}}^4) + h(T - T_\infty) + k(T - T_\text{b}) \right] \tag{9-53}$$

9.5　红外技术和热像仪

从理论上讲，物体热辐射的电磁波长可以包括电磁波的整个波谱范围，即波长从零到无穷大。但实际工业上和热工实验中所遇到的温度范围内，热辐射波长主要位于 0.38~1000μm 的波谱内，且大部分能量位于红外线区段(0.76~1000μm)内，可见光的波长只占全部波谱的很小区间(0.38~0.76μm)。红外线又可分为近红外、中红外和远红外三个波段。近红外波长位于 0.77~1.5μm，中红外位于 1.5~40μm，远红外位于 40~1000μm。人体的正常体温为 37℃，它对应的主要是波长为 10μm 的中红外辐射。

利用待检测物体发射的红外线可以确定物体的温度和图像，由此可以对物体进行跟踪和识别。红外测量的这种特性使得它在许多领域中获得了广泛的应用，尤其是在军事领域中，已形成了一门完整的红外技术分支学科。本节简单介绍利用红外探测器测量物体的温度及显示物体温度场和图像的基本原理。

9.5.1　红外测温仪

红外测温仪最初采用热电堆作为检测元件。随着红外探测器、半导体器件和光导纤维、微处理机的发展，红外测温技术有了新的飞跃，各种先进的红外测温仪相继问世，成为热工实验及现场检测中的重要设备。

黑体在中、低温下的辐射曲线如图 9-22 所示。由图可见，在 2000K 温度以下的曲线最高点所对应的波长已不是可见光而是红外线了。人眼是看不见这种射线的，需要用专门的红外敏感元件来检测。测量物体红外辐射以确定物体温度的温度计叫作红外测温仪。红外测温仪能测量很低的温度，它可分成全(红外)辐射型、单色红外辐射型和比色型等几种。单色红外辐射感温器实际上是接收某一很窄波段 $\lambda_1 \sim \lambda_2$ 的红外辐射线，在这波段内辐射力可用维恩公式(或普朗克公式)积分求取，即

$$E_\text{b}(\lambda_1 \sim \lambda_2) = \int_{\lambda_1}^{\lambda_2} E_\text{b}(\lambda)\mathrm{d}\lambda = \int_{\lambda_1}^{\lambda_2} C_1 \lambda^{-5} \mathrm{e}^{-\frac{C_2}{\lambda T}} \mathrm{d}\lambda \tag{9-54}$$

上式积分的结果必然会得出单色辐射力与温度之间的关系。当 $\lambda_1 \sim \lambda_2$ 包括了所有红外线波长时，式(9-54)即为全红外辐射力与温度之间的关系。对实际物体，也需要用黑度进行修正。

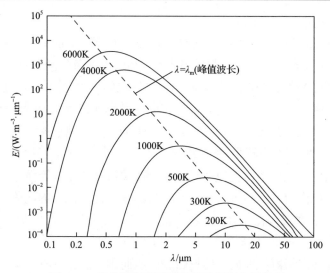

图 9-22　黑体辐射强度与波长及温度之间关系

　　图 9-23 给出了红外测温仪的原理图。红外测温仪最主要的部分是红外辐射通道(光学系统)和红外探测器。光学系统可以是透射式的，也可以是反射式的。透射式光学系统的透镜应采用能透过相应波段辐射的材料。例如测 700℃以上时，波段是 0.76～3μm 的近红外区，可采用一般光学玻璃；测量 300～700℃时，波段主要为 3～5μm 的中红外区，可采用氟化镁、氧化镁等热压光学透镜；测量低于 300℃的低温区时，波段主要为 5～14μm 的中红外波段，多采用锗、硅、热压硫化锌等材料制成的透镜。反射式光学系统多采用凹面玻璃反射镜，镜表面要镀以金、铝、镍或铬等对红外辐射反射率很高的材料。

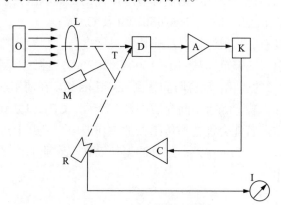

图 9-23　红外测温仪原现图

O. 目标；L. 光学系统；D. 红外探测器；A. 放大器；K. 相敏整流；

C. 控制放大器；R. 参考源；M. 电动机；I. 指示器；T. 调制盘

红外探测器是接受被测物体红外辐射能量并转变成电信号的器件，可以分为热敏探测器和光电探测器两类。

热敏探测器是利用物体接收红外辐射而温度升高，从而引起一些物理参数变化而制作的器件。热敏探测器有热敏电阻型、热电偶型及气动和热释电型等几种。电阻型传感器有 Mn、Ni 和 Co 等金属化合物制成的热敏电阻元件，它的探测率约为 1×10^8 cm·$Hz^{1/2}$/W，响应时间为 $1 \sim 10 \mu s$。敏感元件可制成薄膜或厚膜，受光面积约为 $0.1 \sim 1 mm^2$，无照射时电阻为 $1 \sim 5 M\Omega$。热电偶型探测器由热电势较大的材料制成，它的探测率较小，约为 1.4×10^2 cm·$Hz^{1/2}$/W，响应时间 $30 \sim 50 ms$。热释电型探测器多采用硫酸乙氨酸(TGS)及钛酸铅($PbTiO_3$)等强电介晶体。加热后，在自发极化作用下，晶体表面将产生与温度变化成比例的电荷，故温度变化将引起表面电荷的变化，从而有信号输出。它的探测率在低频下(10Hz)约为 1.8×10^9 cm·$Hz^{1/2}$/W，在高频时(10^4Hz)为 1×10^8 cm·$Hz^{1/2}$/W。

气动型红外探测器是根据气体热膨胀性质而制成的，它有一个气室并通过一个小管与柔性薄片(柔镜)相连。当气室吸收能量以后，气体升温并使压力增大，从而使柔镜膨胀移动。柔镜的移动，使聚焦在柔镜上的光线发生位移，从而改变了经柔镜反射到光电管上的光量，产生信号输出。光量的变化大小反映了红外辐射的强弱。其探测率可达 1.7×10^9 cm·$Hz^{1/2}$/W，但响应时间较长，约 $20 ms$。

光电型探测器是根据某些物体中的电子因吸收红外辐射而改变运动状态的原理制成的。它的优点是响应时间短，为微秒级。常用的光电传感器有光导型和光生伏特型。常用的光导型传感器有 PbS、PbTe 及 HgCdTe 等光敏电阻。红外辐射到光敏电阻上以后，引起其电阻值发生变化，从而有信号输出。光生伏特型传感器即为光电池，当传感器受光照射后即有电压输出，其电压大小与照射光能量有关，光电池材料有 InAs、InSb、HgCdSb、Si 及 Ge 等。

红外测温仪具有非接触测温，反应快，灵敏度高，测温范围宽等优点。目前已生产的红外测温仪测温范围从 $-10 \sim 1300 ℃$。国产的一种红外测温仪对于室温目标就能分辨出 $0.1 ℃$ 的变化，反应时间达到 ms 至 μs 级。在使用红外测温仪时，需要注意中间介质的影响。如果中间介质中含有蒸汽、CO_2 和臭氧，会吸收红外辐射，造成测量误差。若能合理选择传感器的工作波段，避开上述几种气体的吸收光谐范围，就可以减小测量误差。红外测温仪已在工农业的许多领域及军事方面获得了广泛的应用。

9.5.2　热像仪

把景物反射或自身辐射的红外辐射转换成人眼可以观察到的图像的技术称为红外成像技术。

自从 1984 年 Hlrschel 获得第一个热像以来，红外热像技术在军事上获得了广泛的应用。自 20 世纪 50 年代起，该技术开始转向民用。近年来红外热像仪发展更快，应用范围越来越广。热像技术之所以得到如此迅速的发展与应用，是因为它具有下列优点。

(1)测量范围广，通常测温范围为–170～2000℃。

(2)灵敏度高，能分辨出 0.1℃的温度变化。

(3)响应快，可在几 ms 内测出物体的温度场。

(4)测量对象广泛，既可测小目标的物体温度，也可以测大面积范围内的物体温度。特别适用于面积大而且温度分布不均匀的被测对象。

(5)不接触式测温，不破坏被测温度场。

(6)测量距离可近可远，从几 cm 到天文距离。

热像仪是利用 3～5.6μm(短波)或 8～14μm(长波)的红外线来进行工作的。热像仪所摄的景物包括目标和背景，两者辐射的差别是构成图像的基础。目标及背景辐射通过大气，被吸收或散射之后再射入热像仪。

热像仪的接收元件是单个或线列型的红外探测器，但它们只能摄取景物的一部分辐射。为了获得被测景物全体的图像，必须用光学扫描的方法使红外探测器顺序扫视整个被测景物空间，接收到的按空间变化的红外辐射由红外探测器转换成按时间顺序变化的电信号。经放大处理后，再在阴极射线管上转换成可见的图像。热像仪的工作原理如图 9-24 所示。

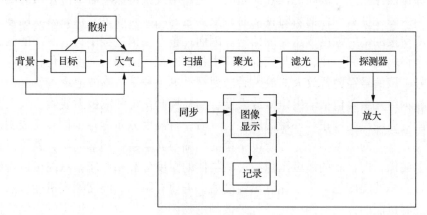

图 9-24　热像仪工作原理框图

扫描系统是热像仪最关键的部分。现阶段的热像技术还是以光学机械扫描为主，其示意图如图 9-25。

扫描系统是将被测对象的辐射由扫描镜扫描并反射到反射镜案光，再通过衰减器、硅透镜和反射镜投射到致冷的锑化铟红外探测元件的表面上。红外探测器位于聚光系统的焦点上。图上面积 abcd 是目标所在的区域，即需要测量的区域。

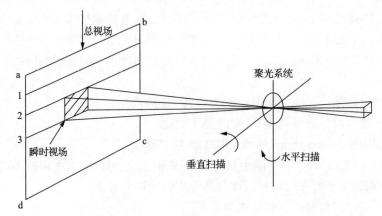

图 9-25　　光学机械扫描成像示意图

红外探测器在每一瞬间所看到的只是很小的面积，即图中划线的面积。假定它是正方形的，通常称为"瞬时视场"。把聚光系统设计成能上下左右转动。当聚光系统左右移动时，瞬时视场就自左至右横扫目标区域中的一条面积。如果聚光系统的左右上下转动配合适当，则当瞬时视场从左至右扫完一横条后迅速回到左边时，上下移动正好使它回到这一横条的下方，开始第二条的扫描。两条横条正好互相衔接。经过多次扫描，瞬时视场扫完整个 abcd 面积后，机械运动又使它回到原来的起始位置。面积 abcd 称为扫描仪器的"总视场"。

　　锑化铟探测元件被固定在杜瓦瓶的外壁，用液氮将探测器维持在-196℃的低温。当探测元件看到任何瞬时视场时，只要它的响应时间足够快，就立即输出一个与所交接的辐射强度成正比的信号。因而在整个扫描过程中，探测器的输出将是一个强弱随时间变化，又与扫描顺序中各瞬时视场的辐射强度变化相适应的视频信号。该信号经前置放大器放大后送到显示单元去显示或被记录。

　　显示单元主要包括输出信号放大器、扫描控制系统和阴极射线管。放大部分的输出信号经黑度修正和环境温度补偿以后，将温度分布等各种信号变成阴极射线管荧光屏上的亮度信号。如果电子束的扫描与光学系统扫描同步，就可以在荧光屏上成像，即显示的温度图像与被测物体的温度分布相对应，最终可以得到带有位置坐标的温度值。为了能读出温度值，需要有附加的温度测定机能。热像仪附加测温机能的方法有两种，一种是被测定物体旁边设置温度恒定的黑体，使黑体和被摄物体均在同一热像中显示，然后根据设定的灰度差别(即黑白对比度等级)确定被摄物体的绝对温度值，这叫作外部基准测温；另一种是在摄像头内部设置一个温度恒定的黑体(基准热源)。利用光扫描，把景物和基准热源的红外辐射轮流投射到探测器上，探测器输出信号中就包含了景物和基准热源的电平。比较这两个电平值就可以标定某一点的温度绝对值，这叫作内部基准测温。为了对不同黑度的物体精确测温，有的热像仪还加装了黑度校正装置。但即使这样，目前还很难达到很高的测量精度。

辐射能与被测温度的四次方成正比，反映在热像图上，温度高处发亮，温度低处发暗。测量结果经计算机处理后，可给出最高、最低温度，平均温度和温度变化范围。

目前热像仪是测量物体表面二维温度场随时间变化的较好仪器。虽然其结构复杂，价格很高，但仍然在医疗、军事、工业企业、公安、气象、资源勘探等领域内得到广泛使用。特别是小型便携式热像仪，具有很好的发展前途。

参 考 文 献

[1] 黎志刚, 黄涌, 卢文全, 等. 接触式三色光学高温计[J]. 国外电子测量技术, 2019, 297(8): 103-106.

[2] 赵光艺, 汤代斌, 赵光兴. 基于 TCS230 的颜色法测温系统设计[J]. 赤峰学院学报(自然科学版), 2013, 29(3): 48-49.

[3] Dimarino C, Chen C, Danilovic M, et al. High-temoerature characterization and comparision of 1.2KV SiC power mosfests[C]. IEEE Energy Conversion Congress and Exposition, 2013: 3235-3242.

[4] 刘鑫. 紫外辐射高温计的研制[D]. 哈尔滨: 哈尔滨工业大学, 2017: 15-16.

[5] 张建勇, 程瑞雪, 王绍纯. 紫外辐射测温理论分析[J]. 北京科技大学学报, 1994, 16(4): 374-376.

[6] Girard F, Battuello M, Florio M, et al. Multiwavelength thermometry at high temperature: why it is advantageous to work in the ultraviolet[J]. International Journal of Thermaophysics, 2014, 35: 1401-1413.

[7] Vuelban E M, Girard F, Battuello M, et al. Radiometric techniques for emissivity and temperature measurement for industrial applications[J]. International Journal of Thermaophysics, 2015, 36: 1545-1568.

[8] Machin G, Anhalt K, Battuello M, et al. The European project on high temperature measurement solutions in industry a summary of achievements[J]. Measurement, 2016, 78: 168-179.

[9] 陈则韶, 杨宝玉, 胡芃, 等. 瞬态辐射热流计[J]. 太阳能学报, 2006(8): 22-26.

[10] 绳春晨, 胡芃, 程晓舫, 等. 保护法瞬态辐射热流计原理及瞬态响应特性[J]. 太阳能学报, 2017(4): 1092-1096.

第10章　对流换热的实验研究

当固体表面与流过该表面的流体之间存在温度差别时，固体表面与流体之间产生热量交换的现象称为对流换热。对流换热发生在许多重要的工业生产过程中，是热工设备中最主要的换热过程之一，因而成为传热研究中的一个重要领域。

对流换热一方面依靠流体分子之间的导热作用，另一方面还受到流体宏观运动的控制。影响对流换热的因素很多，主要有流动工况、表面状态和工质物性三个方面，使得对流换热过程成为所有换热过程中最复杂的一种。迄今为止，对流换热中还有许多问题无法用解析的方法来求解，实验研究成为研究对流换热过程的一个极为重要的手段和解决实际问题的基本途径[1]。

对流换热中流体的流动可按其发生的原因分为自然对流和受迫对流两种。因流体各部分冷热不同，引起各部分密度不同而产生的流体流动称为自然对流。受外力作用，例如用泵和风机所产生的流体流动称为受迫流动。这两种流动情况下的相应对流换热称为自然对流换热和受迫对流换热。对流换热中，根据流体相态的变化与否又可分为单相流体对流换热和有相态变化的对流换热（如沸腾和凝结）。

对流换热与流体的流动工况有很大关系。层流时，沿壁面法线方向的传热主要依靠流体的分子导热；湍流时，在靠近壁面的层流底层内，沿壁面法向热量的传递仍是靠导热，而湍流核心区的传热则是依靠流体各部分之间的强烈混合。

1901 年牛顿首先提出了对流换热的基本公式，称为牛顿冷却公式，它的表达形式为

$$Q = h(T_{\mathrm{w}} - T_{\mathrm{f}})F \tag{10-1}$$

式中，Q 为对流换热量，W；F 为与流体相接触的壁面换热面积，m^2；h 为对流换热系数，$W/(m^2 \cdot K)$；T_{w}、T_{f} 为壁面温度和流体平均温度，K。研究对流换热的主要任务是确定对流换热系数 h。对流换热系数的大小与换热过程中许多因素有关，它不仅与流体的热物理性质、换热表面的形状、位置及材料有关，而且还取决于流动工况。因此，确定对流换热系数的工作十分复杂。除了一些简单形状物体的对流换热过程可以通过理论求解以外，绝大部分需要通过实验进行确定。本章主要讨论热工实验中常用的一些对流换热的实验技术和方法。

10.1　用量热法测定对流换热系数

换热系数是对流换热实验中需要确定的一个最基本的物理量，热工实验中测定对流换热系数的方法主要是量热法，也称稳态热流法。

从牛顿冷却公式可得

$$h = \frac{Q}{F(T_w - T_f)} \tag{10-2}$$

因此，为了确定换热系数 h，需要测出对流换热量 Q 和壁面与流体之间的温差 $(T_w - T_f)$。

对流换热量的确定和加热方式有关。若壁面的加热是利用电加热的方式进行，假定无任何损失，则加热量可以利用测量加热电流 I 和加热电压 V 来确定，计算公式为

$$Q = IV \tag{10-3}$$

热工实验中电加热有三种方法，最简单的是将电热丝缠绕在被加热物体上，如果加热物体是金属，需要保证电热丝与物体之间的电绝缘。另一种方法是将电加热器做成棒状、带状或膜状，埋入或紧贴被加热物体，视加热物体的形状而选择相应的加热元件。第三种方法是把低压直流电或交流电直接加在物体上，利用物体本身的电阻加热。在这种情况下电流一般很大，要采用标准电阻或电流互感器来测量电流 I。这种方法适用于被加热物体是金属的场合。

除电加热外，还有一种常用的加热方式是利用一种流体加热另一种流体。这时换热量的计算可以按加热流体的焓差或冷却流体的焓差来计算，即

$$Q = Gc_p(T_i - T_o) = G(i_i - i_o) \tag{10-4}$$

式中，G 为流体的质量流量，kg/s；c_p 为流体的定压比热，J/(kg·K)；T_i、T_o 为流体进出口温度，K；i_i、i_o 为流体进出口焓，J/kg。

用蒸汽凝结来加热壁面，也是常用的一种加热方式。此时换热量可按下式计算

$$Q = G\left[r + c_{pg}(T_g - T_s) + c_{pc}(T_s - T_c)\right] \tag{10-5}$$

式中，G 为蒸汽的质量流量，kg/s；r 为汽化潜热，J/kg；c_{pg}、c_{pc} 为过热蒸汽和凝结水的定压比热，J/(kg·K)；T_g、T_s、T_c 为过热蒸汽温度、饱和温度和凝结水出口温度。

有时，在已知管壁内外表面的温度、直径及管壁材料的导热系数 λ、管子长度 l 的情况下，也可以用下式计算热流量（假定无轴向温度梯度）：

$$Q = \frac{2\pi\lambda(T_{w_1} - T_{w_2})l}{\ln(d_2/d_1)} \tag{10-6}$$

式中，T_{w_1}、T_{w_2} 为圆管内、外壁面温度；d_1、d_2 为圆管内、外径。壁面温度 T_w 的测量方法已在温度测量一章中讨论过，流体温度 T_f，可取沿流动方向上的流体温度的算术平均值，这样壁面温度和流体温度之差就可以求出，利用公式 (10-2) 就可以计算出对流换热系数 h。

由 x 处局部壁面温度和局部流体温度计算出来的换热系数 h_x，称为局部换热系数。平均换热系数可由局部换热系数求平均值得到，平均值的计算公式为

$$\bar{h} = \frac{1}{F}\int h_x \mathrm{d}F \tag{10-7}$$

10.2　热-质比拟法测定对流换热系数

根据传热过程和传质过程的类比，利用传质过程来研究传热过程是近几十年来发展起来的一项新的实验技术。本节着重讨论热-质比拟的基本原理和常用的实验方法。

10.2.1　热-质比拟的基本概念

在导热和热辐射的研究中，人们早已对热-电类比十分熟悉了，利用热流和电流、热阻和电阻之间的类比关系，设计出了不少用电场模拟导热和辐射传热过程的实验装置。随着电子计算机应用的日益普及，计算机数值模拟逐步取代了导热和热辐射方面的实验模拟技术。但是由于对流换热过程的复杂性，目前计算机还不能完全模拟许多复杂的对流换热过程，实验研究仍然是对流换热研究的重要组成部分，热-质比拟技术就是一种研究对流换热的有效方法。

由传热学可知，湍流对流换热的无因次能量方程为

$$\frac{\mathrm{d}\bar{T}}{\mathrm{d}\tau} = \frac{1}{RePr}\frac{\partial}{\partial \bar{x}_i}\left[\left(1 + \frac{\varepsilon}{\nu}\frac{Pr}{Pr_i}\right)\frac{\partial \bar{T}}{\partial \bar{x}_i}\right], \quad i = 1, 2, 3 \tag{10-8}$$

式中，Pr_i 为湍流普朗特数，$Pr_i = \varepsilon/\varepsilon_i$，$\varepsilon$ 和 ε_i 称为湍流动量扩散率和湍流热扩散率。

根据对流换热的相似原理，流场中局部努塞尔数 Nu_i 可以表示为

$$Nu_i = f\left(Re, Pr, \overline{x}_i\right) \tag{10-9}$$

则平均 $\overline{Nu}$ 可表示为

$$\overline{Nu} = f(Re, Pr) \tag{10-10}$$

类似地，考虑一个双组分单相介质的湍流对流传质过程，则无因次传质方程为

$$\frac{D\overline{c}}{\mathrm{d}\tau} = \frac{1}{ReSc}\frac{\partial}{\partial \overline{x}_i}\left[\left(1 + \frac{\varepsilon}{\nu}\frac{Sc}{Sc_i}\right)\frac{\partial \overline{c}}{\partial \overline{x}_i}\right], \quad i = 1, 2, 3 \tag{10-11}$$

式中，$\overline{c}$ 为种组分的无因次质量份额；Sc_i 为湍流施密特数，$Sc_i = \varepsilon/\varepsilon_m$；$\varepsilon_m$ 为湍流质扩散率。

由相似条件可知，流场中对流传质的局部舍伍德数 Sh_i 可以表示为

$$Sh_i = f\left(Re, Sc, \overline{x}_i\right) \tag{10-12}$$

式中，$Sh_i = \beta_i L_0/D$，L_0 为特征尺度，β_i 为对流传质系数；$Sc = \nu/D$ 为施密特数，D 为质扩散率。则平均 $\overline{Sh}$ 可表示为

$$\overline{Sh} = f(Re, Pr) \tag{10-13}$$

可以看出，式(10-8)和式(10-11)具有完全相同的形式。同时实验结果表明：

$$Sc_i = Pr_i \tag{10-14}$$

因此，只要将式(10-11)中 $\overline{c}$ 用 $\overline{T}$ 来代换，Sc 用 Pr 来代换，则式(10-11)就可以转化为式(10-8)。这样，在满足几何形状相似和边界条件相似的条件下，将式(10-12)中 Sh 数用 Nu 代替，Sc 数用 Pr 数代替，则式(10-12)就变成式(10-9)。也就是说可以通过传质的实验来得到传热的关系式，从而解决对流换热问题，这就是热质比拟的基本原理。下面将分别介绍三种热-质比拟的实验技术。

10.2.2　萘升华技术比拟对流换热的实验研究

萘升华技术比拟对流换热是通过测量萘升华的质交换系数来求得对流换热系数的一种实验方法。国外在 20 世纪 40 年代后期开始出现萘升华实验技术，70 年代以来发展得较快，目前已经能够用来测定平均换热系数和局部换热系数。

萘升华比拟技术的优点是可以用来测定通常用量热法难以测定的局部换热系数；也可以获得翅片效率为 1 时的翅片管的实验数据；在气流横掠短圆柱实验中不存在端部散热效应；在对流与辐射同时存在的场合，可以获得纯对流换热的数

据等。因此，用萘升华技术研究对流换热受到了人们的重视，并已取得了不小的进展[2]。

下面介绍一种研究横掠单管和管槽内受迫对流换热的萘升华技术。实验装置为一吸风式风洞，如图 10-1 所示。空气从吸风口经过滤网进入实验段，实验段的尺寸为 50mm×100mm×300mm。在实验段中放置一个由萘浇铸成的试件。经过萘试件后的空气经测速后由风机排出室外，以保持室内空气的纯净。空气的流量由调节伐进行调节。入口空气的温度必须保持稳定，因为空气温度每变化 1℃将引起萘蒸汽压变化10%，温度波动将会引起明显的测量误差。

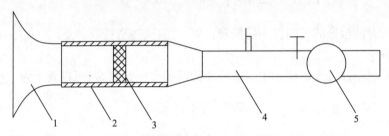

图 10-1　萘升华比拟实验风洞

1. 吸风口；2. 实验段；3. 萘试件；4. 测速段；5. 引风机

萘试件由萘$(C_{10}H_8)$通过浇铸而成，图 10-2 是萘试件的示意图。模子由铝制零件组成，表面经过精加工后再抛光处理，以保证萘表面的光滑。浇铸后的萘试件在空气中冷却凝固，为了使萘试件表面不受污染，浇铸过程必须十分清洁。萘应使用分析纯的萘。

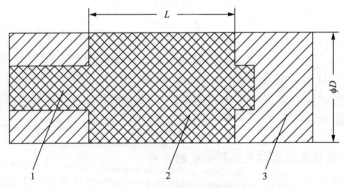

图 10-2　萘试件短圆柱

1. 浇铸口；2. 萘；3. 铝骨架

实验开始后，当气流达到稳定时可进行测量。萘试件的总质量由一台精密天平测量，空气温度和流速可分别由标准水银温度计和毕托管测定。实验中要保持表面的平均升华高度很微小，以保证流道形状和尺寸没有显著的变化。

对于常物性的流体(密度 ρ 为常数)，萘表面的平均传质系数 $\overline{\beta}$ 由下式计算：

$$\overline{\beta} = \frac{\Delta G}{A\tau\Delta C_{\mathrm{m}}} \tag{10-15}$$

式中，ΔG 为实验期间萘升华的总质量，kg；A 为试件升华表面积，m^2；τ 为升华时间，h；ΔC_{m} 为萘蒸汽的平均浓度差，kg/m^3。

平均浓度差与传热中的平均温度差类似，它由下式计算：

$$\Delta c_{\mathrm{m}} = \frac{(c_{\mathrm{w}} - c_{\mathrm{i}}) + (c_{\mathrm{w}} - c_{\mathrm{e}})}{2} \tag{10-16}$$

式中，c_{w} 为试件壁面处萘蒸汽的浓度；c_{i}、c_{e} 为流入和流出实验段的空气中萘蒸汽的平均浓度。由质量平衡可求出

$$c_{\mathrm{i}} = 0, \quad c_{\mathrm{e}} = \frac{\Delta G}{\tau V}$$

式中，V 为空气的容积流量，m^3/h。式(10-16)可简化成

$$\Delta c_{\mathrm{m}} = c_{\mathrm{w}} - \frac{c_{\mathrm{e}}}{2} \tag{10-17}$$

壁面处萘蒸汽的浓度，可以利用萘的蒸汽压与温度的函数关系计算：

$$\lg p_{\mathrm{w}} = 10.723 - 6713 / (T_{\mathrm{w}} + 218.5) \tag{10-18}$$

式中，p_{w} 为壁面处萘蒸汽分压力，10^{5}Pa；T_{w} 为壁面温度，K。

由于萘升华过程所需的升华潜热很小，因而实验过程中萘表面温度的变化很难用热电偶测出，通常近似地以气流的平均温度作为萘壁面温度。

壁面处萘蒸汽的浓度 c_{w} 可以由分压力 p_{w} 通过理想气体定律计算出来：

$$c_{\mathrm{w}} = \frac{p_{\mathrm{w}}M}{RT_{\mathrm{w}}} = \frac{128.17 p_{\mathrm{w}}}{8314 T_{\mathrm{w}}} = \frac{p_{\mathrm{w}}}{64.9 T_{\mathrm{w}}} \tag{10-19}$$

式中，M 为萘蒸汽的分子量，M=128.17kg/kmol；R 为通用气体常数，R=8314J/(kmol·K)；p_{w} 为壁面处萘蒸汽分压力，Pa。

对于直径为 15～30mm 的萘圆柱进行气体横掠单管的质交换实验，在雷诺数为 3300～14000 范围内，可整理成如下的实验关系式：

$$Sh = 0.26Re^{0.6}Sc^{0.37}$$

$$Re = \frac{\overline{u}L}{\nu}, \quad Sh = \frac{\overline{\beta}L}{D} \tag{10-20}$$

式中，$\overline{u}$ 为管槽内气流平均速度，m/s；横掠单管时 $\overline{u}$ 用最窄截面处的流速；L 为特征尺度，m；D 为质扩散率，$D=\nu/Sc$，m^2/s；运动黏度 ν 可按纯空气取值，因为萘在空气中的浓度很小，萘蒸汽的 Sc 数可取 2.5；$\overline{\beta}$ 为平均对流传质系数，m/s。

与此相应的横掠单管的对流换热实验关系式为

$$Nu = 0.26Re^{0.6}Pr^{0.37} \tag{10-21}$$

上式与气体横掠单管时对流换热的实验结果一致。

对于由上下两块面积为 100mm×171mm 的萘平板组成的高为 7.5mm 的长方形管槽，在空气雷诺数为 (1.6～3)×10⁴ 范围内，管槽长度 l 与当量直径 d_e 之比 $l/d_e=12.3$ 时，根据质交换实验得到的数据与圆管管内强制对流换热公式：

$$Nu = 0.023Re^{0.8}Pr^{0.4} \tag{10-22}$$

相比，最大偏差在±5.5%以内。

除了测定萘试件的重量及萘蒸汽压来求传质系数以外，也可以利用测定萘表面在实验前后厚度变化的方法来测定质交换系数。由于可以测定各局部位置上的萘层厚度，故可以得到局部的质交换系数。该法曾用来测定沿管子周向的局部换热系数。

10.2.3　氨吸收技术比拟对流换热

氨吸收技术最早由 Thoma 所采用，他用浸泡一定重量磷酸(H_2PO_4)的滤纸，包扎在管子外表面，各管子组成管排。当空气与氨的混合物流过管排时，氨被滤纸吸收并中和，壁面附近空气中的氨浓度接近于零。根据滤纸上残留酸的量，可以推算出所吸收的氨气量，然后算出质交换系数。图 10-3 是氨吸收技术比拟对流换热的实验装置。

利用氨吸收技术也可以测定沿管子周向的局部换热系数。此外，若将管子用多孔物料包扎或将管子制成多孔表面，用盐酸将多孔表面润湿。当混杂有氨气的空气通过管子表面时，在氨与盐酸发生作用的地方，会升起氯化铵的白雾。通过白雾，可以观察边界层的形状和管子背后尾流的情况。图 10-4 就是空气流过管束时典型流动图像。

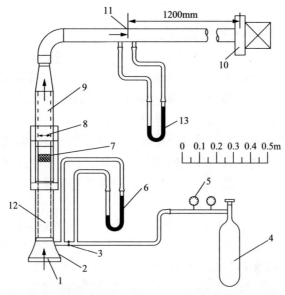

图 10-3　氨吸收技术实验装置

1. 空气入口；2. 氨气分离器；3、11. 孔板；4. 氨气瓶；5. 阀门；6、13. 差压计；
7. 实验管束；8. 通道宽度；9、12. 实验通道；10. 引风机

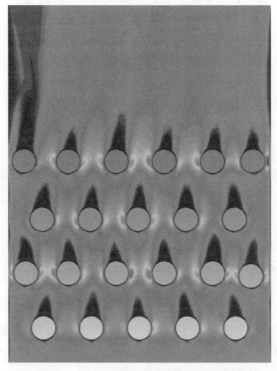

图 10-4　空气流过叉排管束时的流动图像

10.2.4　电化学方法比拟对流换热

电化学方法也是一种热-质类比方法。它的基本原理是电解液中离子通过对流与扩散，从溶液主体到电极表面的迁移运动，这个传质过程是和传热过程相类比的。通常，引起离子在溶液中运动有三种原因：①外加电场的作用；②离子在浓度梯度作用下的扩散；③溶液的对流运动。一般的传质过程是没有电场存在的，因而在实现电化学比拟时，要设法消除离子在电场作用下的移动。目前通常在工作电解液中加入一定量称为支持电解溶液的液体，它们在电极附近积累起一层离子，产生强的空间电荷，使得溶液主体中电位差接近于零，使由电场作用下的离子迁移流接近于零。

在模拟对流换热时，实验模型是一个电极，另一个电极是流动槽道的壁。第二个电极面积应比模型的表面积大得多，使传质阻力主要存在于模型的表面附近，亦即浓度场集中在模型四周的边界层中。

图 10-5 是电化学方法测量圆柱体周向局部换热系数装置的示意图。圆柱体用镍做成、电解液为亚铁氰化物，支持电解液为氢氧化钠。槽道壁接阳极，实验物体接阴极。圆柱体表面上的测量薄片由镍制成，它与物体的其他部分是电绝缘的。镍片形成点阴极，位置可以变化，它可以测定沿圆柱周向各点的局部传质系数。

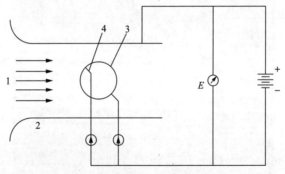

图 10-5　电化学方法示意图
1. 电解液；2. 槽道；3. 被测圆柱；4. 测量薄片

假定离子的传递过程是稳定的一维过程。设单位时间通过扩散向电极运动的离子的摩尔数为 $\dot{n}$，则电极上的电流密度 I 可由下式计算：

$$I = \dot{n}ZF \tag{10-23}$$

式中，Z 为离子价；F 为法拉第常数，$9.65\times10^{4}\text{C/mol}$。溶液中通过浓度差向电极（模型）扩散的离子摩尔数由下式计算：

$$\dot{n} = \beta(c_{b} - c_{e}) \tag{10-24}$$

溶液主体中离子摩尔浓度 c_b 是容易测定的。c_e 的测量则比较困难。可以通过调整两极之间的电位差，使得在模型表面上离子浓度 c_e 为零（即电极电流与电位差无关）。由此，式(10-24)简化为

$$\dot{n} = \beta c_b \qquad (10\text{-}25)$$

将式(10-23)与式(10-25)联立，可得到传质系数的计算公式为

$$\beta = \frac{I}{ZFc_b} \qquad (10\text{-}26)$$

实验中电极电流可以用很灵敏的仪表测量。传质系数的测量精度约为 $\pm 2\% \sim 3\%$。

10.3　流体自由运动时的换热

流体由于各部分温度不均匀而引起的流动称为自然对流，自然对流的推动力是由密度差产生的浮升力。自然对流在工业上几乎到处可见，各种热工设备和管道的热表面向周围空气的对流散热，就是典型的自然对流换热。

传热学理论指出，一个受热表面在流体中发生自然对流换热时包含自然对流换热系数的准则关系式如下：

$$Nu = C(GrPr)^n$$

$$Nu = \frac{hL}{\lambda}, \quad Gr = \frac{\bm{g}\beta L^3 \Delta T}{\nu^2}, \quad Pr = \frac{\nu}{a} \qquad (10\text{-}27)$$

式中，L 为物体的特征尺度，m；λ 为流体的导热系数，W/(m·K)；ν 为流体的运动黏度，m²/s；a 为流体的热扩散系数，m²/s；β 为流体的体膨胀系数，1/K，对理想气体，$\beta = 1/T$；h 为自然对流热系数，W/(m²·K)；ΔT 为热表面和流体间的温差，K；C、n 为常数。

实验研究的任务在于确定在各种工况条件下，各类加热表面在流体中发生自然对流换热时的准则关系式，也就是要求确定式(10-27)中的系数 C 和指数 n。

自然对流传热根据流体所处空间情况可分为不同类型。若流体处于较大空间，热边界的发展不受干扰或阻碍，称为大空间自然对流传热。若流体处于狭小空间，流体流动受到限制，热边界层发展受到干扰，其换热规律与大空间自然对流传热有所不同，成为受限空间自然对流传热。下面将分别介绍两类自然对流换热系数的实验测量。

10.3.1　大空间自然对流换热

下面以水平圆管在空气中的自然对流换热的实验研究为例，讨论大空间自然

对流换热的实验技术和数据处理。

　　实验水平管是一根表面镀铬的钢管，管内装有电加热器，两端绝热，整个管子悬吊在房间内。加热器应与实验管电绝缘，两者之间的空隙要用导热性好的材料填充，以使加热器与实验管之间传热良好。表面温度用在管壁上开槽敷设的多对热电偶进行测量，热电偶可沿着圆管周向均匀敷设，以测定圆管周向不同位置上的局部表面温度。为了减小端部的影响，热电偶应主要敷设在管子的中部。空气温度用水银温度计测量。整个实验装置的系统图如图 10-6 所示。

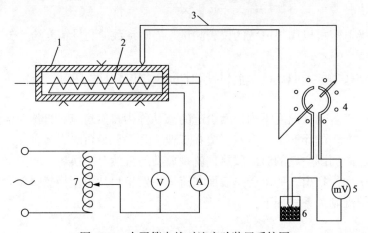

图 10-6　水平管自然对流实验装置系统图
1. 实验管；2. 电加热器；3. 热电偶；4. 转换开关；5. 电位差计；6. 冰点槽；7. 自耦变压器

　　一般情况下，实验管是以自然对流和热辐射两种方式向外散热，因而对流换热量应是加热器总加热量减去辐射换热量。辐射换热量可用下式计算：

$$Q_r = \varepsilon C_0 \left[\left(\frac{T_w}{100} \right)^4 - \left(\frac{T_f}{100} \right)^4 \right] F \tag{10-28}$$

式中，ε 为实验管表面黑度；C_0 为黑体辐射系数，$C_0 = 5.67\,\text{W}/(\text{m}^2 \cdot \text{K}^4)$；$T_w$ 为实验管外表面平均温度，K；T_f 为周围物体的平均绝对温度，近似等于室温，K；F 为实验管辐射面积，m^2。

　　对流换热量为

$$Q_0 = Q - Q_r \tag{10-29}$$

式中，Q 为电加热器的总加热功率，W。

　　实验时，可以加热功率为参数，测定在不同加热功率下的各点表面温度。注意要使整个管子达到热稳定工况以后才能进行表面温度记录。局部换热系数由下式计算

$$h_x = \frac{Q_0}{F(T_{w,x} - T_f)} \tag{10-30}$$

式中，x 表示测定点的坐标。平均换热系数可利用管壁的平均温度计算，管壁平均温度按所有热电偶读数的算术平均值计算。

实验数据的整理和准则方程中常数的确定可按下列步骤进行。

(1) 取壁面温度 T_w 和流体温度 T_f 的算术平均值 $T_m = (T_w + T_f)/2$ 为定性温度。按此温度从物性表上读取有关的流体热物理参数。

(2) 根据换热系数的实验值和温度的测量值，以管子外径为特征尺寸、分别计算努塞尔数和瑞利准则数 $Ra = GrPr$。

(3) 在双对数坐标纸上标出各实验点，并按第 3 章所述的实验曲线绘制规则绘制 Nu-$GrPr$ 关系曲线，如图 10-7 所示。

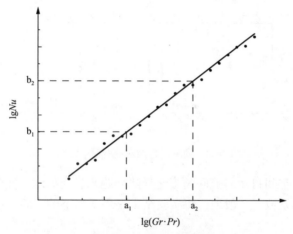

图 10-7　自然对流换热实验数据的关联

(4) 在正常情况下所得实验曲线应为一根直线。该直线的斜率即为要求的指数 n。可按下式计算：

$$n = \frac{\ln Nu_2 - \ln Nu_1}{\ln (GrPr)_2 - \ln (GrPr)_1} \tag{10-31}$$

根据求出的值 n，利用式 (10-27)，将已知的实验值代入，可算出系数 C。最后可以得到大空间水平管自然对流换热的实验关系式为

$$Nu = 0.53(GrPr)_m^{1/4} \tag{10-32}$$

上式的适用范围为 $(GrPr)_m = 10^4 \sim 10^9$。下标 m 表示公式中采用壁面温度和流体温度的算术平均值作为定性温度。

在要求较高的拟合精度时，指数 n 和系数 C 应通过第 3 章中所讨论的最小二乘方法进行确定。

10.3.2　有限空间自然对流换热

当流体的流动受到周围其他物体的影响时，自然对流发生在有限空间之中。此时的自然对流换热更为复杂，具有与大空间自然对流换热不同的特点。图 10-8 是横夹层中(热面在下)的自然对流图。通常在下壁温不太高时，仍然观察到纯导热现象，温度超过一定值后，就出现有规则的环流。对于这类有限空间自然对流换热问题，常常引入一个当量导热系数 λ_e 来计算自然对流换热量，即

$$q = \frac{\lambda_e}{\delta}\left(T_{w_1} - T_{w_2}\right) \tag{10-33}$$

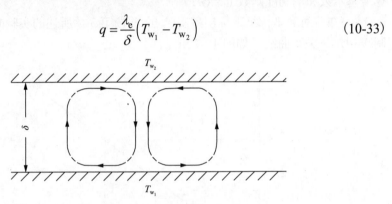

图 10-8　横夹层自然对流(热面在下)

也就是说把有限空间自然对流问题当作导热问题来进行处理，实验研究的目的是确定该当量导热系数。一般地，将实验结果整理成如下的实验关系式：

$$\frac{\lambda_e}{\lambda} = C(GrPr)^n \tag{10-34}$$

式中，λ_e 为当量导热系数，$W/(m \cdot K)$；λ 为流体的导热系数，$W/(m \cdot K)$；Gr_δ 为以夹层厚度 δ 为特征尺寸的格拉晓夫准则数；C、n 为常数。

对于图 10-8 所示的横夹层自然对流，如流体为空气，实验得到的当量导热系数计算关系式为

$$\begin{cases} \dfrac{\lambda_e}{\lambda} = 0.195 Gr_\delta^{1/4}, & Gr_\delta = 10^4 \sim 4\times10^5 \\[3mm] \dfrac{\lambda_e}{\lambda} = 0.068 Gr_\delta^{1/3}, & Gr_\delta > 4\times10^5 \end{cases} \tag{10-35}$$

对于更复杂形状的有限空间自然对流换热量的计算，可参阅有关传热学专著。

图 10-9 是水平横夹层中自然对流实验装置简图。被测介质夹层由两块水平平板组成，平板的尺寸为 200mm×200mm×15mm，每块平板内有水流通道。由两个恒温器来的水分别使两块平板保持恒定的温度。为了减少向外散热量，平板两端用盖子堵住，盖子上留有 0.1mm 的通气缝隙。被测介质的厚度是用夹布胶木套管和压紧平板的螺栓而形成。该厚度可以改变，以研究介质厚度对自然对流的影响。为了减小两板间的辐射换热，平板内表面进行镀铬处理。

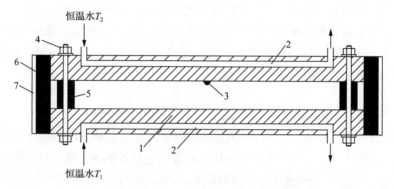

图 10-9　水平横夹层中自然对流实验装置
1. 水平平板；2. 恒温水通道；3. 热流测量探头；4. 固定螺栓；5. 夹布胶木套管；6. 垫圈；7. 盖子

在上板表面上装有七个专门设计的热流探头，以测量各局部的热流密度。平板表面的温度用热流探头中的热电偶测量。两块平板之间的距离在 5～25mm 范围内变化，两平板的温差控制在 35～60℃范围内，相应的 Ra 数为 $1.7×10^3～6×10^4$。根据测量到的局部热流密度和两板之间的温差，可以计算出两板间的当量导热系数或对流换热系数。

如果将上板内表面温度记录下来，可以发现温度随时间在一定的范围内发生有规则的振荡。小的温度振荡周期约为 30～60s，大的温度振荡周期接近 300～400s。这是由空间对流元的不稳定性所引起的。

10.4　流体受迫流动时的换热

流体在管槽内流动时与壁面之间的换热是热工设备中最常见到的一种受迫对流换热方式。最常用的是圆管，也有非圆形截面通道和环形通道等。

对于管槽内旺盛对流工况下流体与壁面之间的对流换热，大量的研究表明可以用下列准则关系来关联实验数据：

$$Nu_f = CRe_f^{n_1} + Pr_f^{n_2} \tag{10-36}$$

式中，准则数的下角标 f 表示以流体的平均温度作为定性温度。特征尺寸采用管槽的当量直径 d_e：

$$d_e = \frac{4f}{U} \tag{10-37}$$

式中，f 为管槽通道的横截面积，m^2；U 为湿周，即管槽壁面与流体接触的周长，m。对于圆管来说，$d_e=d$，对于环形通道 $d_e=d_1-d_2$。

实验研究的任务是要确定在所研究的范围内，包括几何尺寸范围(l/d 值)、雷诺数范围、普朗特数范围，准则方程式中系数 C 和指数 n_1 和 n_2 的具体值。下面讨论两类最常见的受迫对流换热过程。

10.4.1　圆管内湍流受迫对流换热

流体力学理论指出，为了使管内流体流动进入充分发展的湍流工况，雷诺数必须满足 $Re>10^4$，且要求足够长的湍流发展段，通常要求管长 l 至少要满足 $l/d \geqslant 50$。因此，为了实现充分发展湍流受迫对流换热，实验管道的尺寸及流体的流速必须满足上述基本要求。

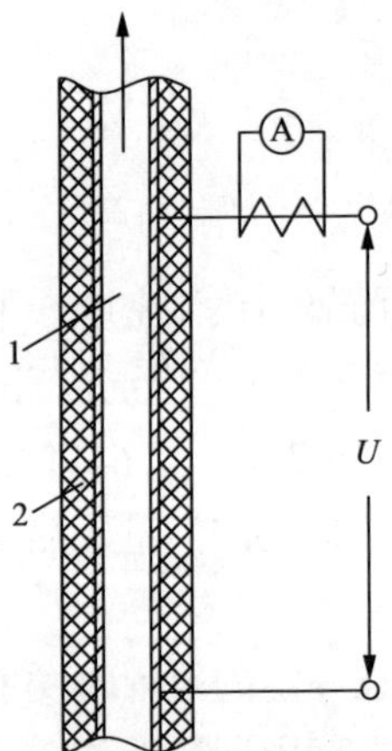

图 10-10　恒热流圆管
受迫对流实验段
1. 实验管；2. 保温层

恒热流圆管受迫对流实验管如图 10-10 所示。实验管是一根薄壁不锈钢管，被直接通电加热。根据管子两端的电压降和通过管子的电流值，就可以确定管子壁面上的平均热流密度。通常管子的外表面用保温材料包覆，保持外表面为绝热边界条件。由于保温后总还是有一定的散热损失，所以在精确的实验中往往在外表面加装一组补偿电加热器，使加热量正好补偿对外界的散热量。补偿电加热器可用差动热电偶予以控制。内壁温度的测量常用间接测量方法，即在管子外壁上沿流动方向敷设(可以焊接或贴紧在壁上)若干对热电偶，由测到的外壁温度计算内壁面温度。

流体自下而上流动，进入实验段之前应有足够长的稳定段。为了保证出口流体能很好地混合，在出口端可以采用混合室。混合室内流体的温度可以认为是均匀的。流体流量可以用孔板或转子流量计测定，如果采用开式回路，还可以用称重法来精确测定通过实验段的流量。为了维持进入实验段的水温为常数，在回路中设置了一个冷却器。图 10-11 是实验回路简图。

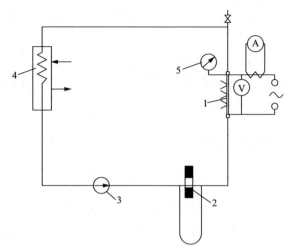

图 10-11　受迫对流换热实验回路
1. 实验管；2. 孔板流量计；3. 水泵；4. 冷却器；5. 压力表

实验段进出口水温采用热电偶测量。内壁温度 T_{w_i} 由测量到的外壁温度 T_{w_o} 按下式计算：

$$T_{w_i} = T_{w_o} - \frac{q_V}{4\lambda}\left(r_o^2 - r_i^2\right) + \frac{q_V r_o^2}{2\lambda}\ln\frac{r_o}{r_i} \tag{10-38}$$

式中，λ 为管壁材料导热系数，$W/(m\cdot℃)$；q_V 为管壁体积发热强度，W/m^3；r_o、r_i 为管子的外径和内径，m。q_V 可由测得的电功率计算。

实验中根据上述测量和计算结果，可以绘制出内壁温度和流体温度沿管长方向变化的曲线。在不同的热流密度(加热功率)和流体流速下，重复上述测量和计算。

根据流体进出口的平均温度，从物性表上查出流体的各相应热物理参数值。由表面热流密度及内壁面和流体温差$(T_{w_i}-T_f)$，计算局部换热系数 h_x。然后计算出局部的努塞尔数 Nu、雷诺数 Re 和普朗特数 Pr。

平均换热系数可沿管长取平均值，即

$$\bar{h} = \frac{1}{l}\int_0^l h_x \mathrm{d}x \tag{10-39}$$

确定式(10-36)中的系数 C 和指数 n_1、n_2 可按下列步骤进行。

(1)在双对数坐标 $\ln Nu$-$\ln Pr$ 上根据上述计算结果，绘制 Re=常数时的实验曲线，所得直线的斜率即为指数 n_2。当对应于各组 Re 值求出的 n_2 不相等时，n_2 可取算术平均值。

(2) 在双对数坐标 $\ln(Nu/Pr^{n_2})$ 和 $\ln Re$ 上绘制实验线图，所得直线的斜率就是指数 n_1。

(3) 将实验值代入 $Nu=CRe^{n_1}Pr^{n_2}$ 中，求出系数 C 的值。

如果实验结果在上述双对数坐标图上不能形成满意的直线时，则需要对实验的测量精度进行分析，找出原因并予以改进。系数 C 和指数 n_1、n_2 最好用最小二乘法进行确定。

根据大量的实验结果，圆管湍流受迫对流换热的实验关系式为

$$Nu_f = 0.023 Re_f^{0.8} Pr_f^{0.4} \tag{10-40}$$

恒壁温圆管受迫对流换热在热工设备中也经常出现。为了维持壁面温度恒定，采用稍微过热的水蒸气凝结来加热实验管。图 10-12 是恒壁温水平圆管内受迫对流实验段。

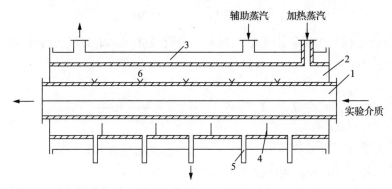

图 10-12　恒壁温圆管受迫对流实验段示意图

1. 实验圆管；2. 管壳；3. 蒸汽套；4. 分隔导叶；5. 冷凝水排出接管；6. 热电偶

加热用的蒸汽在管子和管壳之间的环形空间内流动，在管壳的下部焊接有若干排出冷凝水的接管。为了保证实验段上产生的冷凝水的排出以及可以分段计算冷凝水量，在实验管表面上焊接一些将实验段下部分隔的导叶。为了防止实验段向环境的散热损失，在实验段外面加装了一个辅助蒸汽套。实验管的表面温度用多对热电偶测量。

由于蒸汽加热过程较缓慢，实验中需要经过 1 个多小时才能建立起稳定工况。实验时测定介质进出口的温度、流量、蒸汽温度、各段冷凝水流量和壁面温度，各管段上的壁面热流密度由相应的冷凝水数量计算。沿管长介质温度的变化，可以用热平衡方法，即各个实验段上加热蒸汽所放出的热量等于介质所吸收的热量来计算出来，热平衡的误差约 3%。

实验数据的整理方法与恒热流下的整理方法相同。

10.4.2　流体纵掠平板时的换热

流体纵掠平板时的受迫对流换热是传热学的基础实验之一。它对于理解流体动力边界层和热边界层理论有很大的帮助。图 10-13 给出了恒热流条件下流体纵掠平板对流换热实验所采用的实验平板简图。

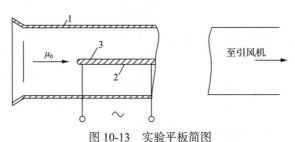

图 10-13　实验平板简图
1. 风洞实验段；2. 不锈钢皮；3. 胶木衬板

实验平板由薄的不锈钢皮和胶木衬板制成，不锈钢皮包在胶木板外面以获得单面绝热边界条件。平板水平放置在风洞中，用交流电或直流电直接加热。不锈钢皮厚度约 0.1mm，以保证有一定的电阻，使加热电流不致过大。整个平板厚度约为 5~10mm，长度 150~300mm，视风洞实验段的尺寸而定。来流的速度 u_0 可以用风机的阀门进行调节，来流的温度通常维持在室温 T_0。在平板上沿流动方向敷设若干对热电偶以测定平板表面温度。通常在平板的入口段，换热系数变化较大，热电偶的测点应布置得密一点。为了不破坏平板的表面状况，热电偶常敷设在不锈钢皮的背面，再通过计算得到换热表面的温度。当不锈钢皮厚度很小时，两者的差别可以不计。

风洞是敞开式的，进口导流装置可以保证来流的速度均匀。气流速度用毕托管测量，气流温度可用水银温度计测量。

流体纵掠加热的平板时，在平板上会形成流体动力边界层和热边界层。在这两种边界层内，流体的速度和温度都有较大的变化。而在边界层以外，流体维持恒定的速度 u_0 和温度 T_0。边界层内的流体动力学状态可以利用雷诺数 Re_x 来判断：

$$Re_x = \frac{u_0 x}{\nu} \tag{10-41}$$

式中，x 为沿平板纵向离开平板前缘的距离，m；ν 为流体的运动黏度，m²/s。

边界层从层流转变到湍流的临界雷诺数，随来流的稳定程度、平板前缘的形状及板面的粗糙度而变；对平板上的流动而言一般取临界雷诺数为 $Re_c=10^5$。当雷诺数 $Re_x>10^5$ 时，边界层内流动可认为达到湍流工况。边界层的厚度随 x 的增加而增加，而平板局部换热系数则随 x 的增加而减小。

实验中根据测出的离平板前缘不同距离 x 处的表面温度、流体温度和由电加热功率计算的热流密度，可以计算出沿平板局部换热系数与距离 x 间的函数关系，即 $h_x = f(x)$，以研究热边界层的发展对平板换热的影响。最后将实验结果整理成通用的准则关系式：

$$Nu_x = CRe_x^n \tag{10-42}$$

沿整个平板的平均换热系数，可以用下式计算：

$$\bar{h} = \frac{1}{F} \int_0^F h_x \mathrm{d}F \tag{10-43}$$

10.4.3　外部绕流物体的对流换热

流体绕过物体时的受迫对流换热是各类换热器中的一个基本换热过程，最典型的是横向绕过单管或圆柱体的情况，流体横掠单管时的换热特性取决于流体雷诺数的大小。

在很小的雷诺数下（$Re_d < 5$），实验中可以观察到流体无分离地绕流整个管子表面。但是大雷诺数下，流体仅能平稳地绕流管子的前半周，在管子的后半周，由于流动边界层和壁面产生分离，出现复杂的涡流。层流边界层与管子分离一般发生在前半周的 82°处。当边界层的流动变为湍流时，分离点向后移动，无分离区扩大。

边界层由层流工况向湍流工况的过渡发生在雷诺数 $Re_d > 10^5$ 时。一般的工业换热器都工作在湍流工况，在实验时要保证流体的流速足够大，以使流动进入湍流工况。

流体横掠单管时出现的这种流动上的特点，必然会影响到沿圆周的局部换热情况，亦即在圆周上各点具有不同的局部换热系数。在管子的前半周，随着流体层流边界层的增厚，换热系数逐步下降。当边界层发生分离以后，由于涡旋对后半周管子表面的冲刷，又使得局部换热系数逐步回升。当 $Re_d > 10^5$ 时，局部换热系数沿圆周的分布会发生突变，这与边界层中流动由层流转变成湍流相对应。

横掠单管的对流换热实验研究，主要目的就是确定单管的平均对流换热系数或局部换热系数沿圆周的变化情况。当测定横掠单管的平均换热系数时，实验管可以采用一根薄壁不锈钢管，将其安装在风洞实验段的中部。用低电压大电流直流电对实验管直接加热。流体横掠该管时，以对流方式将热量带走。为了准确测定实验管上的加热功率并消除管子两端散热的影响，分别在离管端一定距离处焊两个电压测点，用分压箱和电位差计可以准确地测出两点之间的电压降。根据此电压降和流过电路中的电流，即可算出实验管的平均热流密度。实验管的壁温用插入管内与内壁紧密接触的(最好焊在壁上)热电偶测量。由于管壁很薄(约0.2mm)，管外空气的对流换热系数不很大，可以近似地认为内外管壁温度相等。根据测得的平均热流密度、管壁温度和流体温度，就可以计算平均换热系数。

当需要测定沿管子周向的局部换热系数时，可以采用一根胶木管，其外表面均匀地贴八条薄的不锈钢加热带，加热带厚度约 0.1mm。加热带之间互相绝缘，用直流电直接对每条加热带加热。热电偶埋在加热带的下部，如图 10-14 所示。

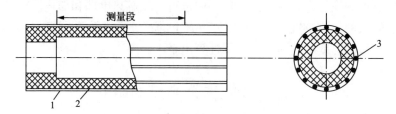

图 10-14　研究局部换热的测量管
1. 不锈钢加热带；2. 胶木管；3. 热电偶

实验时八条加热带加以相同的功率，分别测出各部分的壁面温度及流体温度，就可以算出沿圆周的局部换热系数。有时为了简单起见，可以在胶木管上只粘一条加热带，圆管可以在安装位置上绕轴线转动，使加热带的位置可以绕轴变化，从而可以测出圆周上不同部位的局部换热系数。但是在这种状况下热边界层的发展会与实际加热管有一定差别，所以测量结果有较大的误差。

对于气体横掠非圆形截面柱体和球体的实验测量、准则关系式等，可以相关传热学和热工测量书籍做进一步参考。

在工程上大量遇到的是流体横掠管束时的换热[3]。此时，由于管子与管子之间的相互影响，流动和换热又出现与横掠单管时不同的特点。管子的排列方式通常有顺排和叉排两种。对第一排管子来说，换热情况与单管相同，但是对于后面各排，情况就不一样。由于后排管子受到前一排管子尾流的影响，后面的管排换热系数要比前面的大。但是气流经过几排管子以后，扰动趋向稳定，换热系数就不再发生变化。

实验测定流体横掠管束时的换热系数，可以采用整体模拟或局部模拟的方法。所谓整体模拟法，就是对管束所有的管子都进行加热，而局部模拟法是仅加热一根管(量热法)。将在这根管子上得到的实验数据，推广到各单列或整个管束。一般在温压不大时，可采用局部模拟，而在其他情况下，最好采用整体模拟法。

对管束的加热一般有三种方法。第一种是恒热流法，通常采用通电直接加热或在管中输入电热元件；第二种是恒壁温法，采用蒸汽冷凝加热；第三种是采用加热液体在管中循环的方法。

管束平均换热系数的实验关系式具有下列形式：

$$Nu = f\left(Re, Pr, \frac{Pr_f}{Pr_w}, \frac{s_1}{d}, \frac{s_2}{d}, n\right) \qquad (10\text{-}44)$$

式中，s_1、s_2 为管束中管子之间的横向和纵向管间距，m；D 为管子外径，m；n 为沿流体流动方向的管排数；Pr_f、Pr_w 为以流体温度和壁面温度为定性温度的普朗特数。

研究管束的换热一般在敞开式风洞中进行。装有热电偶和加热器的量热管可以安装在管束的任何位置上，以测定该位置上的管子换热系数。管束整体加热时，管束中间空气的温度可以通过热平衡计算出来。

10.5　液体沸腾换热的研究

当一个加热表面置于液体中时，在热流密度较低时，加热面附近的液体受热使密度减小，引起自然对流换热。随着热流密度的增大，加热面温度超过液体在对应系统压力下的饱和温度，加热面上将有小气泡出现，换热从自然对流转变到有相变的沸腾换热。如果液体无整体运动，这时的沸腾称为池内沸腾；当液体受迫流过加热面时，所发生的沸腾称为流动沸腾。

沸腾换热由于其换热强度远比单相液体对流换热高而获得了广泛的工程应用[4]，已发展成传热研究的一个重要领域。但是由于影响沸腾换热的因素繁多，所以理论上的进展不快，目前仍以实验研究为主要的研究方法。

实验表明，液体池内沸腾曲线如图 10-15 所示。在壁面过热温度 ΔT 很小时，加热面附近的液体轻微过热，液体内部产生自然对流，换热强度较低。当过热度增加达到 A 点时，加热面上出现气泡。但此时液体的过热度还不够大，气泡数量很少，换热强度增加不大。随着热流密度的增加，过热度进一步加大，加热面上气泡数迅速增加。这时，由于气泡在加热面上的成长、脱离，使得加热面附近的液体层受到剧烈的扰动，换热系数比自然对流时要大得多。这个区域相应于沸腾曲线上的 AB 段，称为核态沸腾区。工程上，希望沸腾换热过程能够维持在这个区域，以达到最佳的传热效果。但是随着壁面温度的进一步增加，到达 B 点时加热面上产生的气泡在脱离之前就相互连接起来，形成一层不稳定的蒸汽膜，覆盖在加热面上，沸腾换热强度从 B 点开始急剧下降。B 点称为临界点，临界点的热流密度称为临界热流密度，有时也称为最大热流密度。经过曲线上的 BC 过渡区以后，蒸汽膜稳定地存在于加热面上，气泡在汽液分界面上产生，沸腾进入膜态沸腾工况。C 点是稳定的膜态沸腾的起始点，其对应的热流密度称为最小热流密度。

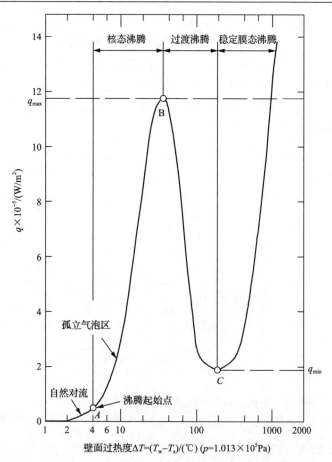

图 10-15　饱和水在水平加热面上沸腾的典型曲线

　　沸腾换热实验研究的目的主要有三个。一是通过实验，了解加热面上气泡产生、长大的规律；二是研究各主要因素对沸腾换热的影响；三是获得计算沸腾换热系数和临界热流密度的实验关系式。下面对沸腾换热的主要实验研究方法进行讨论。

10.5.1　气泡在加热面上成长和脱离的研究

　　核态沸腾的换热强度主要取决于加热面上气泡的成长和运动规律。由于加热面微观结构的复杂性，目前，还无法用精确的理论分析来描述加热面上气泡实际的成长和运动特性。对气泡成长过程的研究有助于人们对沸腾机理的了解。

　　图 10-16 给出研究人工汽化中心上气泡成长和脱离规律的实验装置。沸腾试件由紫铜加工而成，沸腾表面直径为 45mm，表面经高度抛光。表面上钻有两排小孔，作为人工汽化中心，孔径分别为 0.15mm、0.2mm、0.25mm、0.3mm。孔深

与直径之比大于 2，可不考虑孔深的影响。孔间距大于两倍气泡直径，使相邻两孔的气泡之间不发生相互影响。实验中控制主加热器的热负荷，使气泡只在人工汽化中心上产生。当气泡稳定产生以后，将高速摄影机对准每排孔聚焦拍照。光源为 1kW 的碘钨灯。沸腾表面上方垂直固定的经过校准的直径为 1mm 的不锈钢管作为标尺。拍照时，调节标尺，使它与所研究的人工汽化中心处于同一垂直平面内。拍摄速度为 600~1200 幅/s。

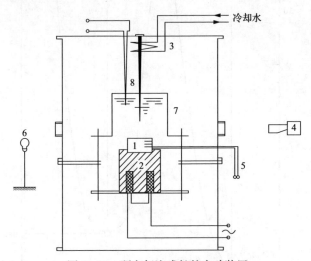

图 10-16 研究气泡成长的实验装置

1. 沸腾试件；2. 主加热器；3. 冷凝器；4. 高速摄影机；5. 热电偶；6. 光源；7. 玻璃筒；8. 标尺

根根拍摄的气泡照片，可以确定气泡在各个阶段的尺寸，记录气泡的长大过程，计算出气泡的成长速度，并且可以给出气泡脱离直径随孔径和壁面过热度及液体物性的变化曲线。

10.5.2　池内水平表面上的沸腾换热

液体在池内水平表面上的沸腾是最基本的沸腾实验，实验装置如图 10-17 所示。实验段由纯钢柱加工而成。沸腾表面的直径为 Φ40mm，实验段长 70mm，以保证截面上一维热流的均匀分布。实验段上表面放置在耐热玻璃容器内。为了保证在低热流密度下液体维持饱和状态，在沸腾容器外面加装了一个玻璃外筒，其内装有辅助加热器。蒸汽在上部冷凝器表面上凝结，冷凝器用自来水冷却。

主加热器由镍铬带制成，紧贴在实验段底部，用云母片进行绝缘，最大加热功率为 500W。实验段上部开有三个 Φ0.8mm 的热电偶孔，用氧化铝与紫铜柱绝缘，以测定轴线上三个点的温度，再用外插法求出沸腾表面的温度。加热器外面有保温材料，以减少散热损失，维持实验段中的一维热流。液体温度用水银温度计测量。

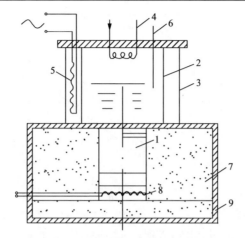

图 10-17　水平表面沸腾实验装置

1. 实验段；2. 沸腾容器；3. 玻璃外筒；4. 冷凝器；5. 辅助加热器；
6. 水银温度计；7. 保温材料；8. 主加热器；9. 外壳

沸腾表面的热流密度由实验段中心轴线上测得的温度梯度求得

$$q = \lambda \frac{\Delta T}{\Delta x} \tag{10-45}$$

式中，λ 为紫铜的导热系数，应取紫铜在其平均温度下的值。

该实验装置可以获得常压下液体沸腾换热系数 h 和热流密度 q 之间的函数关系。也可以利用不同的液体、不同的实验段材料及不同的实验表面粗糙度研究沸腾液体物性、表面材料和表面粗糙度对沸腾换热的影响。

实验前，首先用稀酸、乙醇、蒸馏水依次清洗容器及加热表面，加热面再经过 20 小时预先沸腾以获得老化后的稳定沸腾表面。实验中热流密度通过调节主加热器的功率来改变，每次热流密度改变后需要重新达到稳定(约 20 分钟)才能再次读数，每次读数需记录加热功率、实验段轴线上三点温度及液体温度。为了保证液体处于饱和状态，需要经常调节辅助加热器的功率。

实验结果可以整理成以下函数形式：

$$h = Cq^n \tag{10-46}$$

在对数坐标图上是一根直线如图 10-18 所示。也可以根据不同的物理模型整理成准则数关系式，工程上常用的 Rohsenow 准则数关系式为

$$Nu_b = f(Re_b, Pr_L) \tag{10-47}$$

式中，Nu_b 为气泡的努塞尔数，$Nu_b = hD_d/\lambda_L$；D_d 为气泡的脱离直径；Re_b 为气泡的雷诺数，$Re_b = G_b D_d/\mu_L$；G_b 为气泡的质量流速；Pr_L 为液体的普朗特数。

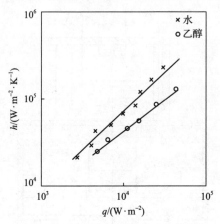

图 10-18　紫铜表面上的沸腾实验曲线

Rohsenow 公式的实用形式为

$$\frac{c_{pL}(T_w - T_s)}{r} = C_{s,f} \left[\frac{q}{\mu_L r} \left(\frac{\sigma}{g(\rho_L - \rho_V)} \right)^{1/2} \right]^{0.33} Pr_L^s \qquad (10\text{-}48)$$

式中，T_w、T_s 为壁面温度和液体饱和温度，K；c_{pL} 为液体的比热，J/(kg·K)；r 为汽化潜热，J/kg；μ_L 为液体的动力黏度，Pa·s；σ 为液体的表面张力系数，N/m；$C_{s,f}$ 为常数，由液体-固体组合所决定。例如水在不锈钢表面上沸腾时，$C_{s,f}$=0.0132，s=1.0；四氯化碳在紫铜上沸腾时，$C_{s,f}$=0.013，s=1.7。

10.5.3　管内流动沸腾换热的研究

　　液体在加热管内发生流动沸腾是动力、化工领域内最常见的一种沸腾工况，是沸腾换热实验研究的一项重要内容。流动沸腾由于伴随着复杂的气-液两相流现象，所以要比池内沸腾更为复杂。对于不同的两相流流型，沸腾换热具有不同的特性。此外，流体的参数也对流动沸腾有主要的影响。流动沸腾换热实验研究的目的是确定不同流型和流动参数下沿管长的沸腾换热系数和流动压力降。为此需要测定管壁温度、流体温度和壁面热流密度，以及实验段前后的流体压力。

　　图 10-19 是研究管内流动沸腾换热的闭式实验回路。用离心水泵使水在回路内循环，水的流量由孔板流量计测量。水在预热器中加热到预定的实验工况后进入实验段，在实验段内加热沸腾，离开实验段后经扩容器、容积式流量计、套管冷却器后回到水泵进口。实验段是用不锈钢管制成，长度为 1000mm，其中加热段前的稳定段长 500mm，加热段后稳定段长 100mm，直径 9/12mm。在加热段上用铜排直接引入直流电加热，有效加热长度为 458mm。实验段前后用电绝缘法兰与回路隔开。

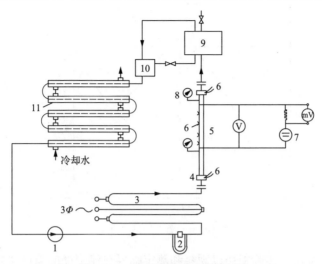

图 10-19 流动沸腾换热实验回路

1. 水泵；2. 孔板—差压计；3. 预热器；4. 混合室；5. 实验段；6. 热电偶；
7. 直流电源；8. 压力表；9. 扩容器；10. 容积式流量计；11. 冷却器

外管壁温度用分布在实验段上的八对热电偶测量。为了补偿向外的散热损失，实验段包有辅助加热器，加热器的功率根据两对差动热电偶的指示值进行调节。内壁温度由测得的外壁温度推算，液体温度用混合器中的四对热电偶测量。

实验段用一台 ZH-30 型直流发电机组加热，总功率为 30kW。电流用 0.5 级标准电阻和电位差计测量，加热段两端的电压用 0.5 级直流电压表测量。根据测得的实验数据，可以整理出不同流型下流动沸腾换热系数和压力降的实验关系式。

10.5.4 沸腾临界热流密度的实验测量

临界热流密度的正确测定对于热工设备的经济性和安全运行都具有重要的意义。由于沸腾临界现象十分复杂，影响因素很多，所以尽管关于沸腾临界现象的理论分析获得了很大的进展，通过实验模型来测定具体设备的沸腾临界热流密度仍然是设计新设备的必要措施，特别是在一些特殊的运行和环境条件下。

由于临界状态的出现伴随着沸腾换热强度的迅速下降，因而从安全性角度考虑，对于把壁面热流密度作为控制参数的沸腾场合，研究它的临界热流密度更具有实际意义。从图 10-20 上的沸腾曲线可以看出，在热流密度为控制参数的情况下，例如在电加热、火焰辐射加热及核裂变加热时，当达到临界点 c 以后，壁面温度将从 T_{w_1} 跃升到 T_{w_2}。

对于大气压力下水的沸腾，通常 T_{w_2} 约为 800～1000℃，这将导致加热面被烧毁。因此，恒热流加热条件下的临界热流密度特别引人关注。

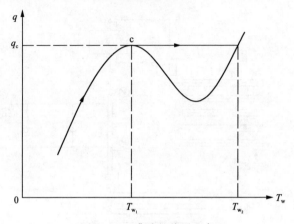

图 10-20　沸腾的临界现象

　　图 10-21 是热工实验中用以观察和测定临界热流密度的简单实验设备。在一个玻璃容器中盛以沸腾液体，实验元件是用不锈钢皮加工成的薄片或采用薄壁不锈钢管。实验元件与导电铜排连接，利用低电压大电流直接对元件加热。

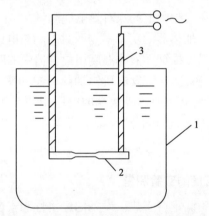

图 10-21　池内临界热流密度的实验装置
1. 玻璃容器；2. 实验元件；3. 导电铜排

　　实验中调节加热电流，可以观察到在实验元件截面最小处首先发红，最后在某一加热电流下被烧断。记录下当时的加热功率，可以近似地估计临界热流密度的值。实验中如果从低热负荷缓慢加热，还可以观察到泡状沸腾中气泡的产生和脱离状况，在实验元件烧断之前，也能观察到膜态沸腾的一些状况。

　　流动沸腾临界热流密度的实验测定比较复杂，可以采用目测法或自动记录装置测定。图 10-19 所示的流动沸腾换热实验装置，也可以用来进行流动沸腾临界热流密度的实验测定。此时实验段采用内径为 6mm、壁厚为 1mm 不锈钢管，总长度为 115mm，有效加热长度为 105mm。实验段两端通过导电铜排和加热电源连接。

为了在出现临界现象时能够迅速切断加热电源，保护实验段免遭烧坏，实验段上装有自动保护装置(图 10-22)。它的工作原理是当出现临界热流密度时，实验段上段出现局部温度剧升(临界现象一般出现在管子的出口附近)，引起电阻的升高，使得由实验段上下两段构成两臂的电桥失去平衡，产生的不平衡电流经放大后加到电源继电器的控制线圈上，使继电器动作而切断加热回路。

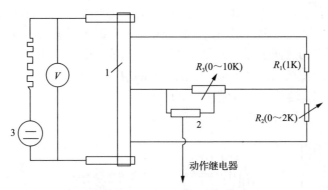

图 10-22　自动保护装置线路图
1. 实验元件；2. 温度控制器；3. 加热电源

实验时也可以目测实验段的出口处，当观察到管子上出现红斑时，迅速切断电源，记录下相应的加热功率，即可求出临界热流密度值。流动沸腾临界热流密度和流体的入口焓 i_i、质量流量 G、管长 L、管径 d 和系统压力 p 都有关系，实验结果一般整理成下面的形式。

$$q_c = f(G, i_i, p, d, L) \tag{10-49}$$

通常需要在给定参数条件下进行一系列的实验。由实验得到的经验公式只可以推广到与实验条件相同的那些场合，在选取经验公式做设计计算时应特别注意。

10.5.5　沸腾换热的强化

强化沸腾换热是为了尽可能地降低换热面的壁面温度，提高沸腾换热强度，以达到提高换热设备的效率、减少金属消耗量以及提高设备运行的经济性和安全性的目的[5]。随着新能源的开发和节能技术的发展及高热电子释热元件的广泛使用，实现小温差的沸腾换热，亦即沸腾换热的强化技术，具有越来越大的经济意义。因此，发展各种强化沸腾表面，研究其换热特性，已成为沸腾换热最重要的研究之一，也是热工实验中的一项重要任务。由于沸腾换热的复杂性，目前对沸腾换热强化技术的研究还是以实验研究为主。

总的来看，沸腾换热强化技术可以分成两类：一类称为被动式强化技术，是指那些不直接使用外界动力的强化方法，如人工粗糙表面，多孔表面，扩展表面，置入式强化装置及各种添加剂等。另一类称为主动式强化技术，是指那些直接采用外界动力的强化方法，如使加热面振动，外加电场或磁场，外加射流冲击等。由于被动式强化技术简单实用，易于操作维护，强化效果显著，且不需要消耗外来动力，因而在沸腾强化领域内获得了广泛应用。

沸腾强化的实验研究主要是从定量上来测定各种强化措施对沸腾换热的强化程度，研究各种强化过程的机理，寻求最佳的强化方法和相应的特性参数。

强化沸腾表面是目前最实用的一种强化方法。因为根据加热面上液体沸腾成核理论，只要在加热面上存在大量的含气（汽）凹坑，则沸腾开始时的壁面过热度可以大大减小，使换热强度成倍以至上十倍的增大。目前强化沸腾表面的加工方法有机械加工法、喷涂法、烧结法、电馈法、电化学腐蚀法和激光打孔法等[6,7]。图 10-23 给出一些常用的沸腾强化表面结构。

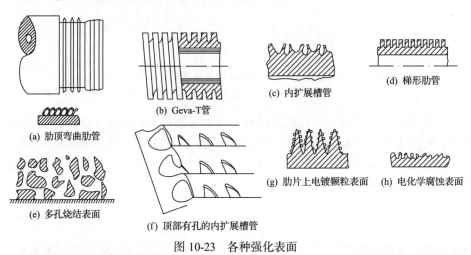

(a) 肋顶弯曲肋管　　(b) Geva-T管　　(c) 内扩展槽管　　(d) 梯形肋管

(e) 多孔烧结表面　　(f) 顶部有孔的内扩展槽管　　(g) 肋片上电镀颗粒表面　　(h) 电化学腐蚀表面

图 10-23　各种强化表面

为了比较各种强化沸腾表面的沸腾特性，采用图 10-24 所示的管外沸腾实验装置。该实验装置可以对不同种类的强化沸腾管特性进行实验研究。实验管有效加热长度 150mm，采用插入式加热棒进行加热。加热功率为 1kW。沸腾表面温度由热电偶测得的管内壁温度计算得到，热电偶可采用第四章固体内部温度测量中描述的嵌入法安装。

实验工质为蒸馏水。实验中首先利用辅助加热器将水加热到饱和温度，然后依次改变实验管的加热功率，待沸腾稳定以后，测出内管壁温度，再计算出沸腾表面温度。根据电加热功率计算沸腾表面的平均热流密度。在双对数坐标系分别做出不同强化管的沸腾曲线并与光管的沸腾曲线进行对照。实验数据可按下式整理：

$$h = Cq^n \qquad\qquad (10\text{-}50)$$

式中，h 为沸腾换热系数，$W/(m^2 \cdot K)$；C、n 为由实验确实的常数和指数。

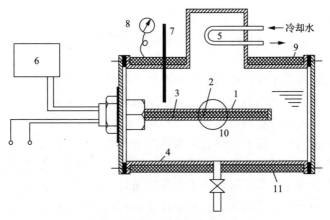

图 10-24　管外沸腾实验装置

1. 实验强化沸腾管；2. 热电偶；3. 电加热棒；4. 沸腾容器；5. 冷凝器；
6. 毫伏计；7. 温度计；8. 压力表；9. 辅助加热器；10. 观察孔；11. 保温层

图 10-25 展示了由实验得到的沸腾曲线。

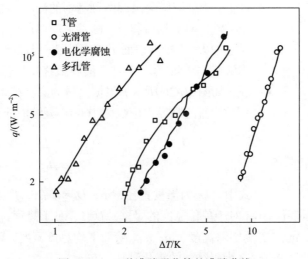

图 10-25　三种沸腾强化管的沸腾曲线

通过调节表面润湿性来强化核态沸腾传热是目前比较流行的又一种沸腾传热强化方法[8]。几年来，大量研究人员就表面润湿性对核态沸腾传热过程起沸点、临界热流密度和沸腾换热系数的影响开展了系统而深入的研究，并逐渐形成了一些定性共识，例如，疏水表面有助于降低起沸点的过热度，但其能达到的临界热流密度很小；亲水表面不利于气泡成核但能实现较高临界热流密度。鉴于此，通过构造亲疏水异质结构表面来强化沸腾传热的研究方兴未艾，读者可详细阅读相关综述文章了解，这里不再多做介绍。

10.6　蒸汽凝结时的换热

当蒸汽与温度低于相应压力下饱和温度的冷壁面相接触时，在壁面上就会发生凝结现象。蒸汽释放出汽化潜热，凝结成液体并附于壁面上。当凝结液体能润湿壁面时，凝结液会在壁面上形成一层液膜，这种凝结称为膜状凝结。膜状凝结形成的液膜把蒸汽和冷壁面分隔开。蒸汽的进一步凝结只发生在与蒸汽接触的液膜表面上，热量必须通过凝结液才能传给冷壁面，使膜状凝结的换热系数变小。另一类凝结现象发生在凝结液体不能润湿壁面时，此时凝结液在壁面上形成一颗颗小液珠。这些液珠逐渐长大，到一定尺寸后在重力的作用下沿壁面滚下，壁面上又重新产生新的液珠，这种凝结称为珠状凝结。珠状凝结具有比膜状凝结高得多的换热系数。工业上冷凝器通常工作在膜状凝结的条件下。

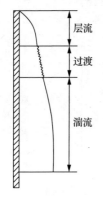

图 10-26　凝结液膜在竖壁上的流动工况

纯净蒸汽在竖壁上的膜状凝结换热强度取决于温压、凝结液的流动特性、物性及凝结液膜的厚度。在竖壁的条件下，冷凝液膜会出现两种基本的流动工况，即在竖壁的上部液膜具有层流特性，随着液膜厚度增加，液膜内的流速也增大，冷凝液表面上出现波纹，形成层流的波动工况。当液膜向下继续增厚时，液膜最终由层流过渡到湍流工况，如图 10-26 所示。根据大量的实验结果，液膜由层流变为湍流的临界雷诺数为 1600。凝结液的雷诺数定义为

$$Re = \frac{D_{\mathrm{h}} \bar{u}}{\nu} = \frac{4qL}{r \mu_{\mathrm{L}}} \qquad (10\text{-}51)$$

式中，D_{h} 为当量直径，m，$D_{\mathrm{h}}=4f/U$；f 为流动截面积，m^2；U 为润湿周界，m，对于单位宽度的竖壁，$U=1$，对于竖管，$U=\pi d$；$\bar{u}$ 为液膜的平均流速，m/s；L 为竖壁高度，m；q 为壁面平均热流密度，$\mathrm{W/m}^2$；μ_{L} 为凝结液的动力黏度，$\mathrm{Pa \cdot s}$；r 为凝结液的汽化潜热，J/kg。

纯蒸汽作膜状凝结时，在层流工况下可由理论分析求解。但实际情况与理论假设常有较大的偏离，工程上常用实验来确定具体条件下的凝结换热计算关系式。

10.6.1　竖壁上蒸汽的膜状凝结

竖壁上膜状凝结的实验研究，其主要任务为确定不同工况下蒸汽的凝结换热系数及各种因素对凝结换热的影响。图 10-27 是水蒸气在竖管外凝结换热的实验装置简图。蒸汽由供气管进入实验管和玻璃筒之间的工作空间，与实验管冷表面接触后开始凝结，凝结水汇集到底部凝结水出口排出。冷却水由供水回路经过稳

压水箱后进入实验管，蒸汽和冷却水的流量分别用阀门调节，实验管上产生的凝结液的量可以直接利用称量的方法测定，冷却水的流量用孔板或转子流量计测定。进入实验管工作空间的蒸汽温度和从工作空间排出的凝结水的温度用热电偶测量，进出口冷却水温度用装在套管内的热电偶或直接用水银温度计测量。为了测出实验管外表面的温度(凝结表面温度)，在管壁上开槽沿轴向埋设若干对热电偶。实验管常用紫铜管，管长应适当选定。通常，为了测定竖壁上平均层流膜状凝结换热系数，管长不宜太长，以使凝结雷诺数保持在出现层流的范围内。管子较长时，则会发生凝结液从层流向湍流的过渡，此时测出的平均膜状凝结换热系数比单纯层流时要高。

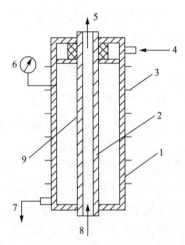

图 10-27　竖直管外蒸汽冷凝实验装置
1. 保温玻璃筒；2. 实验管；3. 辅助加热器；4. 蒸汽入口；
5、8. 冷却水进出口；6. 压力表；7. 凝结水出口；9. 热电偶

实验开始后，经过 15～50 分钟就可以建立起稳态热工况。玻璃筒外的辅助加热器可以补偿冷凝室向环境的散热损失。加热器功率大小可以利用一个差动热电偶进行控制与调节，也可以简单地根据散热损失的大小近似确定。

膜状凝结换热系数由下式计算：

$$h = \frac{q}{T_s - T_w} \tag{10-52}$$

式中，T_s 为蒸汽的饱和温度，K；T_w 为冷凝壁面平均温度，K；q 为壁面平均热流密度，W/m^2，可由蒸汽凝结量求出：

$$q = \frac{1}{G} \Big[r + c_{pg}(T_g - T_s) \Big] \tag{10-53}$$

式中，T_g 为入口过热蒸汽温度，K；c_{pg} 为过热蒸汽比热，J/(kg·K)；G 为蒸汽的质量流量，kg/s。计算时假定凝结液的温度等于相应压力下的饱和温度。

由于实际上壁面温度总是低于汽液分界面的饱和温度，凝结液总是处于一定的过冷度下。在计算平均热流密度时，为了考虑这种影响，可以引入折合汽化潜热 r' 代替式(10-53)中的 r。r' 的计算式为

$$r' = r + 0.68 c_{pL}(T_s - T_w) \tag{10-54}$$

式中，c_{pL} 为凝结液的比热，J/(kg·K)。热流密度 q 也可以根据冷却水的流量及进出口温度进行计算。在实验装置保温情况良好时，两者的差别可小于1%。

根据液膜内层流运动和液膜导热的机理，可推导出干饱和蒸汽沿竖壁层流时平均膜状凝结换热系数的计算公式为

$$h = 0.943 \left[\frac{g r \rho_L^2 \lambda_L^3}{\mu_L L (T_s - T_w)} \right]^{1/4} \tag{10-55}$$

式中，ρ_L、λ_L、μ_L 分别为凝结液的密度、导热系数和动力黏度，kg/m³、W/(m·K)、Pa·s，按定性温度 $(T_s + T_w)/2$ 取值；L 为竖壁高度，m。

通常，竖壁上层流膜状凝结的实验值比式(10-55)的计算值高出约20%，其原因是液膜表面出现波动。波动的出现使液膜的有效厚度减薄，液膜内出现相应的脉动流动，从而促进层流膜状凝结换热系数增大。实验结果可以给出换热系数 h 随温压 $\Delta T = T_s - T_w$ 变化的曲线。

10.6.2　珠状凝结换热的研究

当凝结液不能润湿壁面时，凝结液以一颗颗小液珠的形式附在壁面上。当这些液珠长大到一定尺寸以后，在重力的作用下随机地沿壁滚下。这些滚下的液珠一方面与相遇的液珠会合成较大的液滴继续运动，同时又扫清了沿途所有的液珠，让出无液珠的壁面给蒸汽继续凝结，新的液珠重新形成和长大，并重复上述过程。以上凝结过程称为珠状凝结。测量表明，珠状凝结换热系数可比膜状凝结大一个数量级。为了实现珠状凝结，通常需要对壁面加以处理或者在蒸汽中加入珠状凝结促进剂，壁面的处理可以采用贵金属涂层或四氟乙烯涂层，也可以采用憎水剂浸泡的办法。

图10-28 是珠状凝结换热实验装置图。冷凝段用紫铜制成，直径和长度都是40mm，蒸汽在垂直的端面上凝结。冷凝段的另一个端面用空气冷却，空气沿冷却器的螺旋形通道流动。冷凝段的侧表面有保温层和补偿加热器，以维持一维热流。凝结液收集在保温良好的圆筒形小室内。蒸汽温度用热电偶探针测量，而冷凝壁面温度由沿长度方向几对热电偶的测量值通过外推而求出，凝结壁面热流密度根

据铜的导热系数和测出的二点之间温差计算。

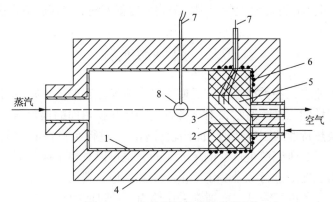

图 10-28　珠状凝结换热实验装置

1. 圆筒形小室；2、4. 保温层；3. 冷凝表面；5. 冷却器；6. 补偿加热器；7. 热电偶；8. 电加热玻璃观察窗

　　为了在凝结表面上得到珠状凝结，表面可以采用两种方法处理。第一种方法是将冷凝面经抛光后，先在凝结表面上镀一层厚约 20μm 的镍层，然后再镀一层 25μm 厚的铬层，在抛光的镀铬表面上总是会形成珠状凝结。第二种方法是在凝结表面上喷涂上一层聚四氟乙烯，厚度约为 3μm。

　　实验中使用略带过热的水蒸气，压力为大气压力。在达到稳定凝结工况后可以进行测量。热流密度范围为 $1.8\times10^5\sim4.5\times10^5\,\mathrm{W/m^2}$，蒸汽与冷凝壁面之间的温差约为 $1.1\sim2.6\,℃$。根据测得的蒸汽温度和计算得到的壁面温度和热流密度，可以算出珠状凝结换热系数。实验中，通过电加热双重玻璃观察窗，可以观察珠状凝结过程。

10.6.3　冷凝换热的强化

　　虽然珠状凝结的换热能力数倍于膜状凝结，但珠状凝结很不稳定，目前仍难以获得实用的持久性珠状凝结过程，因此一般工业设备中均为膜状凝结。另外考虑到可能存在的不凝结气体成分、管束空间排布等因素的影响，珠状冷凝换热过程往往十分复杂[9]。

　　近几十年来，膜状凝结的强化传热技术取得了长足的进步[8]，国内外研究人员以减薄液膜厚度为强化膜状凝结的基本原则而发展出了不少膜状凝结传热强化表面，包括低肋管、锯齿管、螺旋管等，详细内容可查阅相关传热学书籍[6]。

　　强化珠状凝结换热性能的研究目前停留在实验室阶段，维持珠状凝结的关键在于既要保证表面冷凝液快速排除，又要使表面具有较高的成核效率及较低的传热热阻。通过调控表面润湿性，目前已发展出的具有混合润湿特性的功能表面，可兼顾亲水表面成核效率高、疏水表面传热效率高的优点，进而提升珠状凝结传热性能与可持续性。此外，通过合理设计具有润湿梯度的功能表面可使液滴产生自发运动，可突破仅依靠重力排除冷凝液的局限，为表面冷凝液滴的快速脱落提供新的思路。

10.7　换热器实验

在现代工业中，各类换热器广泛使用。了解换热器的换热特性对于许多热工过程具有决定性的意义。通常，对于各种复杂形状换热面的换热器，单靠计算无法获得关于换热特性的正确结论，而比较可靠的是进行实验测定，即换热器实验。换热器实验可以是研究单个过程的单元实验，也可以对整个换热器或换热设备在各类热工水力工况下进行综合测定。由于受到场地、费用的限制，在实验室中往往无法对实际设备进行测试，而通常采用前面讨论过的模型实验方法。

模型实验是建立在相似理论的基础上，任何热过程的研究都是在缩小的模型上进行的。模型可以做成透明的，在冷态条件下对流体动力学特性进行观察和冷态测试。模型也可以在热态条件下进行工作，以测定换热器的各种换热特性。模型实验得到的结果，可以用来评价现有换热器的工作状况，也可以为设计新型换热器提供选择结构参数的依据。下面讨论换热器实验中两类最基本的测试任务。

10.7.1　换热器传热系数的测定

热工实验中，大量的工作是测定各类换热器的传热系数。下面介绍几种典型换热器传热系数的测试方法。

在换热器中，需要交换热量的冷热流体通常分别在固体壁面的两侧流动。热量从壁面一侧的流体通过壁面传到另一侧的流体的过程称为传热过程。传热过程中传递的热量正比于冷、热流体间的温差及传热面积，即

$$Q = kF\Delta T \tag{10-56}$$

式中，F 为传热面积，m^2；ΔT 为冷热流体间的平均温差，K；k 为换热器的传热系数，$W/(m^2 \cdot K)$；Q 为冷热流体间单位时间交换的热量，W。冷、热流体间的平均温差 ΔT 常采用对数平均温差。对于工业上常用的顺流和逆流换热器，对数平均温差由下式计算：

$$\Delta T = \frac{\Delta T_{max} - \Delta T_{min}}{\ln \dfrac{\Delta T_{max}}{\Delta T_{min}}} \tag{10-57}$$

式中，ΔT_{max} 和 ΔT_{min} 分别为换热器两端冷、热流体之间温差的较大者和较小者，K。

换热器两端冷、热流体间的温差及每一种流体中的温度分布如图 10-29 所示。

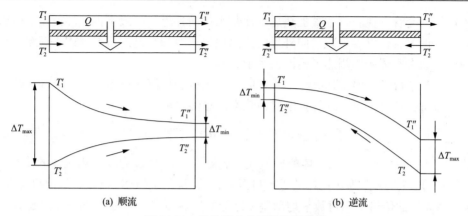

(a) 顺流　　　　　　　　　　　(b) 逆流

图 10-29　换热器中的流体温度曲线

当比值 $\Delta T_{max}/\Delta T_{min} \leqslant 1.7$ 时，对数平均温差可简单地用算术平均温差来代替，即

$$\Delta T_{m} = \frac{1}{2}\big(\Delta T_{max} + \Delta T_{min}\big) \tag{10-58}$$

除了顺流和逆流按公式(10-57)计算平均温差以外，其他流动型式的对数平均温差，都可以由假想的逆流工况对数平均温差乘上一个修正系数得到。修正系数的值可由各种传热学书上或换热器手册上查得。

　　换热器实验的主要任务是测定传热系数 k，有时还需要同时测定换热器内流体的压力降。

　　图 10-30 展示了最简单的套管式水-水换热器的实验系统图。由恒温热水箱中出来的热水经水泵和转子流量计以后进入实验换热器内管，在热水进出换热器处分别用热电偶或水银温度计测量水温。从换热器内管出来的已被冷却的热水仍然回到热水箱中，经再加热供循环使用。冷却水由冷水箱经水泵、转子流量计后进

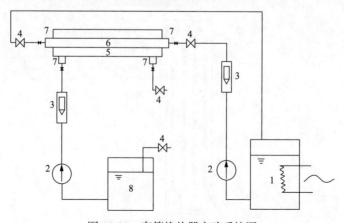

图 10-30　套管换热器实验系统图

1. 恒温电热水箱；2. 水泵；3. 流量计；4. 调节阀；5. 套管；6. 内管；7. 温度测点；8. 冷水箱

入换热器套管，在套管中被加热后的冷却水排向外界，一般不再循环使用。套管外包有保温层，以尽量减少向外界的散热损失。冷却水进出口温度用水银温度计测量。通常希望冷热侧热平衡误差小于3%。

实验中待各项温度达到稳定工况时，测出冷、热流体进出口的温度和冷热流体的流量，就可以由下式计算通过换热面的总传热量：

$$Q = M_1 c_{p1}\left(T_1' - T_1''\right) \approx M_2 c_{p2}\left(T_2'' - T_2'\right) \tag{10-59}$$

式中，M_2、M_1 为冷、热流体的质量流量，kg/s；c_{p2}、c_{p1} 为冷、热流体的比热，J/(kg·K)；T_1'、T_1'' 为热流体的进出口温度，K；T_2'、T_2'' 为冷流体的进出口温度，K。由算得的传热量和对数平均温差及已知的换热面积，便可由公式(10-56)计算出传热系数 k。

改变任一侧的介质流速，可以获得传热系数与流速之间的实验关系式为

$$h = CW^n \tag{10-60}$$

式中，C 和 n 分别由实验确定。除式(10-60)的形式外，实验数据也可以整理成其他无因次或有因次的经验公式。

另一类在热工实验中经常遇到的是蒸汽-水换热器，采用水蒸气作为加热液体的热源。对于间壁式换热器，水蒸气在管子外表面上凝结，水在管内流动，吸收热量。蒸汽-水换热器的实验系统如图10-31所示。蒸汽由上部进入换热器，冷凝

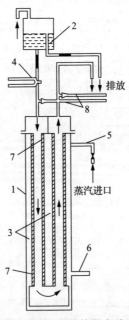

图 10-31　蒸汽-水换热器实验系统图

1. 换热器；2. 恒压水箱；3. 管子；4. 孔板；5、6、7. 热电偶；8. 测静压用的取压接管

水由下部排出。冷凝水用称重法测定，冷却水流量由孔板测定，蒸汽和冷凝水温度用热电偶测定，管子表面温度用埋设在管壁上的表面热电偶测定，冷却水的压力降用差压计测量。为了减少向周围环境的散热，换热器外包覆有保温层。

蒸汽和水之间的对数平均温差由下式计算：

$$\Delta T = \frac{T_w'' - T_w'}{\ln \dfrac{T_s - T_w'}{T_s - T_w''}} \tag{10-61}$$

式中，T_s 为蒸汽的饱和温度，K；T_w'、T_w'' 为冷却水的进、出口温度，K。换热面积 F 按管子内径进行计算。传热量根据凝结水量计算，并可以由冷却水吸热量进行校核。

传热系数 k 由下式确定

$$k = \frac{Q}{F \Delta T_m} \tag{10-62}$$

传热系数 k 也可以根据换热壁面两侧流体的换热系数和壁面热阻进行计算。

10.7.2　换热器单侧换热系数的测定

在设计和发展各种新型高效紧凑式换热器时，常常需要知道换热器中各种新型换热表面的换热系数，以计算换热器的传热系数。到目前为止，换热器内换热表面两侧的换热系数还常需要通过实验来进行测定。实验测定换热系数的方法通常有直接法和间接法两类。

1. 直接法

直接法测定换热面单侧换热系数的方法是将换热面加热，通常可以采用电加热的方式，让被测流体流过该加热面，在热平衡的条件下，测定流体与换热面之间的换热量 Q、换热壁面温度 T_w、流体的平均温度 T_f 及换热面积 F，然后按牛顿冷却公式来求取平均换热系数 h。

$$Q = h(T_w - T_f)F \tag{10-63}$$

直接法测量换热系数时，测量精度取决于流体和壁温的测量误差。通常，为了正确地测定壁面温度，必须在壁面上许多点敷设测温元件。但是，对于许多紧凑式换热器来说，换热面处流道狭窄，几何形状复杂且壁面很薄，因而敷设热电偶十分困难，有时甚至无法办到。因此，直接法测定换热面换热系数的方法，除了少数型式比较简单的换热器以外，在实验中不常采用。

2. 间接法

根据实验原理的不同，间接法测换热系数可以分成 3 类。

1) 热阻分离法

换热器传热系数 k 以热阻形式的定义为

$$\frac{1}{k} = \frac{1}{h_0} + R + \frac{1}{h_i}\frac{d_0}{d_i} \qquad (10\text{-}64)$$

式中，h_0、h_i 为换热器两侧流体和壁面之间的换热系数，$W/(m^2 \cdot K)$；R 为换热器器壁和污垢的热阻，K/W；d_i、d_0 为换热器管内外直径，如平壁则 $d_i = d_0$，m。

热阻分离法的基本原理是先在稳定的条件下，利用上述热平衡方法测出换热器的传热系数 k。然后计算出除被测侧以外的其他各项热阻，再根据定义式(10-64)将待测侧流体和换热面之间的平均换热热阻 $1/h$ 从总热阻 $1/k$ 中分离出来，从而求出被测侧的换热系数 h。

利用热阻分离法测定换热系数，首先需要保证测定传热系数 k 的准确度，其次必须力求满足其余各项热阻之和远小于待测的换热热阻。这样可使其他各项热阻的计算误差对结果的影响减小到最低程度。当被测的流体为气体时，采用蒸汽凝结加热气体的方法可以达到上述要求。图 10-32 给出翅片管换热面换热性能实验装置简图。

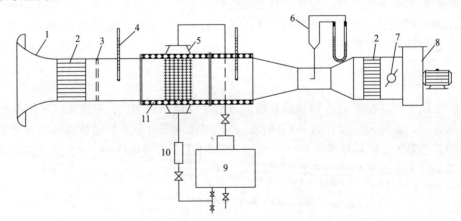

图 10-32　翅片管换热面换热性能实验装置

1. 冷风入口；2. 格栅；3. 金属丝阀；4. 温度计；5. 被测换热器；6. 毕托管与差压计；
7. 调节风门；8. 引风机；9. 蒸汽发生器；10. 流量计；11. 保温层

由蒸汽发生器带来的低压蒸汽在换热器管内凝结，放出热量。冷凝水经流量计后再返回蒸汽发生器循环使用。翅片管换热器安装在风洞内，空气由吸风口引入，经整流和稳流段以后流过翅片管间，吸收蒸汽放出的热量而被加热。空气流速用毕托管测量，进出口空气温度用温度计测定。

在热稳定条件下测定翅片管换热器的传热系数 k。翅片管气侧的换热热阻由下式计算

$$\frac{1}{h_0\eta_0} = \frac{1}{k} - R - \frac{1}{h_i}\frac{F_0}{F_i} \tag{10-65}$$

式中，F_0 为翅片侧总表面积，m^2；F_i 为翅片管内表面积，m^2；η_0 为翅片管肋面总效率，由下式计算

$$\eta_0 = 1 - \frac{F_2}{F_0}(1 - \eta_f) \tag{10-66}$$

式中，η_f 为翅片效率；F_2 为翅片表面积。

根据测定的传热系数 k 及计算出的蒸汽侧换热系数 h_i、管壁热阻 R 和翅片效率 η_f，就可以求出翅片侧空气的换热系数 h_0。

热阻分离法由于蒸汽侧换热系数 h_i 很大，即热阻 $1/h_i$ 很小，管壁热阻 R 也不大，故由它们本身的误差所造成的 h_0 计算误差也不大。热阻分离法是一种常用的方法。

2) 威尔逊图解法[10]

若管内流体处于充分发展湍流区，换热系数 h_i 与流体流速的 0.8 次方成正比，即

$$h_i = C_i u^{0.8} \tag{10-67}$$

对于光管，式(10-65)可以改写成

$$\frac{1}{k} = \frac{1}{h_o} + R + \frac{1}{C_i u_i^{0.8}} \cdot \frac{d_o}{d_i} \tag{10-68}$$

若在实验中维持管外侧流体流速和温度不变，则 h_i 也基本不变。R 在实验中也不会变化，则式(10-68)可写成

$$\frac{1}{k} = 常数 + \frac{1}{C_i u_i^{0.8}}\frac{d_o}{d_i} \tag{10-69}$$

令 $y = 1/k$，$x = 1/u_i^{0.8}$，则上式变成

$$y = a + mx \tag{10-70}$$

式中，a 为一个常数；$m = d_o/(C_i d_i)$。式(10-70)是直线方程。将不同流速 u_i 测得的

传热系数 k 画在坐标图上，就可以求出直线的斜率 m，获得了 m 就可以计算出 C_i。由此，管内换热系数就可以由式(10-67)计算得到。

因为 $a=1/h_0+R$，若知道了 R，则也可由直线的截距 a，求出管外侧的换热系数 h_0，如图 10-33 所示。

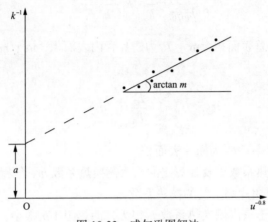

图 10-33　威尔逊图解法

利用威尔逊法还可以从 R 中分离出污垢热阻。此时，只要知道了无污垢时的威尔逊图上的直线，并将有污垢时的直线画在同一张图上，则两根直线截距之差就是污垢热阻。如果同时要测定两侧的换热系数，可用迭代法反复试算，直到假设的一侧换热系数与计算值的差满足给定的误差要求为止。威尔逊图解法在工程上有广泛的应用。

3) 瞬态法

瞬态法测量换热系数的原理是：当流体流经换热表面时，流体被加热或冷却，流体离开换热面时的温度(出口温度)随时间的变化是流体与该换热面之间传热单元数 NTU 的单值函数。因此，只要预先计算出一系列在一定的流体入口温度和给定的换热面条件下的流体出口温度曲线，然后将实验中测定的流体出口温度曲线与之相比较，与实测的流体出口温度曲线最符合的那条理论计算曲线所对应的 NTU 数，就是该实验工况下的 NTU 数。由 NTU 数，就可以求出平均换热系数

$$h = \frac{\text{NTU}}{F / m_f c_f} \tag{10-71}$$

式中，F 为被测侧换热面积；m_f、c_f 分别为流体的质量流速和比热。

显然，利用瞬态法测定换热系数时，首先需要建立计算流体出口温度理论曲线的数学模型并进行计算和作图，在实验测试时需要测出流体的流速和进、出口温度随时间的变化。因此，实验需要配备一套瞬态温度测试和记录仪，流体的进

口条件必须与计算模型中的进口条件完全一致。

　　瞬态法的优点是不需要测出壁面温度，而且只需要在被研究的换热面一侧有流体流过。因此，该方法的实验设备简单、实验时间短、测量工况范围大，但其测量精度目前还低于热阻分离法。

参 考 文 献

[1] D·巴特沃思, G·F 休伊特, 陈学俊. 两相流与传热[M]. 北京: 原子能出版社, 1985.

[2] Goldstein R J, Cho H H. A review of mass transfer measurements using naphthalene sublimation[J]. Experimental Thermal and Fluid Science, 1995, 10(4): 416-434.

[3] 李斌, 吴振亚, 卢志芹, 等. 空气横掠叉排翅片管簇放热和阻力实验研究[J]. 化工与通用机械, 1981(10): 15-21.

[4] 林瑞泰. 沸腾换热[M]. 北京: 科学出版社, 1988.

[5] 辛明道. 沸腾传热及其强化[M]. 重庆: 重庆大学出版社, 1987.

[6] 陶文铨. 传热学[M]. 第 5 版. 北京: 高等教育出版社, 2019.

[7] Dhir V K. Boiling heat transfer. Annual review of fluid mechanics[J]. 1998, 30(1): 365-401.

[8] 魏进家, 宇波. 沸腾与冷凝传热及强化[J]. 科学通报, 2020, 65(17): 1627-1628.

[9] Cavallini A, Censi G, Del Col D, et al. Condensation inside and outside smooth and enhanced tubes—a review of recent research[J]. International Journal of Refrigeration, 2003, 26(4): 373-392.

[10] 西安交通大学热工教研室. 在换热器传热实验中用威尔逊图解法确定给热系数[J]. 化工与通用机械, 1974, (7): 24-35.